艾景奖·园林景观大会

引領景觀潮流

薈萃園林精品

宋春華題

賞艾景獎精品力作見時代風景園林風范

壬辰深秋

孟兆禎

第七届艾景奖

国际景观设计大奖获奖作品

艾景奖组委会 编

江苏凤凰科学技术出版社

图书在版编目（CIP）数据

第七届艾景奖国际景观设计大奖获奖作品 / 艾景奖组委会编.
-- 南京 : 江苏凤凰科学技术出版社，2018.8
ISBN 978-7-5537-9530-0

Ⅰ. ①第… Ⅱ. ①艾… Ⅲ. ①景观设计－作品集－世界－现代
Ⅳ. ①TU986.2

中国版本图书馆CIP数据核字(2018)第171576号

第七届艾景奖国际景观设计大奖获奖作品

编　　者　艾景奖组委会
项目策划　凤凰空间 / 曹　蕾
责任编辑　刘屹立　赵　研
特约编辑　曹　蕾　靳　秾

出版发行　江苏凤凰科学技术出版社
出版社地址　南京市湖南路1号A楼，邮编：210009
出版社网址　http://www.pspress.cn
总　经　销　天津凤凰空间文化传媒有限公司
总经销网址　http://www.ifengspace.cn
印　　刷　上海利丰雅高印刷有限公司

开　　本　965mm×1270mm　1 / 16
印　　张　23.75
版　　次　2018年8月第1版
印　　次　2018年8月第1次印刷

标准书号　ISBN 978-7-5537-9530-0
定　　价　398.00元（精）

编 委 会

第七届艾景奖现场回顾

宋春华
原建设部副部长
艾景智库学术委员会名誉主席

车书剑
国务院参事
中国民族建筑研究会顾问

李春林
中国民族建筑研究会会长

张柏
国家文物局原副局长
中国文物保护基金会理事长

唐学山
北京林业大学园林学院教授
艾景智库学术委员会主席

刘滨谊
《世界人居》杂志主编
同济大学建筑与城规学院教授、博士生导师

杨锐
中国风景园林学会副理事长
清华大学建筑学院景观学系主任、教授、
博士生导师

杜春兰
重庆大学建筑城规学院院长

成玉宁
东南大学建筑学院景观学系主任、教授、
博士生导师

管少平
华南理工大学设计学院副院长、教授

金云峰
同济大学建筑与城规学院教授

陈烨
东南大学建筑学院教授

刘柏宏
台湾景观学会名誉理事长

张建林
西南大学园艺园林学院副院长

陆伟宏
同济大学设计集团景观工程设计院院长

黄国平
弗吉尼亚大学助理教授、规划专业主任、博士生导师

林俊英
深圳市铁汉生态环境股份有限公司生态景观院院长

时国珍
中国建筑文化研究会风景园林委员会副会长

第七届艾景奖现场回顾

程智鹏
深圳文科园林股份有限公司副总裁、
设计院院长

张卫华
深圳爱淘苗电子商务科技有限公司 CEO

叶昊
北京天一博观城市规划设计院院长

龚兵华
艾景奖组委会秘书长
中国建筑文化研究会风景园林委员会秘书长
世界人居环境科学研究院院长

蓝戊己
上海天演建筑物移位工程股份有限公司

翁苑钧
广州华发地产景观设计副总监
中国建筑文化研究会风景园林委员会副秘书长

高宜程
中国建筑设计院产业发展研究所所长

李明德
中国社科院旅游研究中心副主任

伊纳奇·艾迪
弗吉尼亚大学建筑系主任、教授、
博士生导师

查尔斯·安德森
皇家墨尔本理工大学教授、博士生导师

安娜·卡特蕾娜
LWCircus-Onlus 组织创始人

中村久二
日本 ZEN 事务所社长、九州城市专家、设计师

何新城
何新城建筑师事务所首席设计师、动态城市基金会主席

目　录

AWARD WINNING WORKS

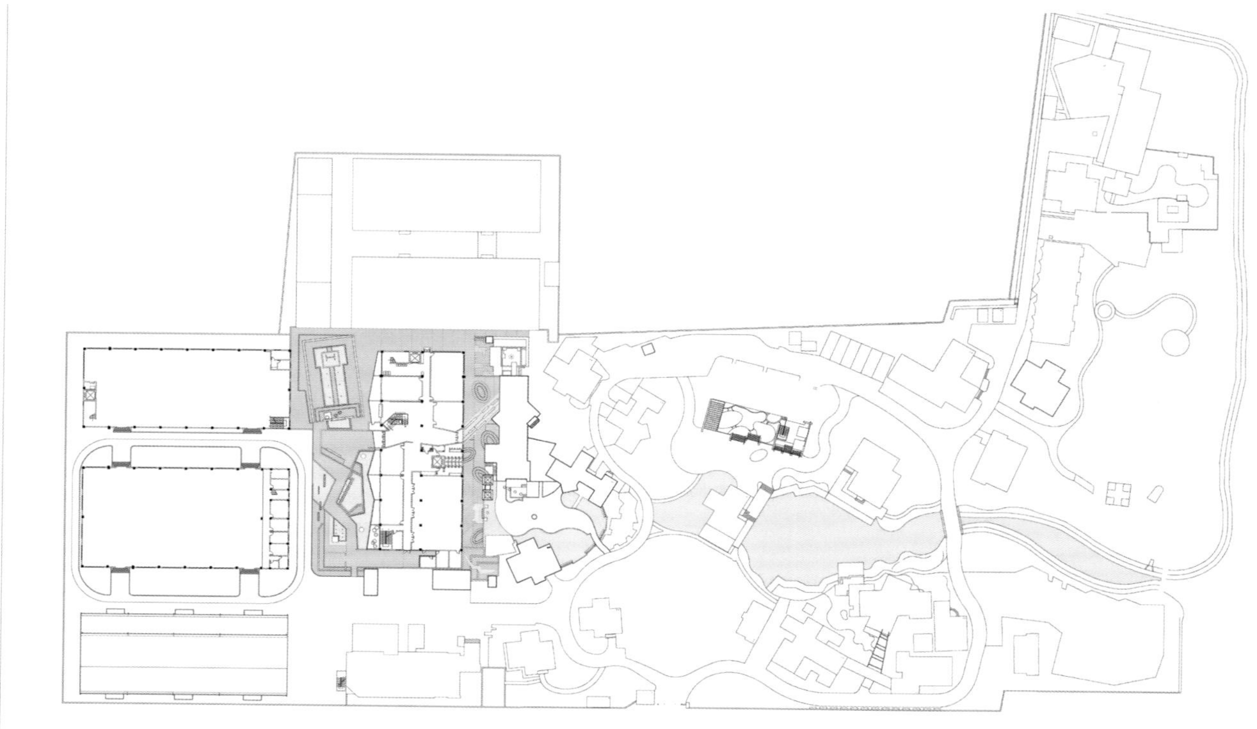

总平面

得丘园·礼享谷景观札记

DEQIU GARDEN AND LIXIANGGU LANDSCAPE DESIGN PROPOSAL

设计单位：上海得湫环境艺术有限公司　主创姓名：朱海斌、李斌　成员姓名：张圣庭、陆丹峰、杨青松、徐梅、张月
设计时间：2016 年　项目地点：上海莘庄工业区　项目规模：1.365 公顷　项目类别：园区景观设计
委托单位：上海得丘礼享谷企业管理有限公司

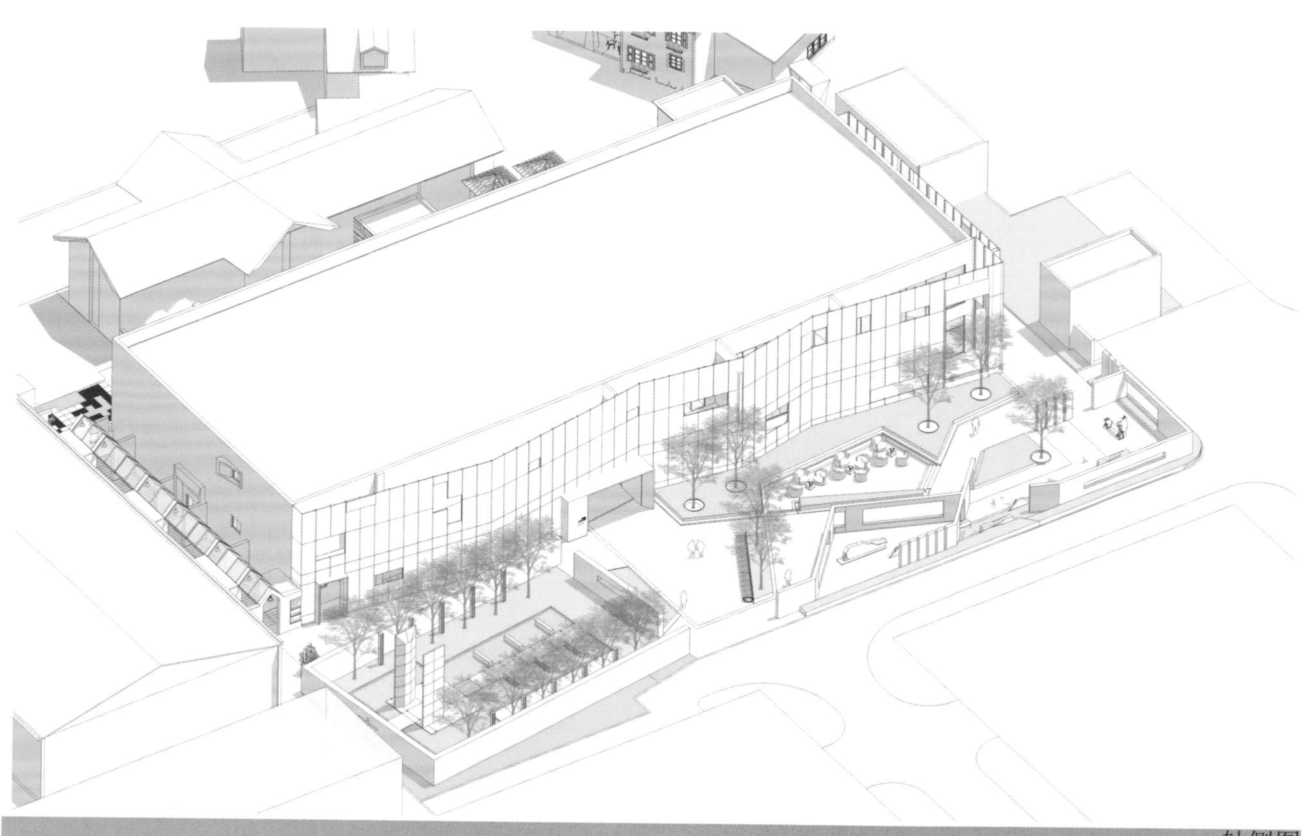

轴侧图

设计说明

项目位于上海的西南商务圈，作为莘庄工业区核心地段生态景观园林，是集商务、艺术文化交流功能为一体的综合性休闲体验中心。本项目为得丘园二期项目，位于得丘园酒店区西侧，景观主要设计重点在于 3 栋原有工业厂房之间原先用于卸货的狭长区域。周边老厂房被改建为新的文化设施：包括大师工作室、文化创意空间、艺术馆，道德礼院等，涉及文化名人、创意创业、艺术交流、道德养成、教育培训等项目近 30 个。

礼享谷景观风格追求中式创新，与得丘园东区营造欧陆风情相辅相成，以匹配文化产业的入驻形象，更好地提升园区景观的人文品质和内涵。运用中式园林步移景异、以小见大的营造法式，优化现有空间形态，同时运用工业建筑语汇演绎中式景观符号，创建简约时尚的现代人文氛围。

建筑高度 10 米的厂房和使用宽度约 20 米的场地形成接近 1：2 的比例关系，空间并不友好，工业建筑尺度过于强势。设计师利用院墙和景墙重构空间，形成曲径通幽、庭院深深的园中之园，既协调了工业化尺度，使之向人性化尺度的空间转换，也达到园区内部交通人车分流的目的。

清水混凝土墙代替了传统造园的粉墙，更好地融入工业风整体环境，结合白砂、草皮和一树一景的配置，增添了几分别样的禅意；经过不锈钢板网重新包装的厂房立面曲折有型，令人联想到中式的屏风，气派不凡并柔化了原本突兀的园区背景。还有那镜面薄水在青砖铺地之上，如文人案头的一方砚台，绿意浸着墨色，与烟雨糅合在一起，看不分明。倘使研一斗墨，便书尽万叶青。下沉广场区品茗看细水长流，漏窗框景外传来古琴声声，后场还有仪式空间可以承载各类书院活动文化盛宴，功能布局动静相宜又互为借景。所谓“得丘者”，如入“象外之境”，体味“艺术人生”，乃兴也，何不可。

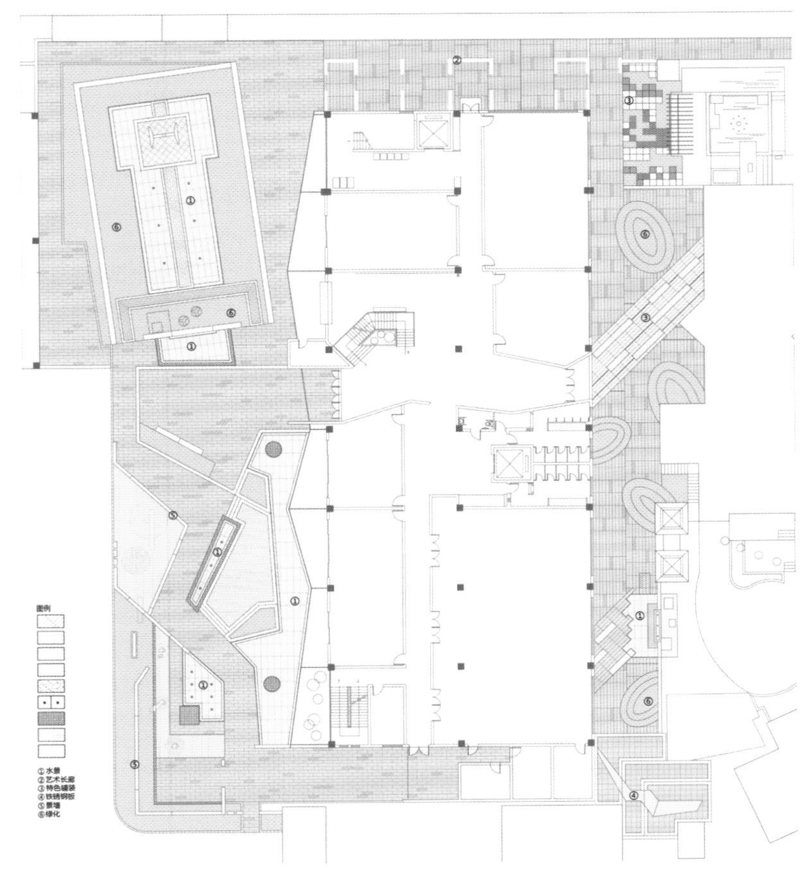

记忆存留

肌理演绎

曲折屏风

一树一景

金属积木

立面延伸

互为借景

禅意留白

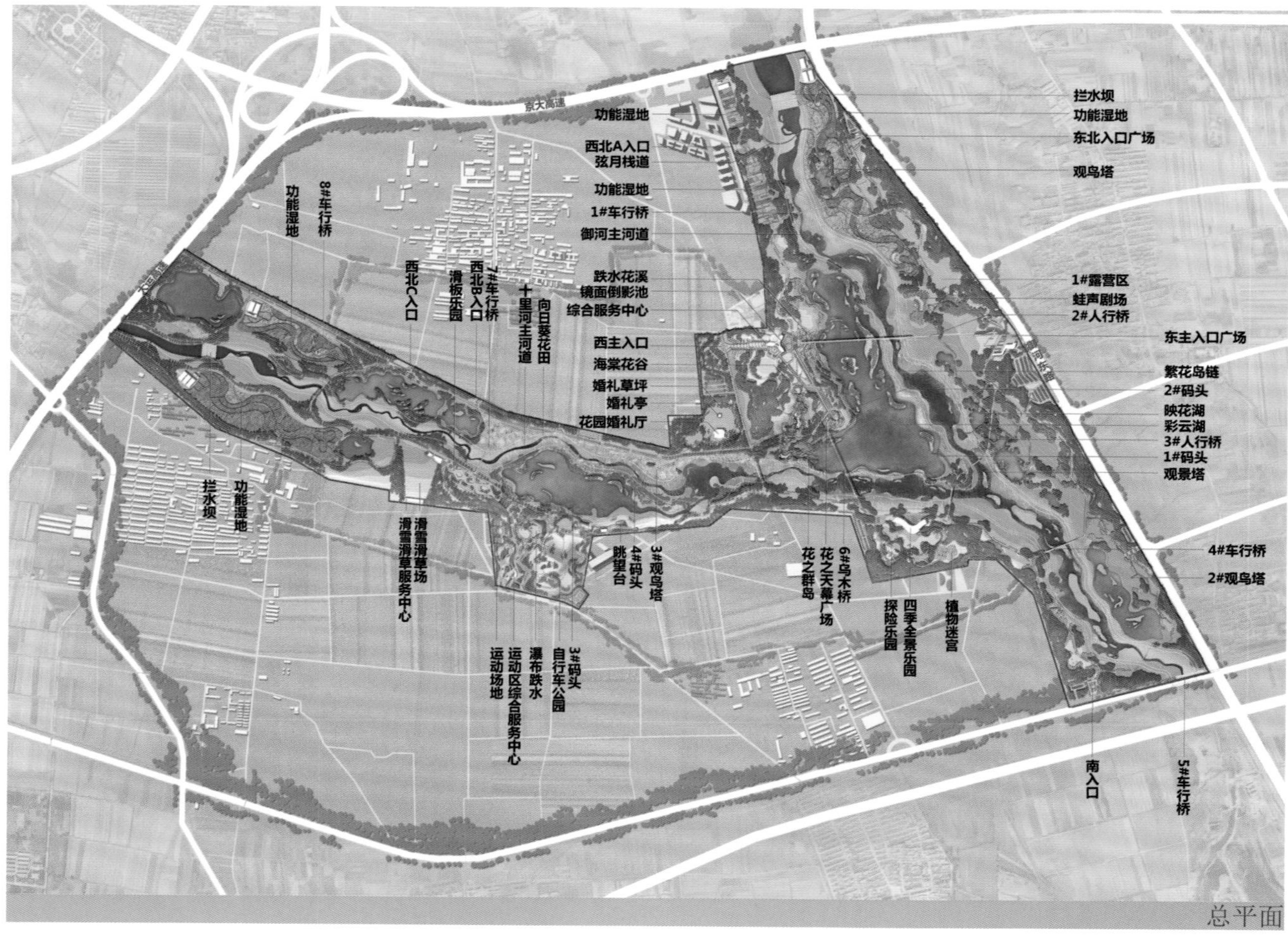

总平面

大同御河湿地公园

DATONG YUHE WETLAND PARK

设计单位：北京东方易地景观设计有限公司　主创姓名：李建伟、徐晓颖、孔德猛

成员姓名：邓金凤、杜佳慧、钟恺、郭红伟、孙敬琦、韩军龙、王霄君、梁钊瑞、王冠、邹晨曦、张际学、宋佳益、王婷、宋原华、王瀚增

设计时间：2016 年　项目地点：山西 大同　项目规模：557 公顷　项目类别：城市公共空间

委托单位：大同市御东建设工程管理有限公司

跌水花溪

入口景墙

栖枝长廊

设计说明

御河是大同市的母亲河，作为北京重要的备用水源，御河的流域治理和生态修复意义重大。御河湿地公园占地面积557公顷，是御河流域综合治理的重点工程，是大同生态旅游启动项目。

设计从全市格局出发，先对16平方千米进行规划设计，挖掘发展潜力，通过流域综合治理，实现防洪安全和河流生态自净，提升水质，构建生态多样性，营造优美的河流风景，融入休闲、游乐、度假、会议、自然教育等功能，将其打造为大同市独一无二的郊野湿地乐园。与周边农业公园、村庄联动形成“十里田园，花间水畔”的生态旅游特色产业，带动区域绿色经济发展。

项目以水利、水环境、水景观三位一体为理念，景观统筹，高度融合建筑、桥梁、照明、污水处理等专业。工程措施与景观结合，艺术与自然结合，规划设计12类水景、36个水景观，54个水面，形成景致丰富的“水景博览园”。利用地形、竖向和堤岸的隐形设计实现防洪和亲水之间的平衡。

设计以自然为主角，打造“花之谷”主题园区，两片河川花谷，4个湿地草海，7个花之主题区，河川两岸打造成台地花园，步道串联多个胡泊，形成“花间云海”的景观效果。在50年主河道中设计常年流水的子槽，北方河流枯水期时浅滩缓流，打造极具亲和力和参与度的公园。

大同御河湿地公园具有迷人的四季景象和自然乐趣。以自然为主角的郊野湿地乐园，重建人与河的共生关系：让河流归于自然——美丽而富有生机，让人归于河流——自由而充满活力！

鸟瞰图

浪漫花溪

花之天幕

全景乐园

彩云湖上

湿地游览区

戏水乐园

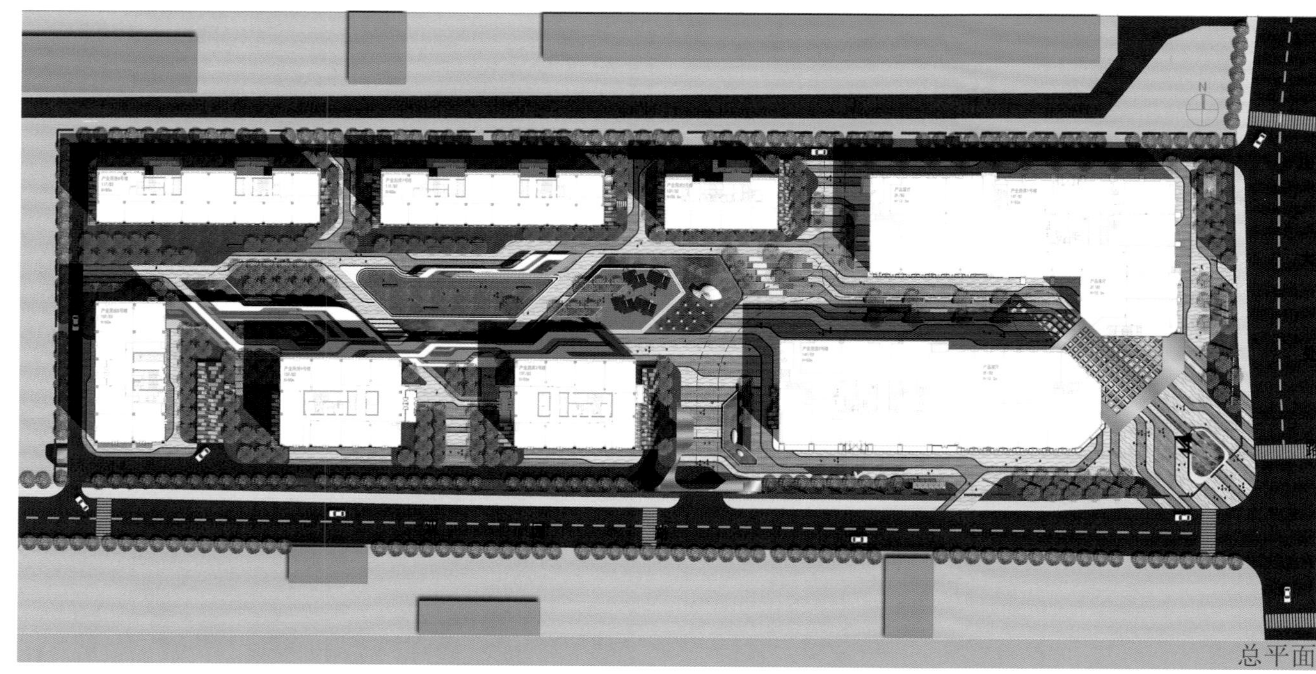
总平面

北京点石商务公园

BEIJING DIAMOND BUSINESS PARK

设计单位：棕榈设计有限公司　主创姓名：贺子明　成员姓名：熊梓佑、高显坤、韩丹萍、李海磊、魏兴涛、雷鹏、郑倩
设计时间：2013 年　项目地点：北京　项目规模：2.59 公顷　项目类别：园区景观设计
委托单位：北京华清安平置业有限公司

鸟瞰图

步行街水景

雕塑小品

设计说明

石景山区苹果园 1606 － 613 地块位于中央科技园区石景山园北Ⅱ区东北角，紧邻八大处路，离西五环仅 1 千米，交通十分便利。周边均为高新技术产业用地，围绕着较多的公园用地，具有良好的生态环境。

项目在设计时进行了多方面的考虑，为了承载更多具有活力的共享空间，绿地设计考虑到人活动的最佳舒适尺度同时也有意识让整个区域的环境成为一个创意性地标和展示平台。

园区轴线设计的考虑是出于让道路游憩空间的肌理“动 - 静”层次更加分明，动线引导景观和停留场所的延伸，闹中取静地将艺术长廊介入这个绿地空间，给人一个安静、自由交流、聚会的理想休憩角落。

苹果园项目在紧张的投标时间内做了美观大方的流畅线型及空间分隔，满足了海绵城市设计的要求，设计了汇水集水过滤处理回收利用，而且综合考虑了内部使用人群对景观的需求并严格做了造价的把控。3 年之后它终于完整的呈现在大家面前，是设计还原度相当高的一个项目，很多看过这个项目文本的人都说，这是一个设计师的初衷创意变成现实的一种喜悦。

次入口景墙

艺术长廊夜景

主入口水幕雕塑

艺术长廊

活动草坪

休憩座椅

波浪草坡

艺术长廊夜景

艺术长廊

雕塑小品

总平面

长沙金霞风光带及鹅羊山公园

JINXIA WATERFRONT SCENERY BELT ALONG XIANGJIANG RIVER & EYANG MOUNTAIN PARK AT CHANGSHA, HUNAN

设计单位：深圳奥雅设计股份有限公司　　主创姓名：Ahmed Tawakol
成员姓名：郭钟秀、徐美红、刘广富、龚晨燕、孟瑾娴、杨棋、盛伟、罗思聪、陈妍　　设计时间：2015 年
项目地点：湖南 长沙　　项目规模：31.56 公顷　　项目类别：公园与花园设计
委托单位：长沙金霞经济开发区开发建设总公司

鸟瞰实景

构筑物

滨水栈道

设计说明

品味金霞，魅力湘江，潇湘福地，幸福旅程。依托湘江“山水洲城”的特色生态资源，凸显“潇湘福地的场地特征，”为湘城右岸打造一段“国际品质，地域特色、人文创新、自然和谐”的城市游憩新体验！使金霞风光带成为集生态自然、游览、教育、健身、休闲、展示于一体的长沙新型滨水空间。21 世纪的现代公园是极具活力的、互动的、创意性的和参与性强的。

结合周边场地功能、市民需求和主要的干道对景，在金霞风光带上沿途都设置了对应功能的参与场地：创意儿童活动场、假日草坪、时尚餐饮、湘江博物馆（博物馆与鹅羊山山谷的国学书院、道观遥相呼应）、老人活动场、高端餐饮、樱花大道、浪漫花田和多功能大草坪等节点。金霞滨水广场，作为整个金霞开发区的公共滨水广场，兼具市民滨水广场、游船码头、停车、餐饮诸多功能。

丰富的活动场地在这里呈现，适宜全年龄段。

儿童们的冒险河谷和山丘乐园，以“山水”为设计理念，通过抽象的方式让孩子们在寓教于乐中感受“山水洲城”。

老人们拥有老年健体广场和健身步道，在优雅自然的环境中修身健体。市民和游客可以在临江远眺和阳光草坪上感受自然，享受滨水风光。幸福时光里，开福区的“福”文化在这里演绎，千万个福字用不同的字体通过阴影光线的变化展示在人们面前。

鸟瞰图

多功能草坪

种植实景

假日草坪条石坐凳实景

滨水条石坐凳

公园园路实景

多功能草坪创意园路实景

总平面

南昌万达城 P 区主题乐园景观设计

LANDSCAPE DESIGN OF THE THEME PARK IN THE P DISRICT OF NANCHANG WANDA CITY

设计单位：同济大学建筑设计研究院（集团）有限公司　主创姓名：陆伟宏　成员姓名：冯博楠 、林妍、邓涛、陆士彦

设计时间：2014 年　项目地点：江西 南昌　项目规模：80 公顷　项目类别：主题乐园景观

委托单位：万达集团

总鸟瞰图

世外桃源入口广场

万达茂入口广场

设计说明

2016 年 5 月 28 日，南昌万达文化旅游城盛大开业，万众瞩目的南昌万达主题乐园终于震撼亮相。作为迄今亚洲最高端的旅游娱乐“新地标”之一，这里无处不展现着设计师的心血和汗水，设计吸收当地文化，营造主题氛围，创造出了完美的梦幻主题乐园。

南昌万达主题乐园以赣文化为核心，整合包装景观和游乐设备，形成多个主题统领下的特色游憩及游乐方式，为游人营造一个梦幻的欢乐旅程。在这里，我们将与你一起探索赣文化的脉络，让你通过一次旅行，体会到中国历史文化的精髓与恢宏。

世外桃源：走进世外桃源的入口广场，就仿佛走进了诗人陶渊明所描述的那个桃源仙境。

竹海秘境：走进竹海秘境，就等于走进了中国竹子之乡，一个以竹子为特色的观赏地。

云霄仙阁：人杰地灵，物华天宝。该区域展现了历史中唐朝诗人王勃诗中描绘的滕王阁雄伟壮丽之景象。

仙女奇缘：景观设施中的雕塑小品记录了织女落入凡间与牛郎的相识、相知、相恋、相爱以及相随的过程。让游人在浪漫梦幻的仙境中来一次不可思议的邂逅之旅。

鄱阳渔家：该区充满浓郁水乡风情，富有江南特色。并以渔具、渔网、渔船等景观小品，展示鄱阳湖独具特色的渔耕文化。营造临湖渔村古朴清新的氛围，给心灵寻求一片宁静。

五彩瓷都：陶瓷艺术的装饰形式为该区域的主题文化画龙点睛，在这通往陶瓷世界的路上，游人探索其中，体会瓷都悠久的历史文化。

世外桃源鸟瞰图

竹海秘境实景图

云霄仙阁实景图

仙女奇缘实景图

竹海秘境效果图

鄱阳渔家效果图

五彩瓷都效果图

鸟瞰秋景图

北京密云古北水镇景观设计

LANDSCAPE DESIGN OF BEIJING MIYUN GUBEI WTOWN

设计单位：杭州人文园林设计有限公司　主创姓名：周广平　成员姓名：陈吉女、占伟林、黎丽梅、甘礼寒、赵玕、章玮
设计时间：2014—2016 年　项目地点：北京 密云　项目规模：0.72 公顷　项目类别：特色小镇
委托单位：北京古北水镇旅游有限公司

鸟瞰夜景图

夜景图

设计说明

古北水镇的总规划基于陈向宏先生的整体控盘，设计师沿用全局设计思路，对部分区域做了具体景观设计。在古北水镇的设计之中，借用司马台长城地理优势、北京首都经济格局与司马台水库自然水资源，将此三者作为此次设计的基础条件，在北京做了兼具江南情韵与北方气度的古北水镇景观设计。

在整体设计布局之中，基于北方雄壮浑厚的自然景观背景，于细节处润之以江南园林的精致秀美，使之区别于柔美的江南园林。此举在充分发挥北方地域及文化特色的同时，又巧妙结合江南庭院的温婉与细腻。借用北京特有的历史背景，将皇城气质与文化内涵融入整体设计当中，寄情于景，使江南之秀丽灵巧与北京之皇家风范有机统一。全设计秉持着“气韵亦有风骨，雄壮亦有柔情”的概念，使古北水镇景观设计成为了中国北派园林新的诠释与探索。

设计以植物为墨，以历史文化为情，以墙垣为纸，绘一幅古北水镇的山水闲居图。同时将山景引入院内，借山水之势，造现代园林。以“藏秀于居”的设计理念，使自然景观成为院落中得天独厚且仅此一绝的美景。对于山景的布置采用了皇家园林的点石方法设立了山石基座，使之既毓秀灵动又浑然大气。还在设计中巧妙运用唐代园林华美而不失纤巧，舒展而不张扬的风格，以及清代园林移步借景，动静相兼的手法，利用草、松、石、木等干净质朴的原生态自然元素，根据园景的立意，通过自然元素的合理运用使之能够鲜明表达，加强游人对于自然的感受及感悟。

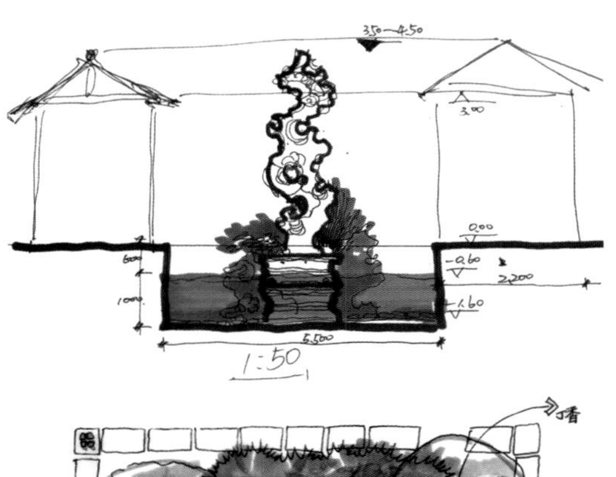

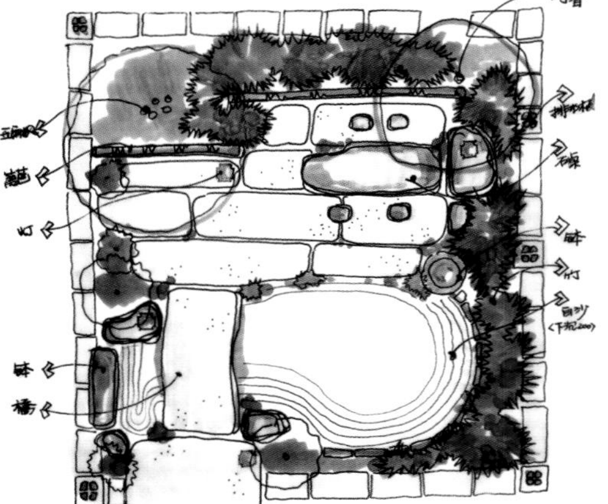

乌镇会南小院手稿

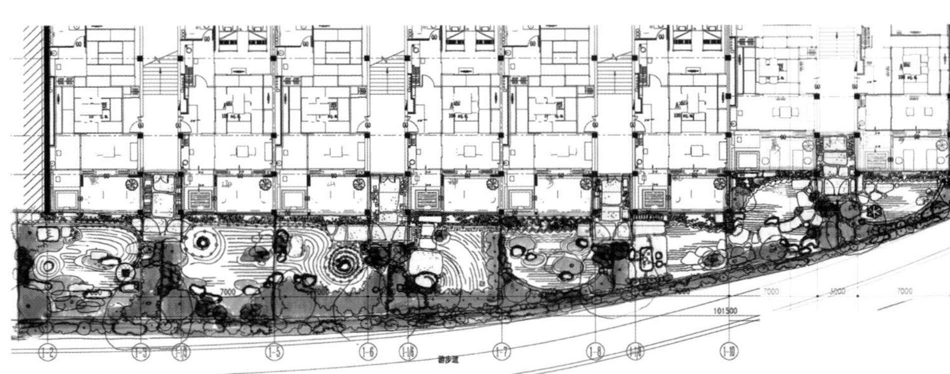

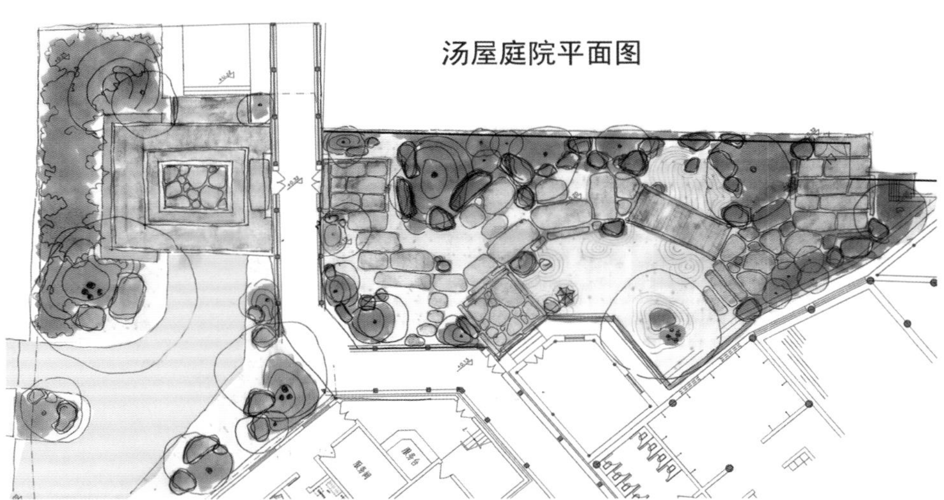

汤屋庭院手稿

乌镇会景观

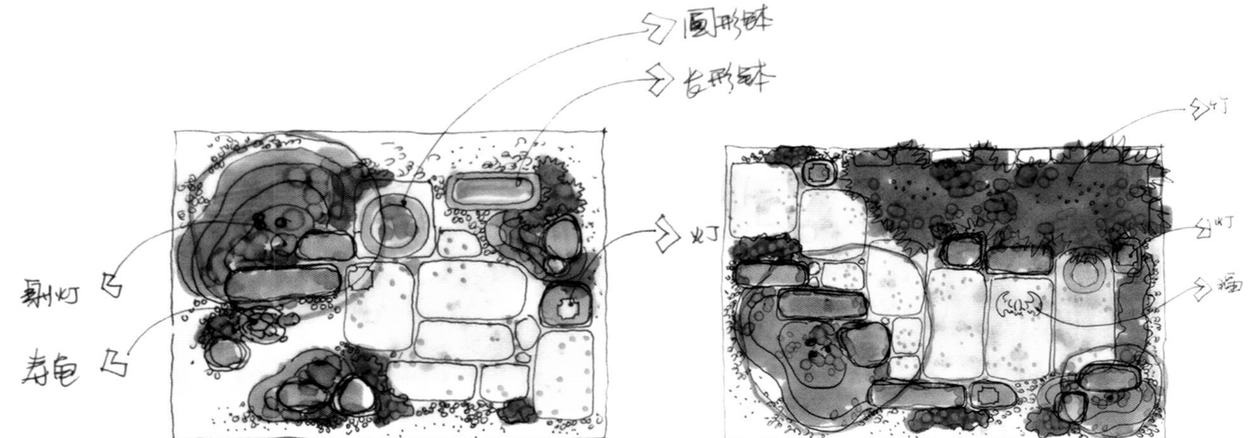

山顶教堂

在乌镇会的设计中，每个庭院各具特色又整体统一，既体现江南情怀，又饱含北方文化精髓。设计师对各区域内容做了明确的设计立意，将“福禄寿喜财”等传统文化的因素与“桃李柳梨棠”等自然因素相融合，移步赏花，宜景怡情，寓意丰富，气质鲜明。

御舍温泉酒店

山顶教堂

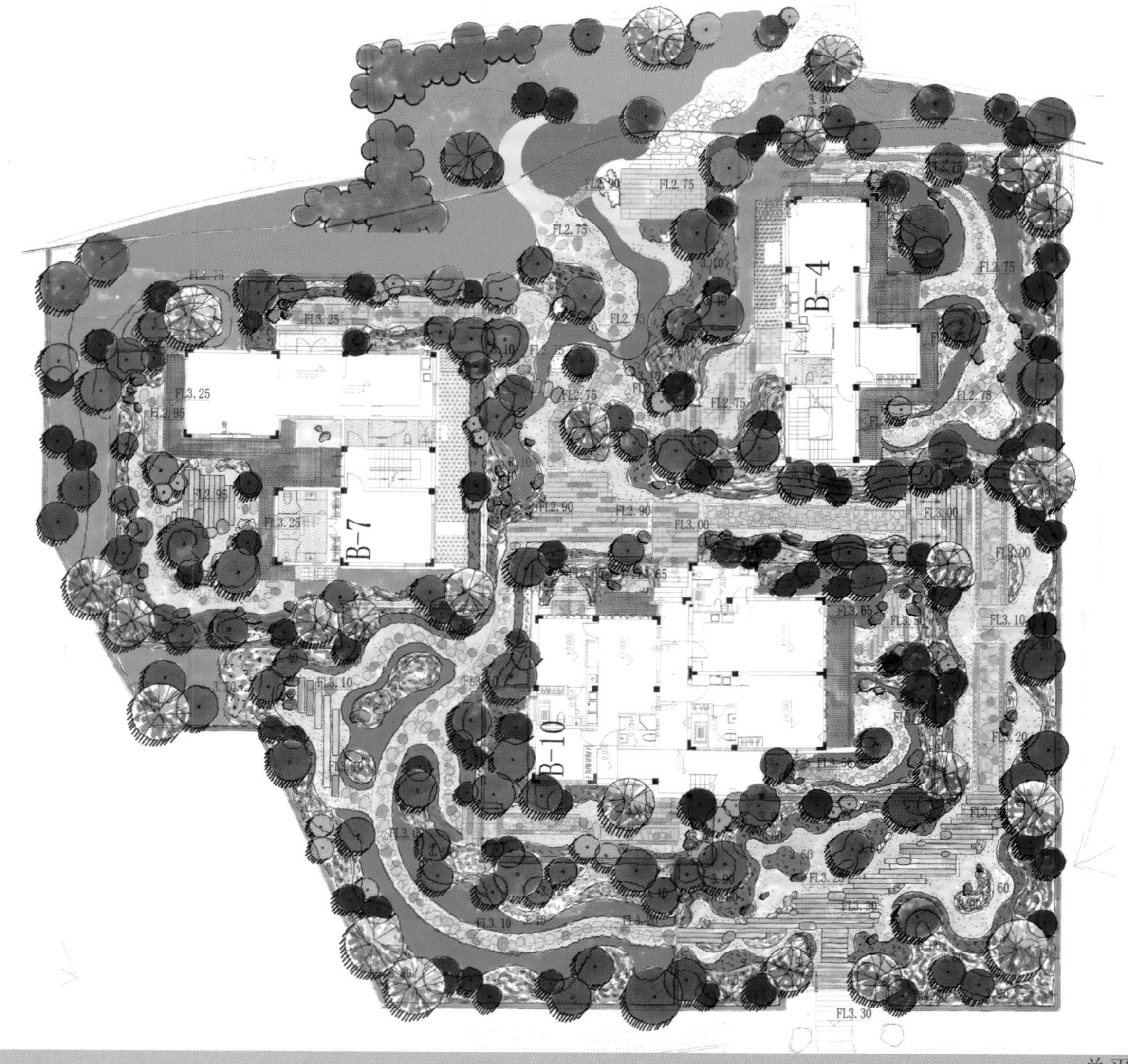

总平面

灵山小镇拈花湾示范区

LINGSHAN TOWN· DEMONSTRATIVE REGION OF NIANHUA BAY

设计单位：上海仓永景观设计有限公司　主创姓名：仓永秀夫　成员姓名：郝素立、楼鲁清、黄浩丞、龙荣江、石春烽、王博、朱可、何淑芳、沈赟彦
设计时间：2012 年　项目地点：江苏 无锡　项目规模：0.33 公顷　项目类别：旅游区景观
委托单位：无锡灵山集团

前庭主道

侧院园路

内庭园

设计说明

灵山小镇拈花湾位于中国无锡云水相接的太湖之滨，秀美江南山环水抱的马山半岛，是一个综合性的旅游会务度假胜地，它由重要精神性建筑——大禅堂、会议中心和会议酒店、旅游休闲商业、文化性建筑、重点景点、商业建筑群、度假型物业区等功能组成。上海仓永景观设计有限公司在这个项目中，由公司创始人仓永秀夫先生亲自操刀，将其塑造成代表东方“禅”文化的重要精神性地标。与开发商、旅游产业者一起，打造一个东部中国新的旅游目的地。

山水禅意，一片耿湾禅意中，几多归鸟尽迷巢。在有限的范围里再现大自然之美，并用象征方式呈现自然山水的无限意境。追求清静无为与天人合一，与自然之间保持和谐、融洽的关系和返璞归真的自然观。

侧院节点

主庭园

主入口庭园

内庭主园路

内庭水池

侧庭园

年度十佳景观设计

鸟瞰图

贵州省黔南州长顺县麻线河河道治理工程

MAXIAN RIVER RENOVATION AND IMPROVEMENT PROJECT IN CHANGSHUN COUNTY,QIANNAN ZHOU,GUIZHOU PROVINCE

设计单位：深圳市铁汉生态环境股份有限公司　　主创姓名：陈伟元

成员姓名：李俊民、叶雪、陈燕芳、姜颖、苏畅、宋宇龙、陈杰、李肖贤、刘洋、廖志荣　　设计时间：2016 年

项目地点：贵州 长顺　　项目规模：55.9 公顷　　项目类别：城市公共空间

委托单位：贵州天下顺投资有限公司

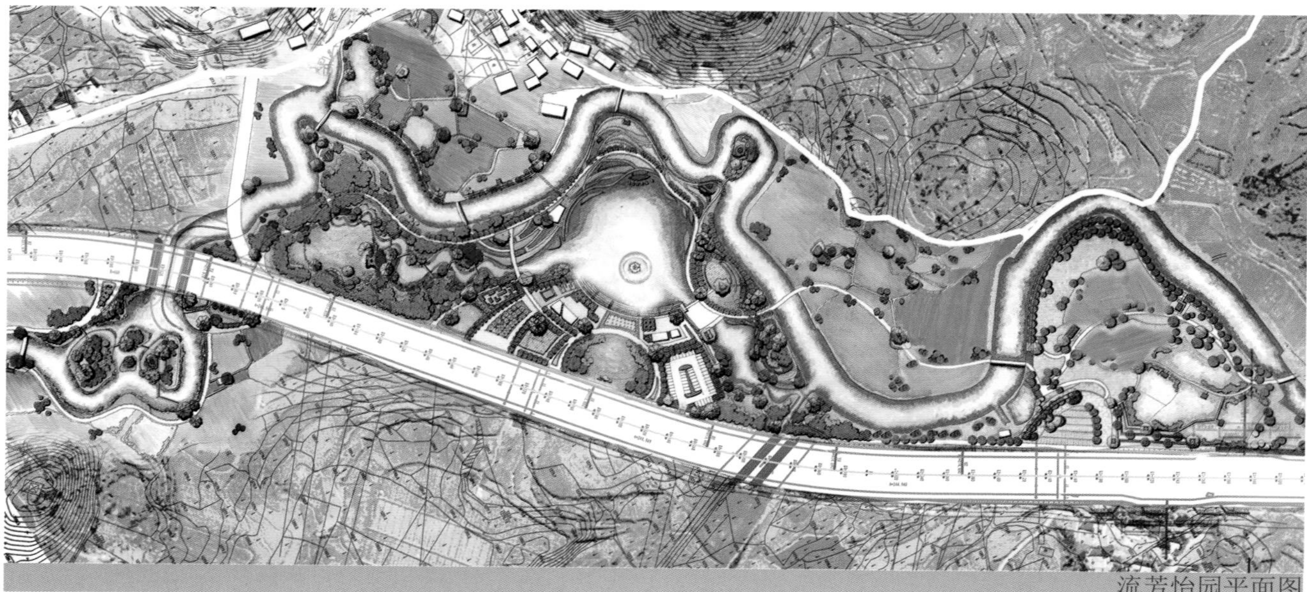

流芳怡园平面图

流芳怡园实景图

中心湖景实景图

设计说明

项目位于贵州省黔南布依族苗族自治州长顺县，河道全长约13千米，包括源头段、城区段、城乡段、自然段四个区段，其中项目设计范围约9千米（永和桥至洛朗桥），包括城区段、城乡段和自然段三段。设计红线面积约55.9公顷。

在对现场进行充分调研后，明确场地最需要解决的三个核心问题是：（1）水清活——清活的水系是流域未来所有开发建设的基础与当务之急；（2）城融合——将“水脉”与“文脉”相融合，构建麻线河生态文化品牌；（3）人休闲——构建亲水型河流体系，为河流注入活力，绵延千载，人水共生，实现“品味画境古都，重铸多彩河川”的景观规划设计目标。

项目功能格局规划定位为“一廊三区多节点”：“一廊”指“麻线河多彩生态景观绿廊”；“三区”指“丰泽润城段”“曲水叩山段”“清波映田段”三个景观分区；“多节点”包括“怀兴广场”“流芳怡园”“诗意田园”三个重要景观节点和沿线驿站、休闲设施和景观平台等其余多个次要景观节点。

规划设计通过创立“土地更新、旅游更新、人文更新、活力更新、绿色更新、宜居更新”六大更新典范，力求重新焕发麻线河的生机与活力，为使用者提供更多的活动可能，最终实现通过流域综合治理带动区域更新，打造美好的生态宜居环境。

碧波万顷鸟瞰实景图

流芳怡园鸟瞰实景图

民俗广场实景图

湿地栈道实景图

河道景观效果图

河道景观效果图

绿道驿站效果图

年度十佳景观设计

鸟瞰图一

四川宜宾白沙堰景观工程

LANDSCAPE ENJINEERING DESIGN OF YI BIN BAI SHA YAN

设计单位：北京东方艾地景观设计有限公司　主创姓名：李建伟、何俊伟　成员姓名：王靓、李鑫康、李浩、吴丽华、王楠、杨刚、李其斌、卢珊、李童
设计时间：2016 年　项目地点：四川 宜宾　项目规模：22.75 公顷　项目类别：城市公共空间
委托单位：四川港荣投资发展有限责任公司

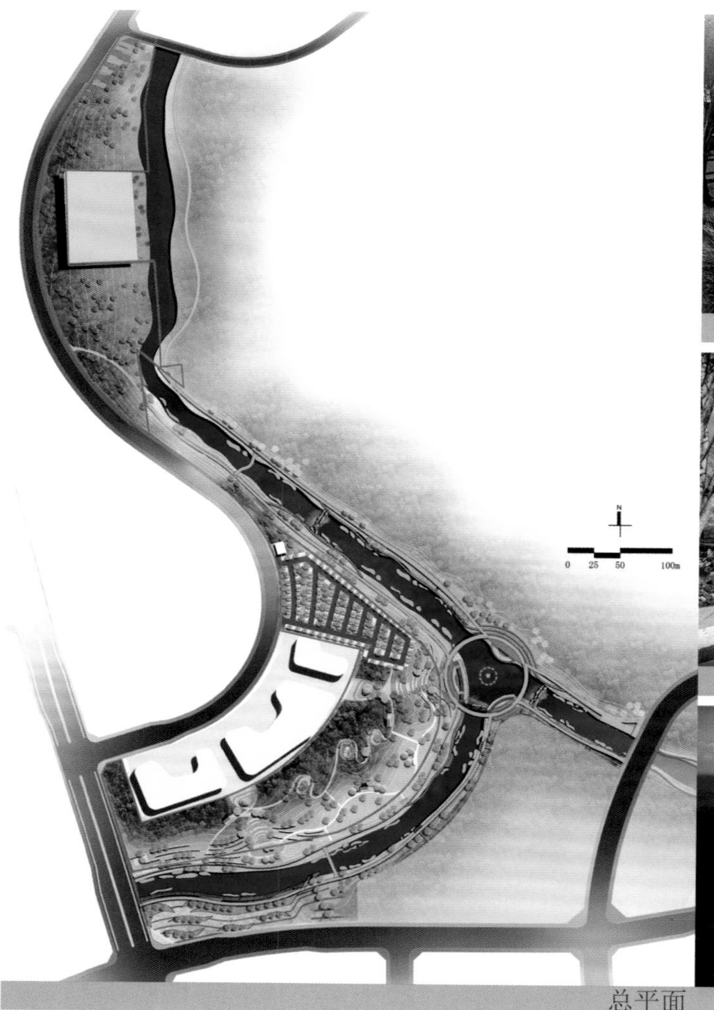

总平面

河道景观

休闲场地

鸟瞰图二

白沙堰公园入口广场

花境种植

设计说明

白沙堰景观工程项目位于宜宾市翠屏区，隶属四川省。基地呈狭长形分布，北侧是龙头山，南侧地势相对平坦，所处地块在宜宾临港经济技术开发区内，周围商业地产开发建设迅速。

通过对白沙堰周边用地性质和建设条件分析，对白沙堰分阶段实施；白沙堰全长约 8.6 千米，设计总面积约 22.75 公顷。不同于以往简单的河道环境改造，本次设计重点突出如何在保持城市河道有“防洪、排涝”等的一般功效的同时，也可融入城市景观设计、生态环保以及艺术小品等多种内容，将水环境、水利、滨水景观建设统筹考虑。

景观设计以“城市发展价值纽带，生态宜居乐活长廊”为理念，景观设计考虑河道两侧自然现状及滨水景观带建设需要，充分体现以人为本和超前性，构筑不同的亲水游憩空间，让河道两岸成为集观光、休闲、旅游、教育、商业为一体的综合型公共滨水空间。

鸟瞰图三

亲水休憩空间

人行桥

入口广场

滨水与市政人行道景观

滨水景观

滨水景观

骑行驿站

河道景观

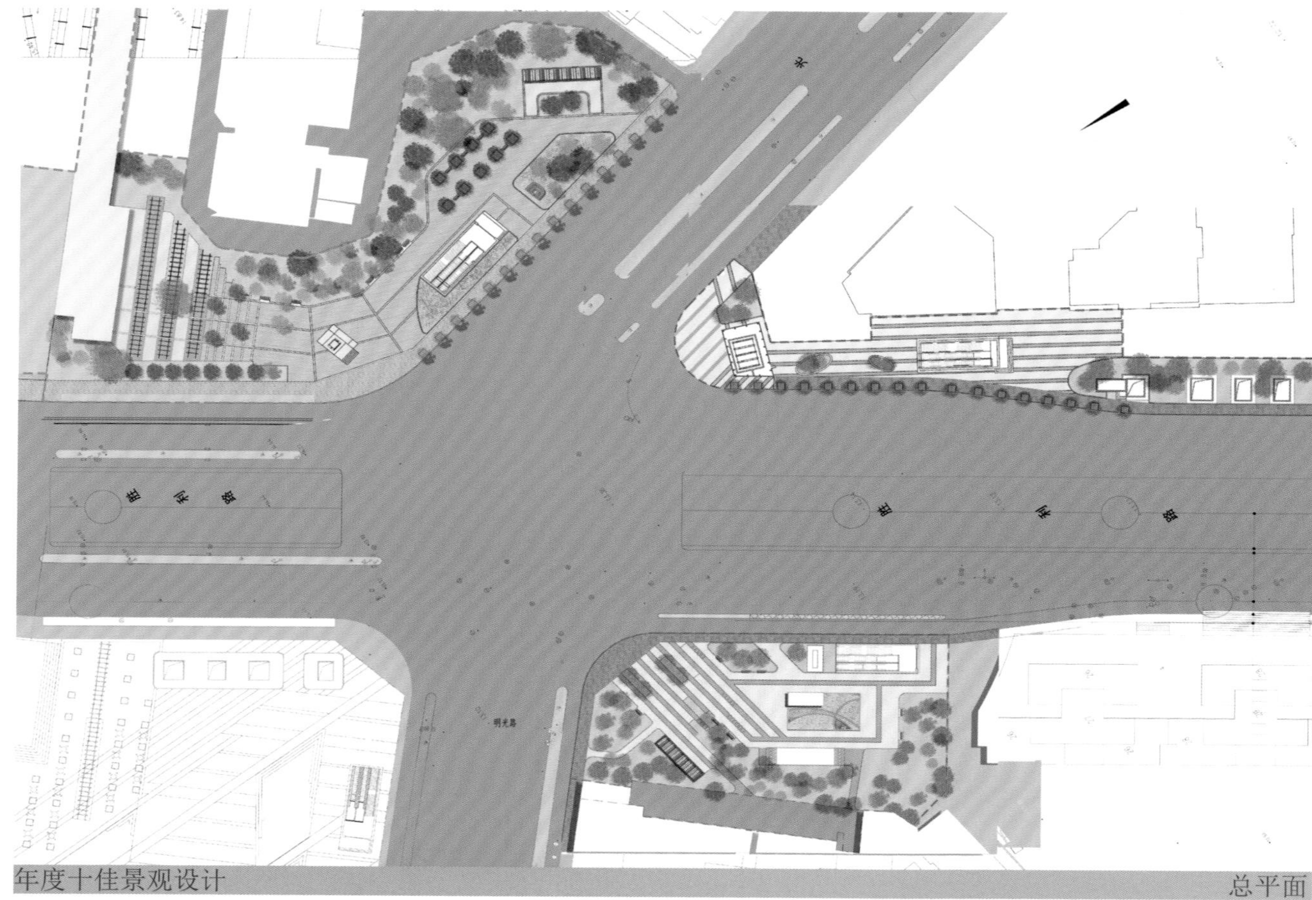

年度十佳景观设计　总平面

合肥市瑶海区轨道 1 号线明光路站点景观提升设计

LANDSCAPE PROMOTING DESIGN OF MINGGUANG ROAD STATION ON TRACK NO. 1 IN HEFEI DISTRICT, YAOHAI

设计单位：华艺生态园林股份有限公司　主创姓名：付卫礼、曹阳、杨兰菊　成员姓名：潘会玲、王亮、刘慧、宋晓雪、蔡倩、程志、荀海东
设计时间：2016 年　项目地点：安徽 合肥 瑶海区　项目规模：1.24 公顷　项目类别：城市公共空间
委托单位：合肥市瑶海区市政和园林绿化管理办公室

项目背景

设计说明

设计定位：人文、现代、质感。

时光的交汇—— 时代的气息、历史的韵味。

城市记忆—— 留住一段过往、留下一处乡愁。

明光路地铁站设计把时代气息与历史记忆交汇在一起，保留城市记忆，如修复老站台，恢复月台下方老铁轨，放置火车头等，通过改造美化周边建筑外立面，运用海绵城市、雨水收集等绿色节能技术提升地段的景观品质，同时注重地铁站与周边景观环境相融合。

地块 A：0.28 公顷

地块 B：0.74 公顷

地块 C：0.21 公顷

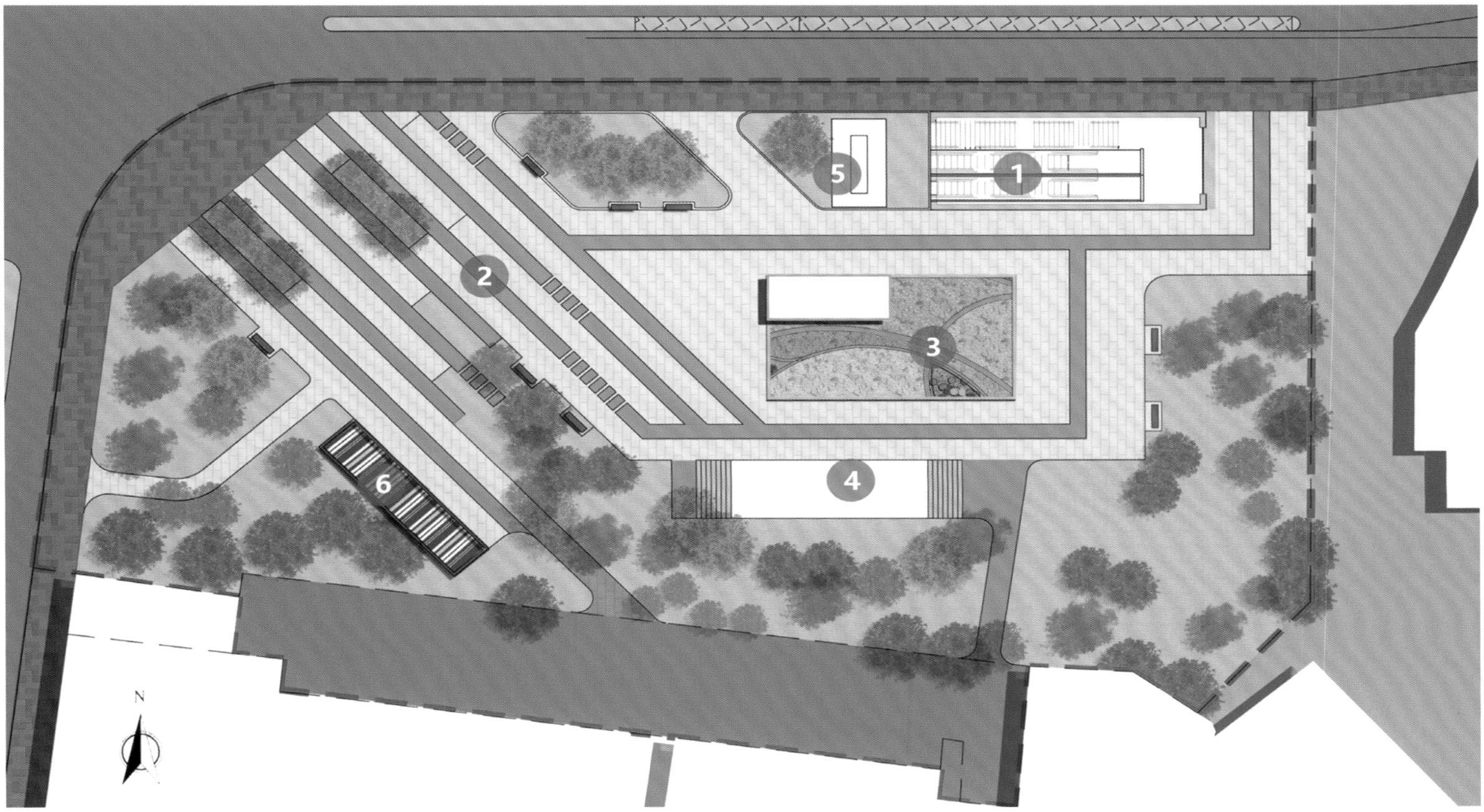

地块 A 平面图

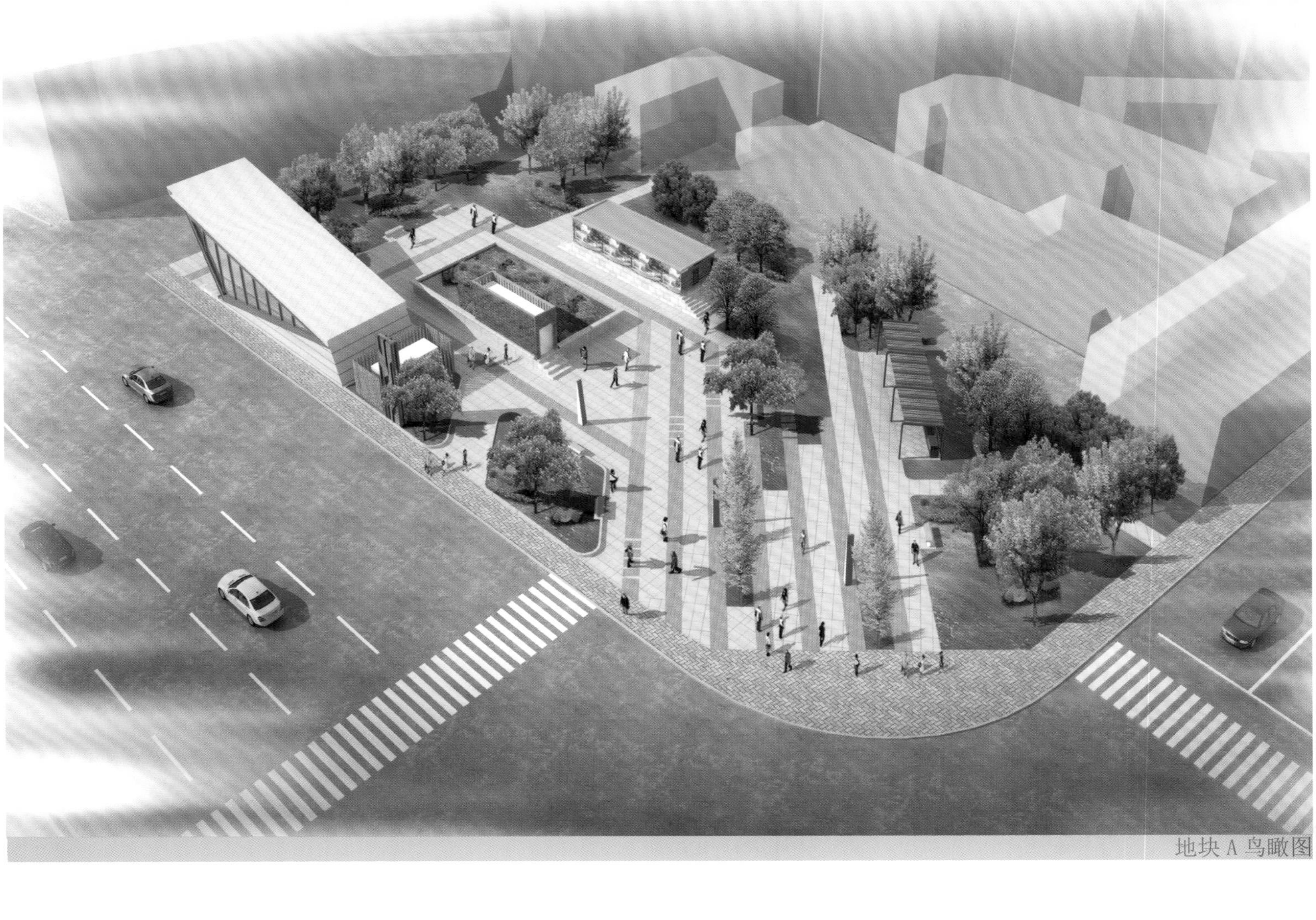

地块 A 鸟瞰图

1. 地铁出口
2. 合肥地铁LOGO
3. 无障碍电梯
4. 非机动车棚
5. 树阵休息区
6. 月台
7. 仿铁轨
8. 休息座凳

地块 B 平面图

地块 B 鸟瞰图

透视图

1 地铁出口
2 换风机外机
3 人行道铺装更换
4 风井外立面美化
5 绿地

地块 C 平面图

树干雕刻

坐凳

法国梧桐利用

保留现存 12 株法国梧桐，对枯死的 16 株法国梧桐艺术处理：

1. 胸径 50 厘米以上法桐截干保留树桩，防腐处理后改造成树桩座凳（风干——打磨——防腐）。

2. 胸径 40 ~ 50 厘米法桐树干艺术化雕刻。

3. 较小的法桐利用树干制作户外个性家具：座椅、条凳。

立面美化

1. 外立面墙体绿化遮挡。

2. 立面花岗岩贴面，内部色块灌木更换为草花（种植池立面增加排水孔）。

立面美化

老站台、老火车站售票厅改造——保留城市记忆

修复老站台，保留原有建筑风格，粉刷立柱及顶棚，更换地面铺装，增加休闲座椅。

将售票厅改造成为展示合肥铁路历史变迁及合肥老城区历史的一个博物馆，借助老车站作为人文怀旧的切入点，用老照片的形式，向今天的合肥人展示一段旧时光。

城市记忆

岁月长廊

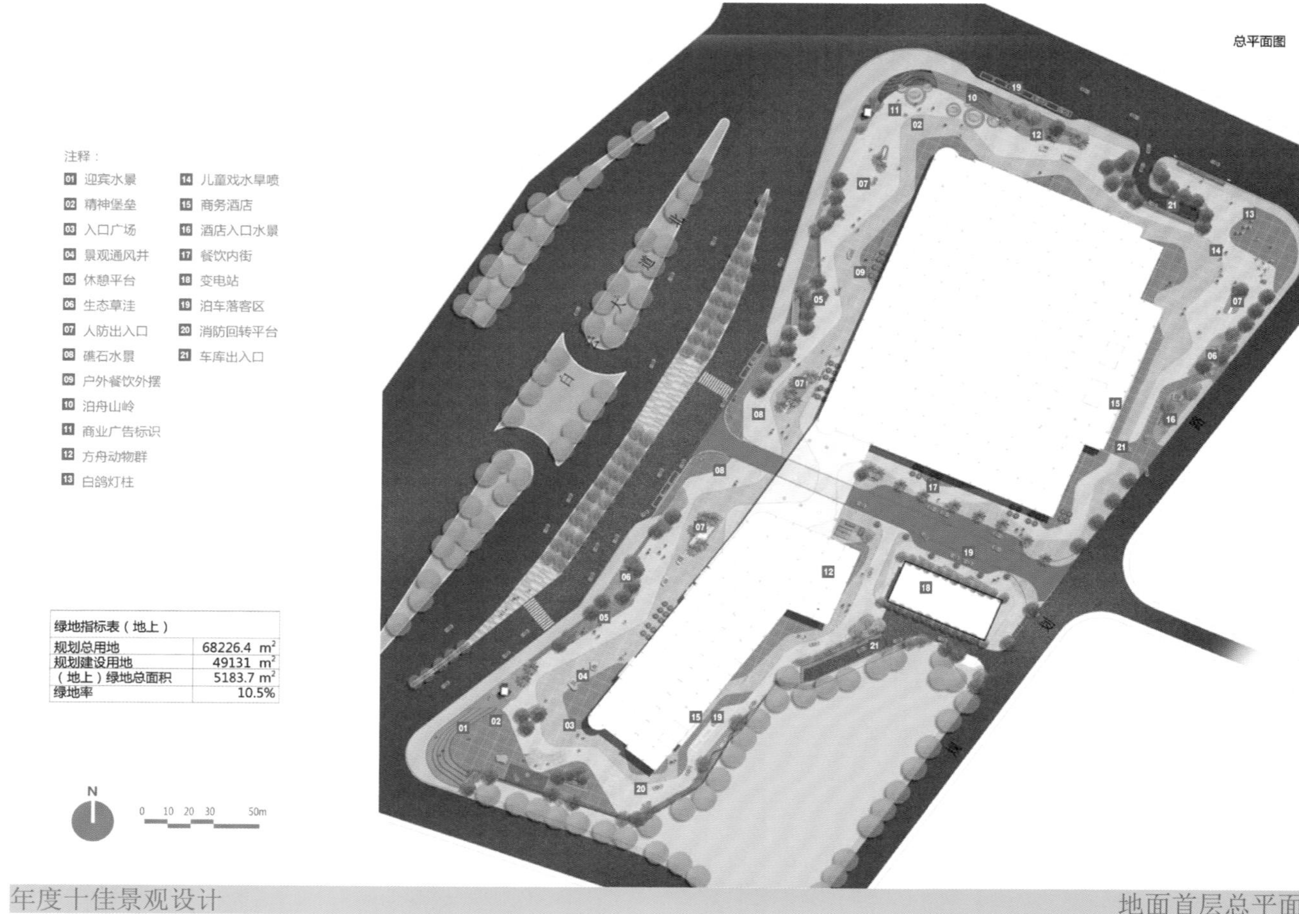

绿地指标表（地上）	
规划总用地	68226.4 m^2
规划建设用地	49131 m^2
（地上）绿地总面积	5183.7 m^2
绿地率	10.5%

年度十佳景观设计

地面首层总平面

广州安华汇园林景观设计项目

LANDSCAPE PLANNING OF GUANGXI GUIPING AUTO RV CAMPING BASE

设计单位：广州普邦园林股份有限公司　主创姓名：叶劲枫　成员姓名：陈杨、杜蔼恒、孙博、张文文、梁永平、陈锦尊

设计时间：2016 年　项目地点：广东 广州　项目规模：5.49 公顷　项目类别：城市公共空间

委托单位：广东安华美博商业经营管理有限公司

止泊广场

设计说明

安华汇项目位于广州市白云区永泰村十二岭路 22 号，周边城市地块以居住区为主，零星分布小型实体零售业，交通较为便利，毗邻 5A 级风景区——白云山，区位和自然风景资源都非常优渥。设计内容可分为屋顶主题花园和地面商业购物中心两部分，分别围绕不同的设计主题展开，打造出别具一格的商业休闲空间。

地面商业购物中心：地面商业的设计意图创造与众不同的购物记忆点，打造文化主题式生活体验购物广场。重点赋予空间三个特点：艺术性——突破传统商业、打造艺术性的商业空间；绿色性——倡导节能智能、塑造生态化的商业业态；参与性——注重消费体验、衍生参与式的消费模式。在设计元素上，融入海水褪去、浅滩礁石、海浪波纹的概念，寓意诺亚方舟落地后，新纪元到来的一刻，营造重新找回美好生活的氛围。

雨水花园

水语广场

礁石门厅

地面商业鸟瞰图

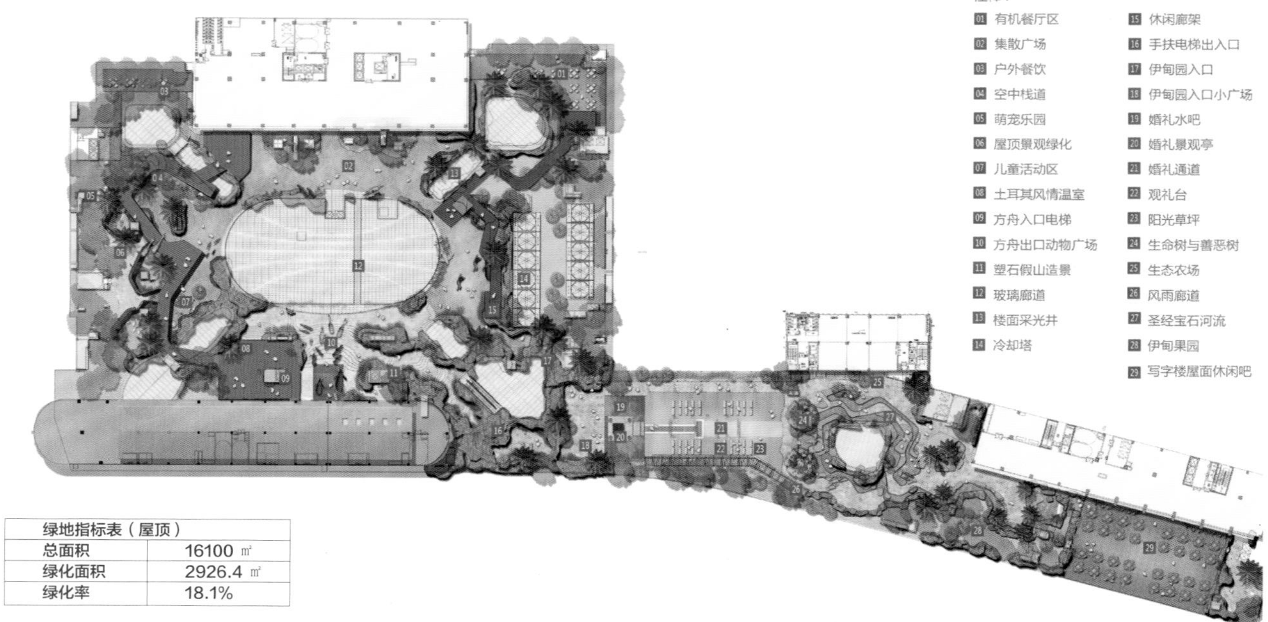

绿地指标表（屋顶）	
总面积	16100 ㎡
绿化面积	2926.4 ㎡
绿化率	18.1%

屋顶总平面

婚礼草坪

方舟入口广场

萌宠游乐园

屋顶花园：以“方舟停靠后的天堂”为设计主题，构建圣经中诺亚方舟的故事场景，并融入动植物主题，为游客提供游乐园、草坪婚礼、亲子活动、知识科普等多种活动功能，满足不同人群的需求。在营造舒适景观环境的同时，还考虑到经营者的运营策略，以场地租赁、户外餐饮、主题婚礼、生态农场为核心景观性盈利板块。

创新打造诺亚方舟主题屋顶花园，克服屋顶管网复杂，可利用场地稀疏破碎等难题，利用景观将各功能区串联整合，将主题性、商业性、娱乐性、互动性、观赏性完美融合在一起。

屋顶花园鸟瞰图

年度十佳景观设计　总平面

南昌万达茂景观设计

NANCHANG WANDA MALL LANDSCAPE DESIGN

设计单位：华东建筑设计研究院有限公司、万达商业规划研究院　主创姓名：曹严萍　成员姓名：张伟、李斌、张堃
设计时间：2014 年　项目地点：江西 南昌　项目规模：12.4 公顷　项目类别：商业区景观设计
委托单位：万达商业规划研究院

拉坯主题雕塑（万达茂与主题公园共用广场）

烧窑主题入口广场

旋坯主题下沉广场

施釉主题水景雕塑

设计说明

项目位于江西省南昌市九龙湖新区，设计规模 12.4 公顷。景观设计理念契合南昌万达城的总体文化氛围，从万达茂的建筑语言上提炼景观主题：孕育青花瓷，即按照景观节点的排列顺序，以形象或抽象的手法展示传统的制瓷工艺。本次设计四个主题节点依次为“旋坯”“施釉”“烧窑”“拉坯”。

1. 旋坯——旋坯在制瓷工艺中为修正坯体，使坯体规整的工序。设计中以“旋”为出发点，营造了一个逐层向上旋转升高的下沉休息空间，并在下沉式空间内成组摆放有坯体打磨痕迹的素坯小品。

2. 施釉——制瓷工艺施釉过程有浇釉、蘸釉、吹釉等多种方式，设计中抓住它们所共有的釉浆在坯体上流动之感，以叠水和水幕象征釉浆，并以磁盘为水的载体，来象征施釉的过程。

3. 烧窑——传统制瓷工序中，坯体须放在匣钵中，再入窑烧制，层叠堆放的匣钵给人深刻的烧窑印象。设计用水池象征窑体，池内高差层叠并富有色彩肌理变化的水的载体通过先进的不锈钢转印技术实现。夜景通过灯光与水雾的结合呈现窑火四射的效果。加强了万达茂次入口的人流导入性。

4. 拉坯——节点细部设计是景观设计的难点。而设计师对位于万达茂主入口并与主题乐园共用的主广场主题雕塑的构思更是有过多次尝试。设计过程中先后用铜雕、瓷罐、玉等多种形式表达，但这些形式的主题雕塑一直因其过于具象，缺乏现代商业时尚气息和美感而不断被质疑并推翻。最后，设计师将思路拓展为以铺装线型为同心圆，结合花池的抽象“拉坯”主题水景雕塑，通过镂空的圆形轮廓展示运转中的坯体肌理。

鸟瞰图

广场水景

青花大巴雨棚

广场雕塑

入口广场

鸟瞰图

广场水景

休息座椅

入口广场夜景

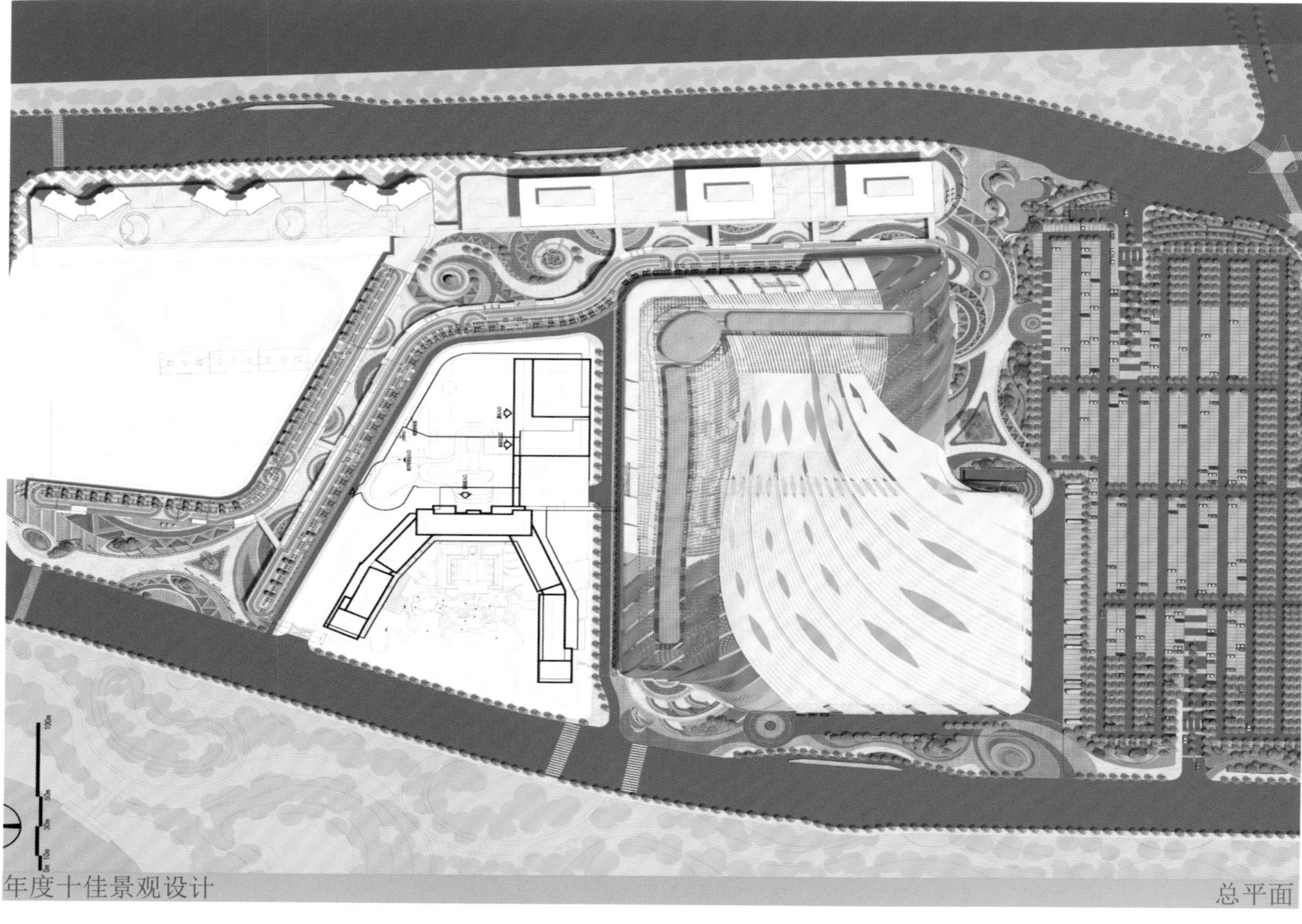
年度十佳景观设计

总平面

南宁万达茂景观设计

LANDSCAPE DESIGN OF NANNING WANDA PLAZA

设计单位：IMG3(上海)矶森景观规划设计事务所　主创姓名：何军　成员姓名：李斌、张堃、程亮、党磊、马珺
设计时间：2017年　项目地点：广西 南宁　项目规模：19公顷　项目类别：商业景观设计
委托单位：万达集团

南广场

金街入口

金街水景

设计说明

南宁万达茂位于广西南宁市，是万达集团极具地域特色的文化旅游类项目。整个项目在功能布局、设计理念乃至尊重当地独特地域文化等方面均有突破，体现了万达集团和 IMG3 矶森设计尊重地域特色并且从场地用户情感角度出发的理念，提升了文化旅游产品的品质。

对南宁地域特色有深刻的理解之后，景观的整体设计以“一幅壮锦”为设计主题，以当地经典流传的爱情故事为概念贯穿载体，壮族小伙依隆为了追寻自己心爱的女孩妲布，经历追逐—发现—相遇—相思后最终长相厮守，以此贯穿整个设计。

景观设计强调家庭型欢乐主题体验，打造全年龄段人群可参与、能感受的欢乐度假氛围。项目提取广西热情洋溢的“壮”元素，用现代手法设计了一系列互动体验，使美观与功能相结合，老人、孩子、中青年都能参与到景观中，都能在场地中感受到鲜明的欢乐主题，寻找到情感与文化的归属，展开一段充满家人笑声，洋溢轻松幸福的度假之旅。

整个景观在设计理念、地域文化表达等方面亦有相当的突破，体现了万达集团酒店设计对地域文化的尊重和理解，弘扬了民族传统文化。

南广场鸟瞰图

南广场

南广场“吉光片羽”水景

南广场

南广场“喊月”雕塑

南广场

南广场“吉光片羽”水景

年度十佳景观设计

鸟瞰图

云南省施甸县水墨印象公园

LANDSCAPE PLANNING OF YUNNAN SHIDIAN SHUIMO IMAGE PARK

设计单位：北京京林联合景观规划设计院有限公司　主创姓名：周浩、谭琪　成员姓名：从金萍、葛湃飞、李荣辉、薛国梁、蔡妤、刘治国
设计时间：2017 年　项目做地点：云南 施甸　项目规模：24.57 公顷　项目类别：城市公共空间
委托单位：施甸县县城建设项目指挥部

农稻梯田

赏荷园

乐活广场

设计说明

项目位于云南施甸，怒江东岸。三水环抱，全县总面积 2009 平方千米。县城居施甸坝南端，距离省会昆明 571 千米，距保山市中心 60 千米。设计片区面积 24.57 公顷，地处城市滨水田园景观带的中部和东西向城市景观轴交叉位置，结合场地整体地势，将园区规划为 11 个功能分区，充分展现当地文化特色，突出浓厚田园风格。

场地由 3 个景观湖串联为一条大的南北向观景轴，轴线两侧节点隔岸相望，形成多条东西向的二级观景轴，景观轴线交叉错落，给游客带来趣味十足的游览体验。结合现状道路，在局部项目周边建设主要内部环线，并依靠次要内部环线形成区域景观道路系统。环湖景观道贯穿项目中心景区，在起到串连项目产品作用的同时能够为各片区之间的互通提供可能。片区内部建立通往外部交通的次要干线，形成独立便捷的道路系统。结合场地细节设计将公园打造成为服务于城市发展的绿色海绵、引领城市生态文明建设的示范区、满足市民休闲游憩需求与游客探访的生态湿地和承传地域文化、乡土记忆的精神家园。全园设置停车场、餐厅、公用电话、公园、指路牌、休息点、售卖亭、垃圾桶、摄影点等服务设施，提升游客的观园体验。

水墨印象公园夜晚营造愈加浓厚的民族文化及自然气息，无论驻足文化广场观赏文艺演出、音乐喷泉，还是踏足湿地木栈道，都将给游客带来浓郁的地方气息。

广电路
新区路
环东路
汇通路
0 25 50 100

总平面

北区鸟瞰图

契丹文化广场

民俗节庆广场

主题文化广场

南区鸟瞰图

儿童活动中心

年度十佳景观设计

鸟瞰图

灵山县钦江大桥至龙桥段一江两岸景观提升工程

LANDSCAPE TRANSFROM AND UPGRADE PROJECT

设计单位：东莞市卓颐景观设计有限公司　　主创姓名：张博　　成员姓名：林广珠、林诗宙、余继权、李晶
设计时间：2017 年　　项目地点：广西 钦州　　项目规模：33.06 公顷　　项目类别：城市公共空间
委托单位：灵山县市政管理局

护坡绿植

旧城河道改造

市场改造

设计说明

项目位于广西壮族自治区钦州市灵山县市区，设计面积约33.06公顷，河岸线总长约11千米。

本次设计紧密围绕自然生态修复、水质净化、滨水人性游息空间这三个主要元素展开设计。提升河道景观，展现当地文化，营造鱼鸟栖息生态家园。

手法一：尊重场地现状、利用场地现有的高差对植被进行梳理改造，采用流畅的弧线规划植物组团造景，打造高程变化的生态滨水景观带，使用生态净化系统营造湿地生态景观。

手法二：采用简洁的几何点线面关系，设计贯穿景观节点，展现简洁生态的滨水漫步空间。

手法三：以人为本，合理提高滨水景观的参与性、趣味性及互动性。合理设计游憩节点，游玩中学习科普知识，提高市民生态科普常识。

手法四：提取本土文化元素符号设计公园雕塑小品、垃圾桶、景观灯等，充分展现灵山本地特有的文化艺术底蕴。

总平面

湿地亲水平台

眺望平台

竹林休闲

河道湿地现场图

河道生态绿植现场图

红旗桥段现场图

年度优秀景观设计
总平面图

北戴河黄金海岸度假村景观设计

GOLDEN COAST RESORT(CLUBMED BEIDAIHE) LANDSCAPE DESIGN

设计单位：棕榈设计有限公司　主创姓名：施鹏　成员姓名：徐叶、叶兴蓉、李鑫、唐瑞鑫、单爱清、程芙蓉
设计时间：2013 年　项目地点：秦皇岛市昌黎县黄金海岸工业园区　项目规模：4.62 公顷　项目类别：城市公共空间
委托单位：秦皇岛天行九州酒店管理有限公司

前场鸟瞰图

前场雨水花园

设计说明

项目位于河北秦皇岛市昌黎黄金海岸沿海阿那亚项目之中，希冀通过景观设计打造一个“人与自然、人与生态、人与度假”互动的可持续发展生态圈。

景观设计分为前场和后场两部分，前场设计了一处高差5.4米的自然生态雨水花园，解决雨水的滞留与下渗，水溪与旱溪的自然转换可呈现不同的景观观感。景观上植物与石料的搭配相得益彰，构成错落的空间，营造了一处不同于传统缀山叠石的自然叠石景观群。植物的选择上也考虑了四季的观赏效果，无论严寒还是酷暑均有景可赏。酒店的后场，设计师结合现状难得的刺槐林及自然土丘设计了婚礼草坪区域，期间点缀了几十种野草，或自然匍匐，或高大挺立，或柔美蜿蜒。独特的亲子活动区域设计在酒店的南侧，分别设计了儿童骑行空间、射箭场、攀岩塔、海边沙滩运动区。

为了契合酒店度假氛围，景观设计的材料尽量选用采自当地的毛石，粗糙的毛石与木质以及细腻石材铺装图案共同构成了CLUB MED北戴河黄金海岸度假村的精神愿景：“将身心投入自然，体味平静柔和的心境”。

观景廊道

婚礼草坪

沙滩水吧台

建筑北侧下沉庭院

挡沙墙

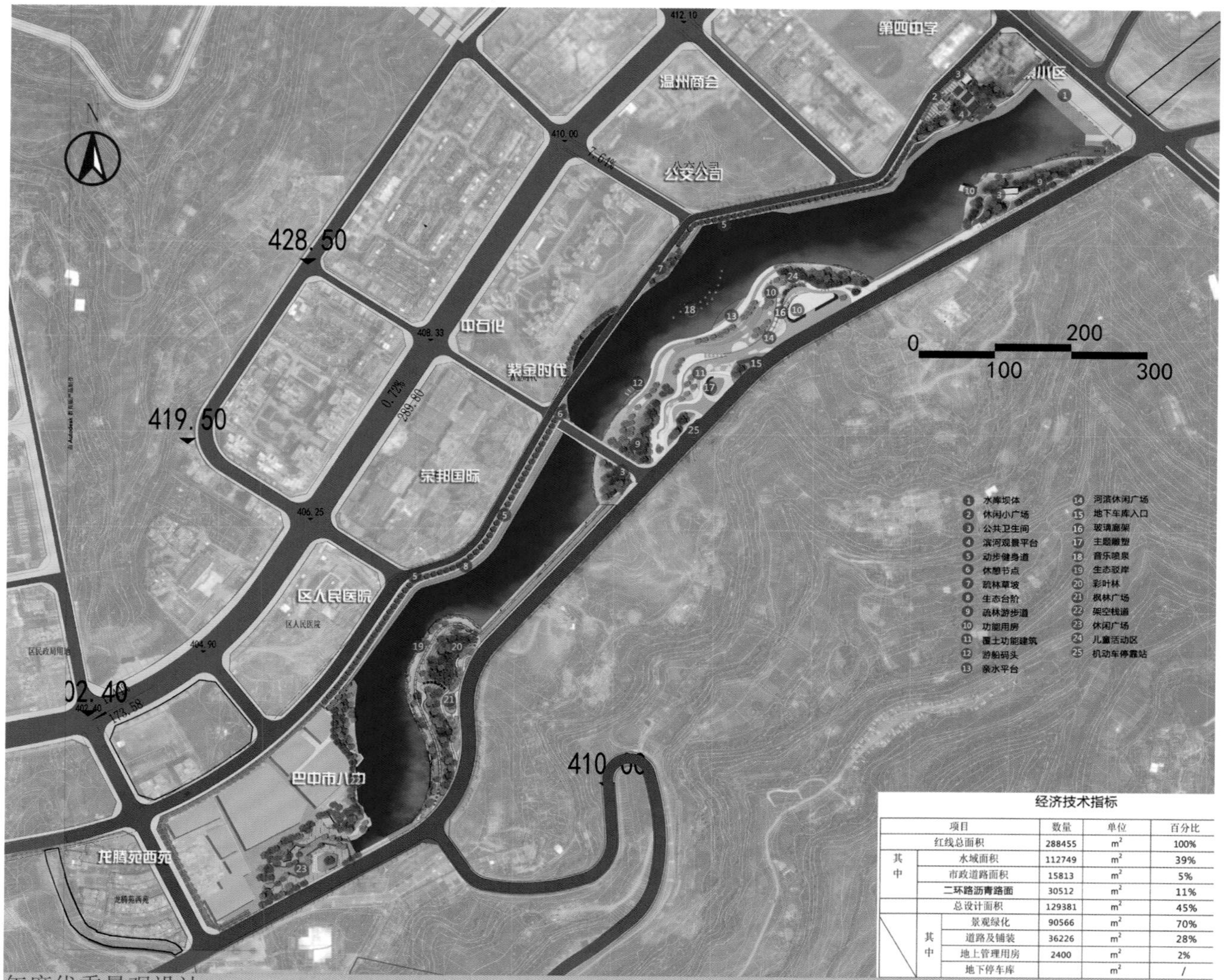

1 水库坝体
2 休闲小广场
3 公共卫生间
4 滨河观景平台
5 动步健身道
6 休憩节点
7 疏林草坡
8 生态台阶
9 疏林游步道
10 功能用房
11 覆土功能建筑
12 游船码头
13 亲水平台
14 河滨休闲广场
15 地下车库入口
16 玻璃廊架
17 主题雕塑
18 音乐喷泉
19 生态驳岸
20 彩叶林
21 枫林广场
22 架空栈道
23 休闲广场
24 儿童活动区
25 机动车停靠站

经济技术指标

项目			数量	单位	百分比
红线总面积			288455	m^2	100%
其中	水域面积		112749	m^2	39%
	市政道路面积		15813	m^2	5%
	二环路沥青路面		30512	m^2	11%
	总设计面积		129381	m^2	45%
	其中	景观绿化	90566	m^2	70%
		道路及铺装	36226	m^2	28%
		地上管理用房	2400	m^2	2%
		地下停车库		m^2	/

年度优秀景观设计

总平面图

四川省巴中市巴州区津桥湖城市基础设施和生态恢复建设项目景观设计

URBAN INFRASTRUCTURE AND ECOLOGICAL RESTORATION PROJECT OF JINQIAO LAKE,BAZHONG, BAZHOU DISTRICT, SICHUAN

设计单位：重庆东飞凯格建筑景观设计咨询有限公司　主创姓名：刘宇　成员姓名：旷莉珠、谭雷、谢一帆
设计时间：2015 年　项目地点：四川 巴中　项目规模：28.85 公顷　项目类别：城市公共空间
委托单位：四川巴中华丰建设发展有限公司

鸟瞰图

建筑效果图

南岸彩林区效果图

设计说明

1. 区位现状：该项目位于四川省巴中市巴州区境内，红线总面积约 28.85 公顷，场地地势北高南低，高差约为 22 米。项目周边用地以二类居住用地为主，次要用地为商业用地。

2. 功能分区：北岸功能为滨水休闲区，南岸功能为滨河健康大道。

3. 设计愿景：力求打造一处集休闲集会、绿色运动、活力时尚于一体的城市滨河活力开放空间。

4. 设计定位：以“生态保护为前提，城市休闲为核心，现代时尚为基调”的游憩型城市滨水休闲带。

5. 设计策略：包含安全策略、生态策略、功能策略、视觉与空间策略。

6. 服务设施：设计有游船码头、零售点、集中商业、的士停靠站等。

7. 植物设计：结合设计愿景，在植物配置中充分考虑功能需求和景观场所氛围，力求形成简洁大气，疏密有致且季相明显的植物景观。种植形式遵循植物自然群落搭配：高、中、低搭配，乔、灌、草结合，丛植、群植、散植、孤植组合呼应。

8. 海绵城市技术运用：主要通过对河道分段进行“前置净化一蓄水一润泽”，应用芦苇、睡莲、慈姑等水生植物的自净功能达到前置净化目的；通过修筑拦水坝，对上游水体进行收集和储存，丰富滨水景观体验的同时为水秀表演提供良好条件。用收集和储存的水体对两岸生态植物进行灌溉，软化堤坝立面，丰富景观层次。

水秀效果图

年度优秀景观设计

鸟瞰

南京新街口百货景观综合提升

NANJING XINJIEKOU XINBAI BLOCK LANDSCAPE DESIGN

设计单位：上海骏地建筑设计咨询股份有限公司　主创姓名：付方芳　成员姓名：翟隽、陈潇潇、何天腾、齐承雯、刘博宇、夏超文
设计时间：2016—2017 年　项目地点：江苏 南京　项目规模：2.28 公顷（景观总面积）　项目类别：城市公共空间
委托单位：南京三胞集团

灯带夜景

灯光设计

小品一体化设计

设计说明

新街口位于南京市中心区域，拥有百年历史，被誉为“中华第一商圈”。南京新街口具有毋庸置疑的文化地标意义，现状商业品质不高，文化内涵不足，铺装、设施较为老旧。

为改善城市面貌，提升城市形象，三胞集团倾力打造具有文化品质的南京新街口，树立全市商业改造标杆。作为设计方，骏地设计将商业地标与历史文化有机融合，打造城市公共空间典范。

总体设计：历史风情

我们从商业改造的四大要素出发，即铺装、小品、绿化、灯光，融合历史风情格调，营造了律动长江、秦淮魅影、生态绿岛、老广场、魅动长街等特色景点。

新百前广场尺度较大，从赋予商业广场文化意义的角度出发，我们将旧时的南京地图，以大约1∶1000的比例融入广场铺装当中，囊括南京七十二景，通过适当的凹凸表达城市肌理，通过LED灯带表达河流和湖泊，将曾经的历史记忆雕刻在当下。通过景观设计恢复场地的场所意义，吸引各色人群在此流连。

新街口是三胞集团也是骏地设计在南京具有里程碑意义的项目。我们认为景观不仅仅是景观本身，其城市开放空间的展示和图腾意义，更为重要。在商业广场中注入文化内涵，在材料细部中彰显韵味格调。

新百广场夜景

年度优秀景观设计

总平面

重庆安居古城滨江路景观改造

CHONGQING ANJU ANCIENT TOWN

设计单位：成都赛肯思创享生活景观设计股份有限公司　主创姓名：杨恒　成员姓名：蒋坤、朱德勇、张少峰
设计时间：2017 年　项目地点：重庆 铜梁　项目规模：3.8 公顷　项目类别：城市更新（古城改造）项目
委托单位：重庆中铁安居文化旅游发展有限公司

效果图

效果图

效果图

设计说明

项目位于重庆市铜梁区安居古城。距重庆主城区 66 千米。曾于隋、唐、明朝时期建县，是一座集独特区位优势、悠久文化底蕴、丰富文物古迹、优美自然风光于一体的千年古城。

在这一次的城镇更新中，对旧有居住、生产功能的建筑加以置换和丰富，向以“文化 + 商业 + 旅游 + 居住”为核心的建筑功能转变。滨江路景观带在景观展示的同时，还承担着通过滨江慢行空间激活周边新业态的功能。方案在保留古城原乡风貌的基础上，梳理滨江慢行系统与古城核心区形成多层次的联系，将场地山、水、城整合为有机的整体。

效果图

年度优秀景观设计

交河驿（坎儿井源）整体鸟瞰效果图

吐鲁番市交河驿（坎儿井源）景区

TURPAN JIAOHE POST (CAMP WELL SOURCE) SCENIC SPOT

设计单位：新疆印象建设规划设计研究院有限公司　主创姓名：王元新　成员姓名：刘卫平、陈洋茹、张月磊、吴彦德、王斌、单辉光
设计时间：2016 年　项目地点：吐鲁番市 312 国道南侧 200 米　项目规模：8.36 公顷　项目类别：城市公共空间
委托单位：吐鲁番旅游股份有限公司

交河驿（坎儿井源）林公驿道大门效果图

交河驿（坎儿井源）马邦效果图

交河驿（坎儿井源）烽燧及城墙效果图

设计说明

交河驿（坎儿井源）景区以展现西域风情、历史文化观光为主。景区用地面积 8.36 公顷，建筑总面积 23000 平方米。主要项目有：憩所、驿丞宅、马帮、观光烽燧、坎儿井源地下观光区、葡萄长廊、1.7 公顷生态停车场等配套附属设施。坎儿井水系贯穿整个景区，坎儿井水四季长流。

景区规划建设中深入挖掘交河驿站文化，复原汉唐时期交河驿站建筑原貌，通过情景再现、展馆展示等方式多角度展示驿站文化场景。

交河驿景区与周边的自然环境共同组成了交河驿的生存背景，同时也体现了丝绸之路创立所依赖的“绿洲文明”。当你面对饱经风霜的“交河驿”，面对粗犷苍劲的建筑就能感受历史的沧桑之美。交河驿景区的再现将为研究我国西域汉唐时期丝绸之路上政治、经济、军事、外交、交通、民族、文化、习俗等提供丰富的资料。

交河驿（坎儿井源）憩所 - 客服中心效果图

年度优秀景观设计

总平面

呼和浩特市玉泉区城区绿化景观建设提升改造工程项目

YUQUAN DISTRICT OF HOHHOT GREEN LANDSCAPE CONSTRUCTION AND UPGRADING PROJECT

设计单位：北京蒙树景观设计有限公司　主创姓名：樊宇、张鹏　成员姓名：武嘉男、韩嘉峰、董帅、刘波、侯卓函

设计时间：2017 年　项目地点：呼和浩特市玉泉区　项目规模：36.99 公顷　项目类别：城市公共空间

委托单位：呼和浩特市玉泉区政府

山体剖面图

雕塑实景图

主园路实景图

设计说明

玉泉区是内蒙古自治区首府呼和浩特市四大城区之一，地处呼和浩特市中部，中心市区西南部；东与赛罕区相邻，南和西与土默特左旗接壤，北与回民区毗连。玉泉区为呼和浩特发祥地，名胜古迹较多，有着自己独特的地理优势以及文化内涵。呼和浩特市玉泉区城区绿化景观建设提升改造工程项目涉及绿地系统 34 块，其中街道提升改造 3 条，现有游园、绿地提升工程共计 11 处，棚户区已拆除空地新建绿化工程 9 处，城区边死角新建绿化工程 14 处。

1. 设计理念：“玉带飘飘连首府，泉珠点点润青城”。

2. 设计主题：以绿为主、以人为本，立足实际，注重立意，简洁明快。

3. 设计目标：打造一个更美丽的玉泉，建设一个更生态的青城。

针对城市发展所产生的一系列问题进行设计规划，通过这些项目的改造以及提升，通过玉泉区的改造，将居民与城市更好地融合，用道路的纽带来链接各个景点，用点点的绿地滋润美丽青城。将破败的居民楼改造成活动的绿地，将未利用的空地改造成生态的公园，真正地去更新这座城市，更新居民的居住环境，满足功能的需求。使呼和浩特以一个全新的面貌展现出来。

山体地形实景图

年度优秀景观设计

总平面

西成客专朝天站站前广场景观设计方案

WEST OF THE STATION OVERTURNED STATION STATION SQUARE LANDSCAPE DESIGN

设计单位：四川卓雅园林景观设计有限公司　主创姓名：王正和　成员姓名：李文成、吴琴、张丽、周玉玲、莫强、王晓
设计时间：2017 年　项目地点：四川 广元　项目规模：2.26 公顷　项目类别：城市公共空间
委托单位：广元市交通投资集团有限公司

鸟瞰图效果图

设计理念

设计说明

本作品位于朝天区中子镇东北侧，转南村及转北村交接处，高铁站总占地面积约 4 公顷，地理位置优越，周边交通便利，距中子镇约 4 千米，距七盘关高速收费站仅 2.5 千米，G5 京昆高速和绵广高速二专线围绕。常年气候湿润，雨量充足，光照适宜，四季分明。自然环境秀丽、植被覆盖面积较广。

设计理念“师法生态自然环境，展现朝天地域人文”。

设计目标：

1. 打造朝天最美交通枢纽景观环境。
2. 凸显朝天“栈道之都、养生天堂”美誉。
3. 再现“十八帝王幸朝天”“历代诗人咏朝天”历史画卷。
4. 提升站前广场周边生态自然环境，突出标志性迎宾氛围。

卓雅广元朝天区中子高铁站

卓雅广元朝天区中子高铁站

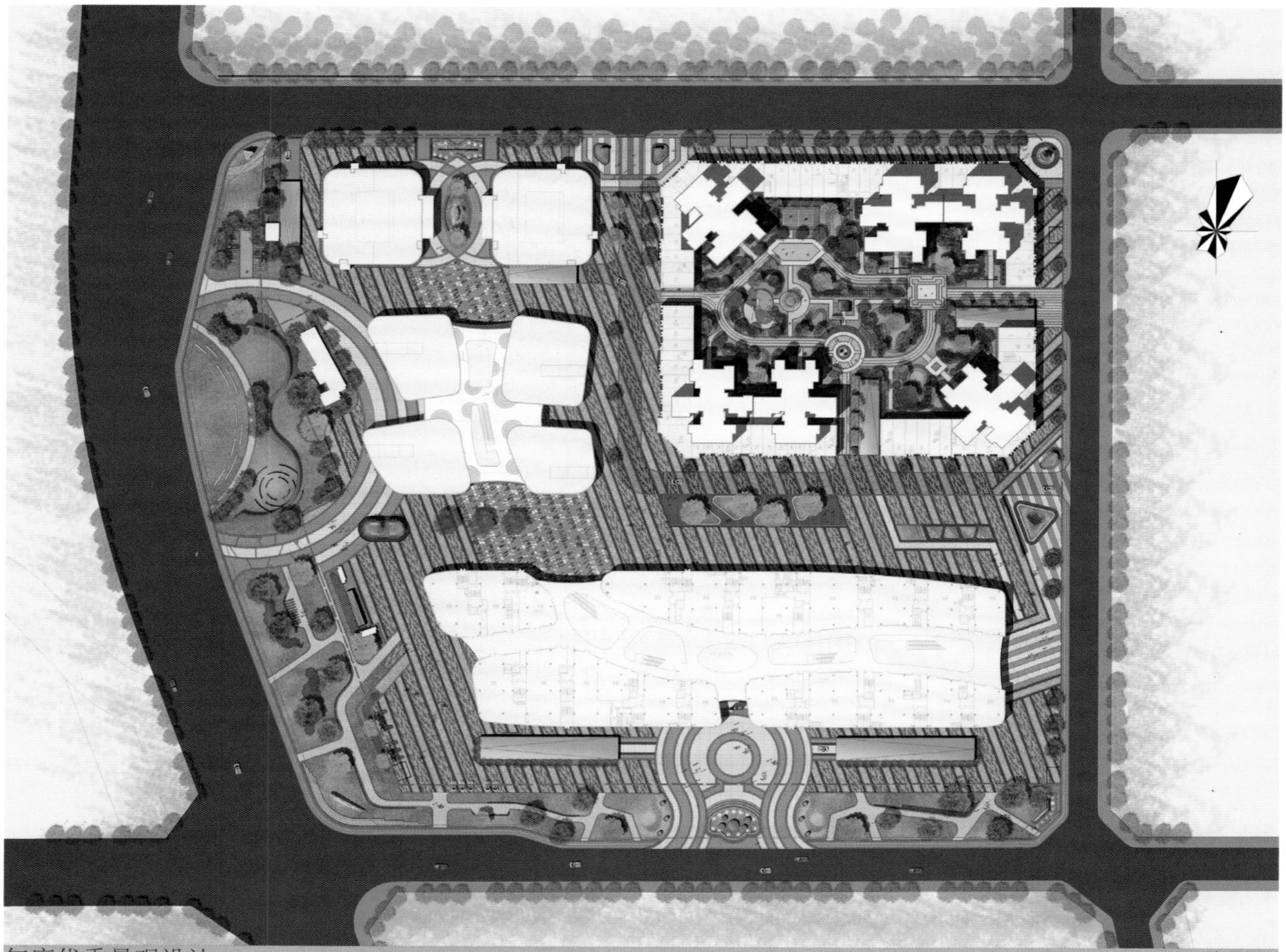

年度优秀景观设计

总平面

恒泰盛量力健康城景观设计

LANDSCAPE DESIGN OF HENGTAI AND QUANTITATIVE HEALTH CITY

设计单位：四川东亚景观设计有限公司　　主创姓名：徐小龙　　成员姓名：夏春艳、王春磊、刘大鹏、王晓

设计时间：2015 年 1 月　　项目地点：四川省成都市金牛区金丰路 106 号　　项目规模：6.1 公顷　　项目类别：综合商业体项目

委托单位：成都恒泰盛置业有限责任公司

项目南入口效果图

购物公园花架透视图

商业街透视图

设计说明

本项目设计定位为现代都市主义景观，以“四点一线，两轴一点”为构思，四点分别由南面力量、生命之树，东面东方之门，北面视界之窗和西面腾飞组合而成。而一线上则是将古今文化融合以及绿色健康元素的景观节点布置其中。两轴分别以外商业景观轴线和内商业主景观轴线相交穿插其中，形成连贯的景观结构，主次分明。一点则是住宅区的设计，精心雕琢而成的金典楼盘独具卖点。

设计讲求“生态 + 艺术 ” （抽象与秩序、质朴与内敛、科技与品质）。景观不会凭空产生，它承载着人们对生活环境的梦想，对交流空间的渴求、对自然的向往；它的产生是人们理想变成现实的过程，是未来向我们走来的渴望。

本项目设计力求打造购物公园：“坐享城市文明、体会山林之趣”。购物公园是购物中心的另一种形态，既不是单纯的购物中心，也不是中国传统购物老街或四合院，而是自然与公园的结合，别具特色，既有购物中心的集中商业和实现物业商业价值的优点，又有公园的绿色、放松、休闲、舒适的特征，集三种城市功能于一身，是一种创新、有生命力的商业模式。

购物公园休息长凳

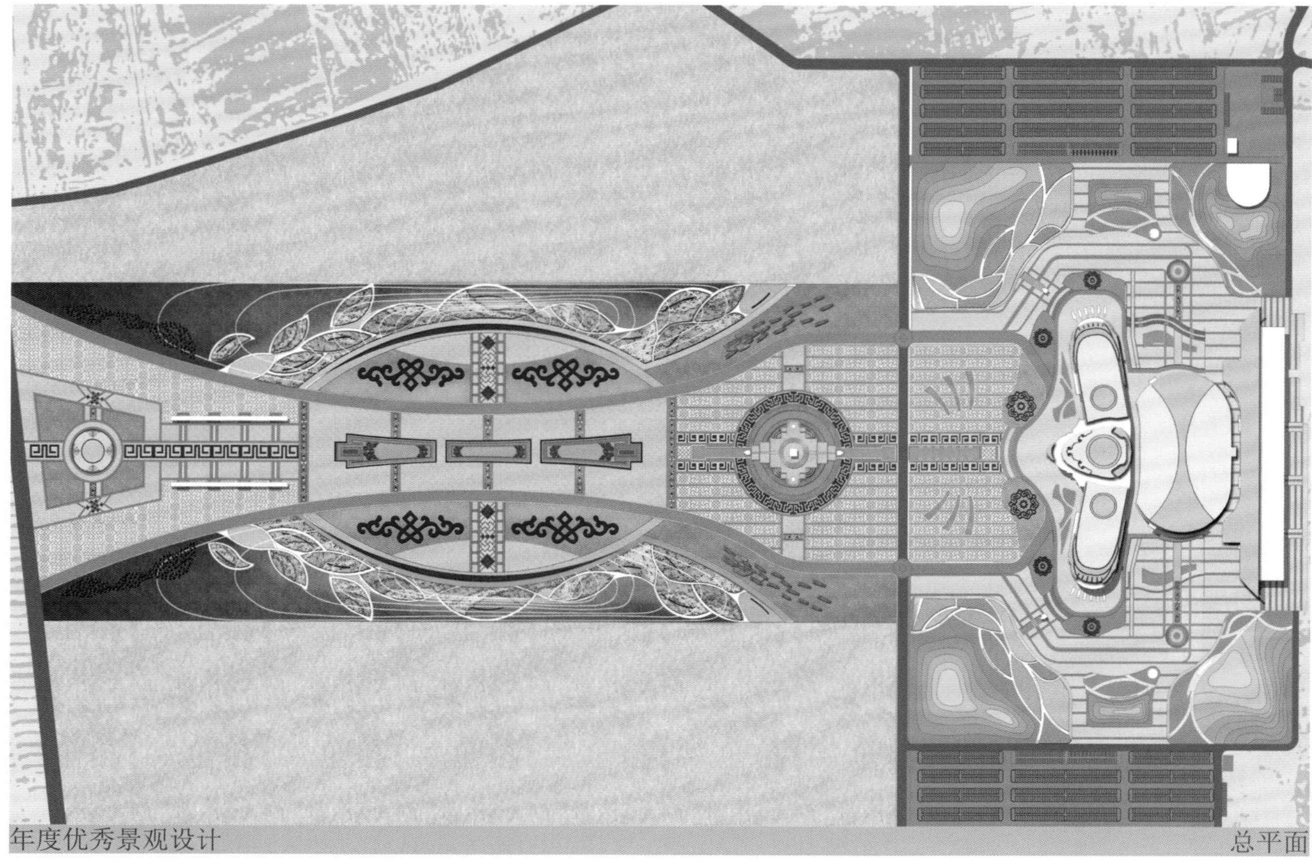
年度优秀景观设计
总平面

内蒙古少数民族群众文化体育运动中心西侧广场方案设计

THE WEST SQUARE PROGRAM DESIGN OF INNER MONGOLIA MINORITY PEOPLE CULTURAL AND SPORTS CENTER

设计单位：内蒙古城市规划市政设计研究院有限公司　主创姓名：马良荣　成员姓名：楠玎、梁晶、杨海东、赵炳惠、章焱、松泽林、马赫
设计时间：2017 年　项目地点：内蒙古 呼和浩特　项目规模：27 公顷　项目类别：城市公共空间
委托单位：呼和浩特市规划局

入口效果图

浮雕墙效果图

中央广场效果图

设计说明

任何一个民族的传统文化都有其基本精神文化内涵，蒙古族文化作为草原游牧民族文化的杰出代表，有着自己独树一帜的精神文化内涵、民族特点、文化符号。本次设计以蒙古族独特的民族文化为主轴，以蒙古族的马文化为切入点，来展开推进整体场地的布局规划设计以及场地文化内涵的构建。

马文化是蒙古族文化的核心，蒙古族又被称作马背上的英雄民族，说起马背不得不提马背上的马鞍，有首歌“雕花的马鞍”是这么歌颂马鞍的，说马鞍是孕育民族的摇篮，是世代传承的吉祥物，故本次设计就是以“马鞍”为灵感进行方案创作的。首先草原上的地势过于平坦，本设计通过覆土建筑的形式重塑地形，整体空间格局仿照“马鞍”两头高中间低的造型来打造空间，覆土建筑可以作为功能性的游客接待中心及功能性附属设施，中轴广场的设计灵感则源于马鞍上的鞍韂、鞍垫、脚蹬的展开平面，突出“马背之魂”的主题设计立意。

中央广场呈东西狭长形状，西侧为主要入场道路，东侧为体育运动中心会场。因此根据场地范围和周边环境，空间结构由西到东分为三个部分，采用递进式的序列空间进行布局，依次为入口迎宾空间、文化展示空间和中央主景空间三部分，这三部分以开始—发展—高潮进行递进式序列空间的布局，循序渐进地引导游客深入了解“马背上的民族”——蒙古族的历史文化和民族精神。

鸟瞰效果图

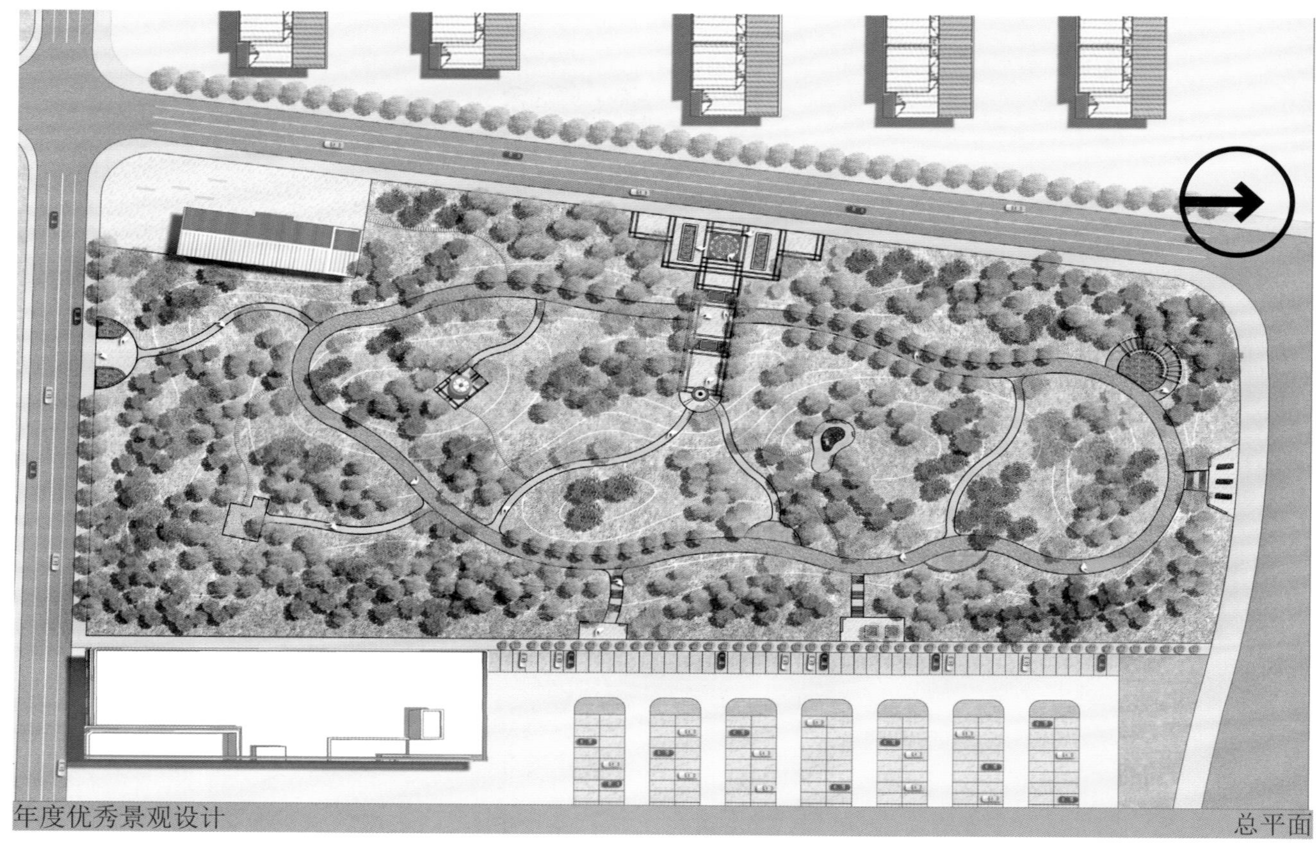

年度优秀景观设计

总平面

呼和浩特赛罕区城市公共绿地景观改造项目

THE SAIHAN AREA ON HOHHOT CITY PUBLIC GREEN SPACE LANDSCAPE RENOVATION PROJECT

设计单位：北京蒙树景观设计有限公司　主创姓名：樊宇、霍艳敏、张晓红、刘文旭　成员姓名：冯子峻、谷博龙、李轩栋、杨天歌
设计时间：2017 年　项目地点：内蒙古 呼和浩特　项目规模：3.07 公顷　项目类别：城市公共空间
委托单位：赛罕区绿化委员会

山体剖面图

雕塑实景图

主园路实景图

山体地形实景图

设计说明

以内蒙古自治区成立七十周年大庆为契机，营造干净、整洁、有序的城市形象，迅速有效改善城市环境卫生面貌，针对整个赛罕区运用小规模、不间断的“有机拼贴”更新方式进行城市更新。利用场地垃圾、回填种植土构建地形，对荒地进行景观修复，充分体现“源—消费中心—汇”这一循环理念，实现能源再生。结合内蒙古民族历史文化，弘扬民族精神，打造集生态、人文、休闲、娱乐于一体的阿刺海山体公园。

阿刺海山体公园项目总用地面积3.07公顷，绿化面积2.51公顷，建筑面积1000平方米，硬化面积4573平方米，绿地率81.9%。

“源—消费中心—汇”这一循环理念对当前城市所产生的废弃物的循环利用以及相关废物再生设计发挥着重要的指导意义：

首先，小规模、不间断的“有机拼贴”更新方式。

其次，生态恢复（垃圾处理、植物种植、后期养护）、现状垃圾再利用，降低能源消耗。

第三，生态效应，人性化，资源再生与利用的实际原则。

桂湾一路
枢纽1街
创新9街
枢纽10街
桂湾二路
演艺公园
梦海大道
桂湾三路
桂湾四路
金谷南一街
桂湾五路
滨海大道

年度优秀景观设计

总平面

深圳市前海桂湾片区景观工程

GUI BAY AREA PUBLIC SPACE ENVIRONMENT PROMOTION ENGINEERING DESIGN

设计单位：深圳文科园林股份有限公司　主创姓名：陈小兵　成员姓名：杨梦林、王翠、曹航、邱文燕
设计时间：2016 年　项目地点：广东 深圳　项目规模：54.36 公顷　项目类别：市政道路设计
委托单位：深圳文科园林股份有限公司

演艺公园局部鸟瞰图

实景拍摄

实景拍摄

设计说明

现代化的城市道路网是组织城市各部分的“骨架”，也是城市景观的窗口，代表着一个城市的形象。因此，良好的城市道路景观设计相当重要，它能创造城市道路景观艺术化与功能现代化相结合的高品质人居环境，创造具有地域特色的个性化城市道路。

项目的设计主要贯彻三“有”理念打造：“有颜值”“有活力”“有内涵”。

风格上，符合现代简约的场地风格，整体营造舒朗、通透、简洁、大方的植物配置风格。

空间上，在场地空间适宜的情况下，尽可能地运用植物围合或开阔或封闭或半开半合的空间，结合场地现状营造优美地形。

美观上，符合场地特色，植物配置注意营造韵律美，整体大气，林冠线优美，地被设计线性流畅，植物搭配协调美观。

生态上，以生态可持续性为设计理念，因地制宜的注入海绵城市理念，有效缓解城市水资源短缺与城市内涝之间的矛盾。

前海桂湾片区景观工程为高标准建设的前海公共空间景观提升工程，快速构建前海绿色网络基底，实现道路环境“新形象，新生活”。前海作为深圳未来的区域标杆，实现美丽前海的梦想，营造绿意盎然的前海活力新城形，创建国家森林城市和国际花城，着力打造美丽前海的新形象、新标杆，起到城市引领作用。

整体鸟瞰图

年度优秀景观设计

总平面

贵阳市乌当区羊昌花画小镇花艺步行街

GUIYANG WUDANG DISTRICT, YANG CHANG FLOWER PAINTING TOWN FLOWER ART PEDESTRIAN STREET

设计单位：清创尚景（北京）景观规划设计有限公司　主创姓名：梁尚宇　成员姓名：陈剑超、李欣欣、梁小慧、赵怀勇、程建国、陈思齐
设计时间：2016 年　项目地点：贵州 贵阳　项目规模：0.41 公顷　项目类别：城市公共空间
委托单位：贵阳市乌当区羊昌镇五彩生态农业发展投资有限责任公司

入口实景图

实景图

设计说明

花艺街这个设计单体包含了建筑设计和景观设计两大块内容。

第一，目标理念。本案尝试运用低成本、低密度、低碳环保开发理念塑造一处充满活力的商业空间。

第二，设计理念。一条突破常规商业街“一层皮”模式的景观型商业街；一处充满场所活力的必留之地；一处体现乡土派风格和“自在生成”理念的美丽乡村建筑单体实践；一处体现花画小镇花卉产业与农旅紧密结合的实践。

整个花艺步行街总体布局依山就势，自然得体，以牌坊、鼓楼、戏台为主要元素，前庭后院的开敞式建筑布局形式，扩大场地与游客的全面接触，增加可游性。整个步行街水系相通，利用小桥连接9栋亭、台、楼、阁，形成“小桥流水”的自然围合，构成建筑横向空间联系。

实景图

实景图

年度优秀景观设计　　总平面

吐鲁番记忆：老城印象

THE MEMORY OF TURPAN - THE IMPRESSION OF THE OLD CITY

设计单位：新疆印象建设规划设计研究院（有限公司）、湖北殷祖古建园林工程有限公司新疆分公司　　主创姓名：王元新
成员姓名：谭建国、柯元河、李祉祯、郭永向、周蕊、徐萍　　设计时间：2016 年 2 月
项目地点：吐鲁番市　　项目规模：1.28 公顷　　项目类别：城市公共空间
委托单位：吐鲁番市高昌区人民政府

老城印象俯瞰

设计说明

“吐鲁番记忆：老城印象”位于吐鲁番市新城路沿线，作为吐鲁番历史见证和文化之魂，是以吐鲁番文化（丝路文化、民俗文化、中原文化）为内涵， 再现了老城辉煌。

规划区分为综合服务区、购物住宿区、西域艺术长廊等三个功能分区。 其中佛塔将作为西域艺术长廊的核心。

建筑注重院落式的自由组合，是文化型 + “泛博物馆式”建筑集群表现，以商业一体化 + 街景系统化景观设计原则突出本土的地域特征与现代时尚的商业元素。营造出具备购物、餐饮、休闲、娱乐、旅游等一种或多种功能特质的开放式环境。

老城印象大门

老城印象节点景观佛塔

老城印象内街景实景

老城印象内街景实景

N
0 20 40 80 160M

年度优秀景观设计

礼宾广场

常德 15 千米柳叶湖环湖风光带景观工程设计

PLANNING DESIGN OF 15KM LAKESIDE SCENIC BELT OF LIUYE LAKE

设计单位：棕榈设计有限公司　主创姓名：汪耀宏　成员姓名：陈乐乐、张静雯、黄文烨、梁丽玲、苏春燕
设计时间：2014 年　项目地点：湖南 常德　项目规模：211 公顷　项目类别：城市公共空间
委托单位：湖南省常德市规划局

白鹤迎宾

设计说明

在设计之初，我们就为柳叶湖设定了非常明确的目标与愿景：1. 突出滨湖公共城市空间的水景观体验，激发、鼓励居民、游客探索身边的自然世界；2. 充分挖掘、保护利用场地生态和文化资源，打造一个野趣盎然、风景如画的 AAAA 景区；3. 与 15 千米风光带以外的项目形成差异化发展，在不同的尺度与时间维度上体现湖区的独特性。我们的策略是，首先充分了解场地，整合资源，有效将场地与它的历史高度契合，可作为指导分解设计结构的有效依据。挖掘场地最具特色的资源，创造属于场地特有、不可复制的景点。因地制宜设计非机动车道、滨湖游步道和水上游线等多种交通流线。为了使景观与自然更好地结合，棕榈设计师向甲方建议以保留高差的方式来重新组织流线及氛围，节省造价的同时实现道路分层。最终我们的愿景得以实现，建设后的场地有着合理的道路分离或道路错层，各行其道。

堤柳渔歌 印象内港

堤柳渔歌浮桥滩涂

堤柳渔歌平面

鹤山画障鸟瞰

鹤山画障平面

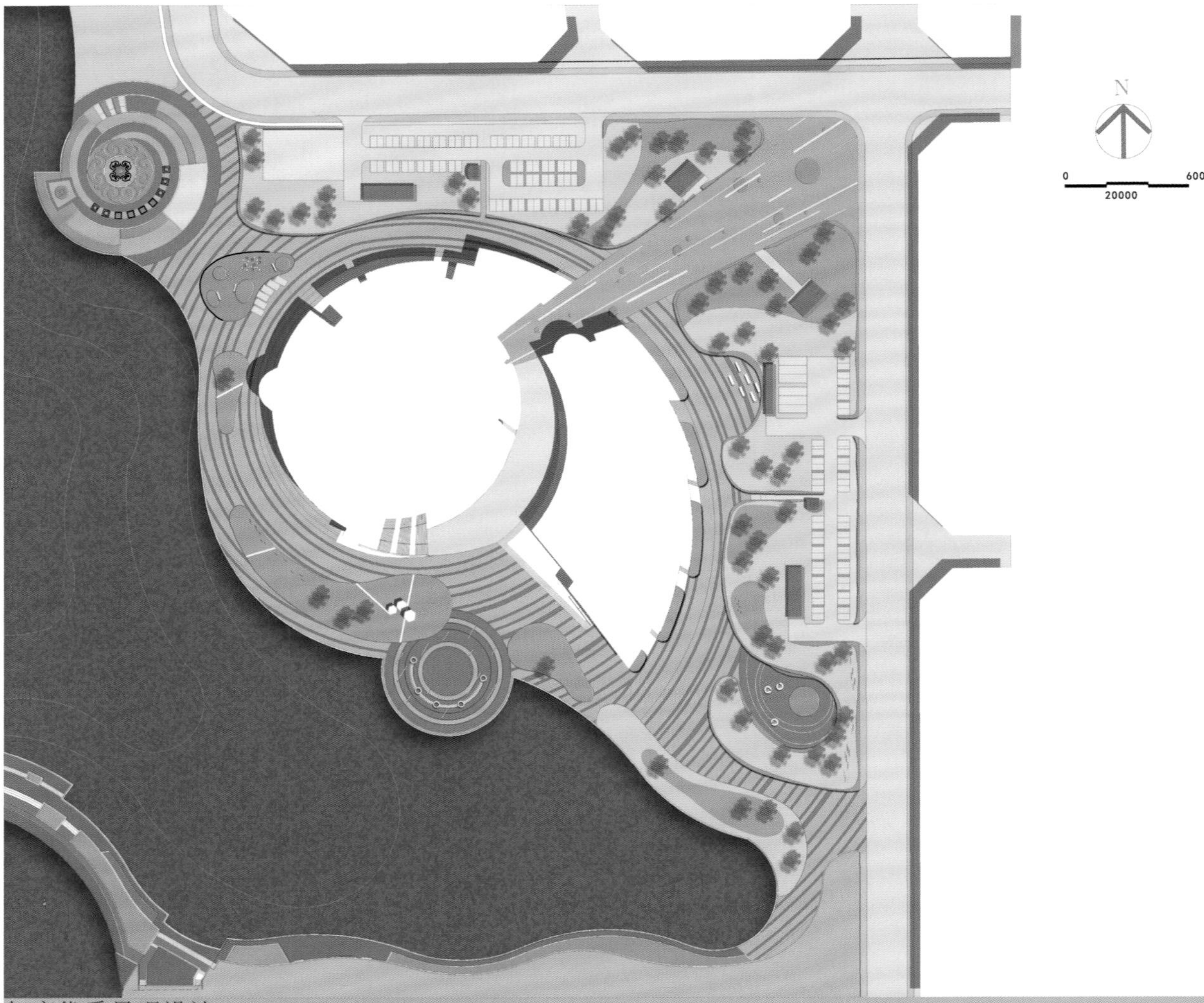
N
0
20000
60000

年度优秀景观设计 总平面

保定关汉卿大剧院与博物馆景观设计

LANDSCAPE DESIGN OF GUAN HANQING THEATRE AND MUSEUM IN BAODING

设计单位：天津市大易环境景观设计股份有限公司　主创姓名：刘晓波　成员姓名：徐欢、胡靓娴、罗伟佳

设计时间：2016 年　项目地点：河北 保定　项目规模：6.5 公顷　项目类别：城市公共空间

关汉卿大剧院

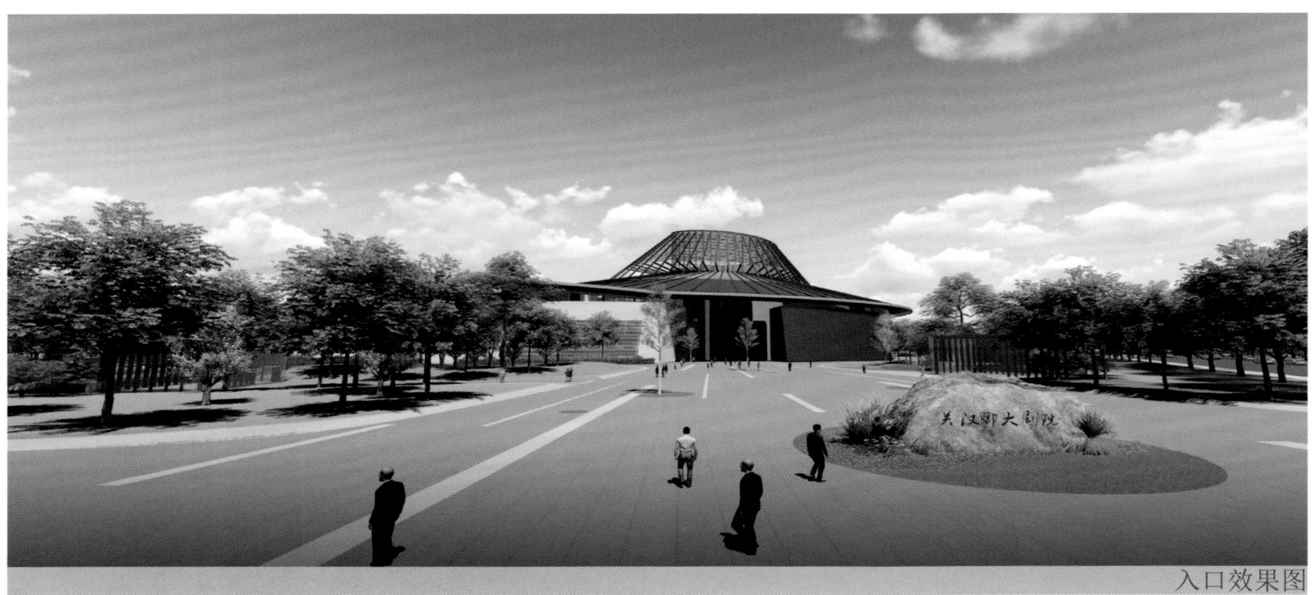

入口效果图

局部效果图

局部夜景效果图

设计说明

项目位于保定市北市区米家堤村，地处东部副中心的东湖湖畔。项目南侧为城市主要干道七一东路，西侧为规划景观湖，环境优美。项目北、东两侧临城市次要干道，交通便利。

关汉卿大剧院与博物馆建筑风格为现代派建筑。建筑总体布局采用与周边环境相契合的曲线式布局，以舞台塔为中心，沿水岸顺时针舒展放开，形成由中心逐渐螺旋发散的意象，使建筑与环境相互契合、相互呼应，融为一体。

1. 设计定位：打造成为保定市以文化为主题的地标性景观。

2. 设计目标：

整体性——景观与建筑一体化的设计模式。

安全性——科学舒适化的人流疏导模式。

互动性——生态与休闲并重的体感模式。

3.3D 理念：

人本化——科技与休闲结合下的可享用原则。

自然化——让园林景观融入城市。

场所化——城市文化、地域文化、市民文化的城市缩影。

4. 主题：文心万象，滴墨成场。

本方案设计构思是从墨滴的形态通过一系列的分裂、提炼、变形、重组衍生出来的，一个“形”与“意”完美结合的载体。

本方案景观设计灵感来源于文化墨滴，通过对墨滴的结构、变形一系列手法对场地进行划分，使整个设计与建筑散发着深厚的文化底蕴。

鸟瞰效果图

年度优秀景观设计

总平面

福田区城中村环境综合整治提升工程

SHENZHEN HAN SAND YANG JINGGUAN PLANNING AND DESIGN CO LTD

设计单位：深圳市汉沙杨景观规划设计有限公司　主创姓名：王锋　成员姓名：徐抖、姜超、李明、黄剑锋
设计时间：2015 年　项目地点：深圳 福田区　项目规模：20.08 公顷　项目类别：城市公共空间
委托单位：深圳市福田区住房和建设局

新洲二街效果图

新洲二街效果图

新洲九街效果图

新洲九街效果图

设计说明

根据深圳市福田区“十三五”规划及深圳市城中村整治“五化”工作指引，为了提升城中村的整体市容市貌，解决当前存在的脏乱差问题，努力建设国际化、现代化城市环境，推动全面改善城中村市容环境、设施水平和人文气息，提升城中村品质，对新洲片区进行环境综合整治提升。

新洲片区北起滨河大道、南至福强路、东起新洲路、西至沙嘴路。其中新洲村面积约 25 公顷，村民住宅楼 560 栋，村民 1300 人。有着 500 多年历史的新洲村，由北村、中心村、南村和祠堂村四个自然村组成。本项目是基于一期、二期未改造的街道进行整体整治。主要包括新洲二街、九街、新南街、牌坊街等共 14 条街道的整治提升。

项目整治分为五大项，分别为：1. 安全及基础设施更新：包括消防、电力、燃气、弱电、给排水等。2. 交通梳理，道路提升：对区域交通进行梳理，地面铺装更新。3. 公共设施优化：包括户外灯具、垃圾桶、座椅、标识、栏杆等。4. 立面刷新：包括门楣店招、建筑外立面、围墙、护坡等。5. 景观提升：包括区域内景观及行道树等 .

年度十佳景观设计

总平面

南京龙袍湿地概念性总体规划

LANDSCAPE PLANNING OF GUANGXI GUIPING AUTO RV CAMPING BASE

设计单位：艾奕康环境规划设计（上海）有限公司　主创姓名：林俊逸　成员姓名：谢佩勋、朱军、滕腾、陈安卓、高歌
设计时间：2017 年　项目地点：江苏 南京　项目规模：21.3 平方千米　项目类别：风景区规划
委托单位：南京市江北新区管委会规划国土环保局，南京市六合规划分局

震旦环境科普园

设计说明

龙袍湿地共 21.3 平方千米，是江北新区珍贵的绿色资源，南京市重要的生态保护区域。龙袍湿地紧邻长江，远眺栖霞山，拥有壮阔的山水景观和深厚的历史文化底蕴，在南京市的长江湿地体系中，是最具金色想象的湿地。

规划在对原有生境进行优化的基础上，针对当地珍稀物种营造适宜栖境。挖掘独特的黄金湿地意向、对场地日落轨迹的探寻、黄天荡金色文化记忆的传承等，打造充满人文意境的文化型湿地公园。

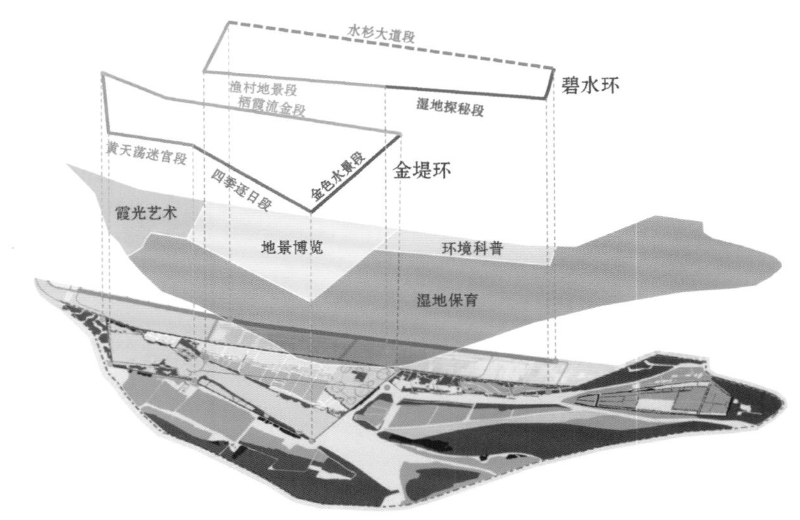

金色体验分区与主题游线

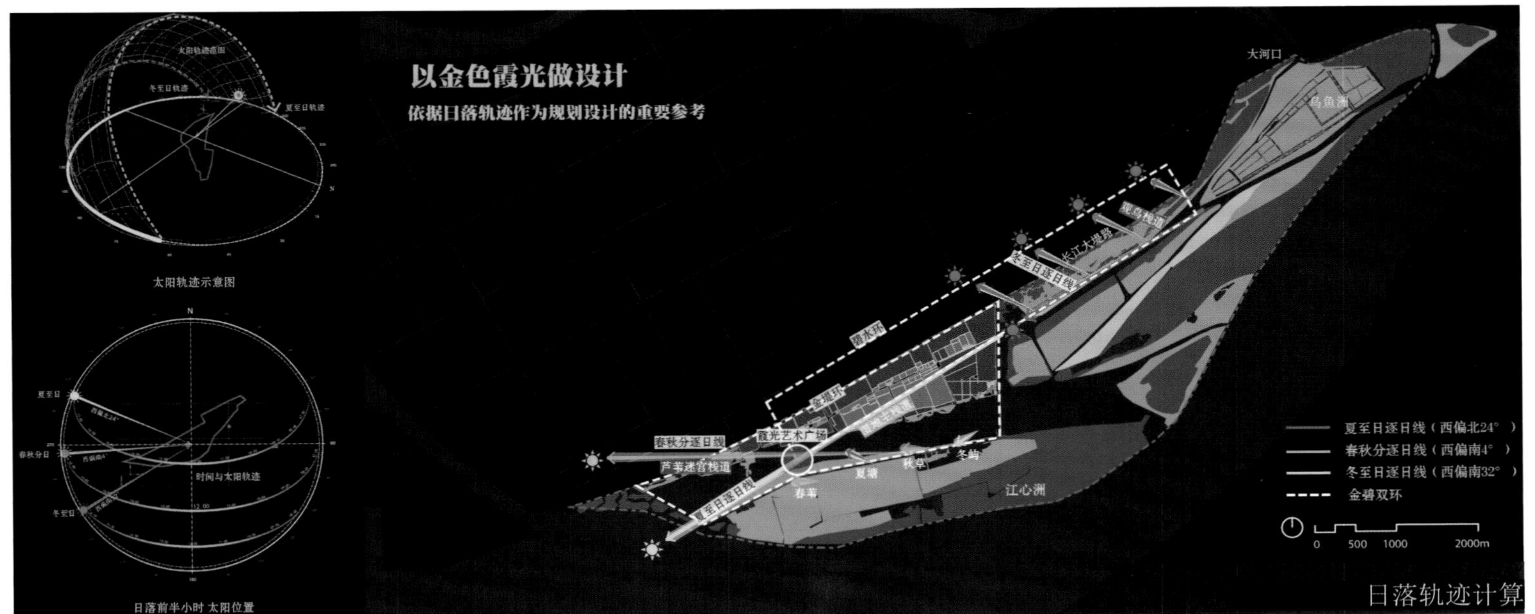

日落轨迹计算

黄天荡艺术公园

春季：大地景观热气球之旅

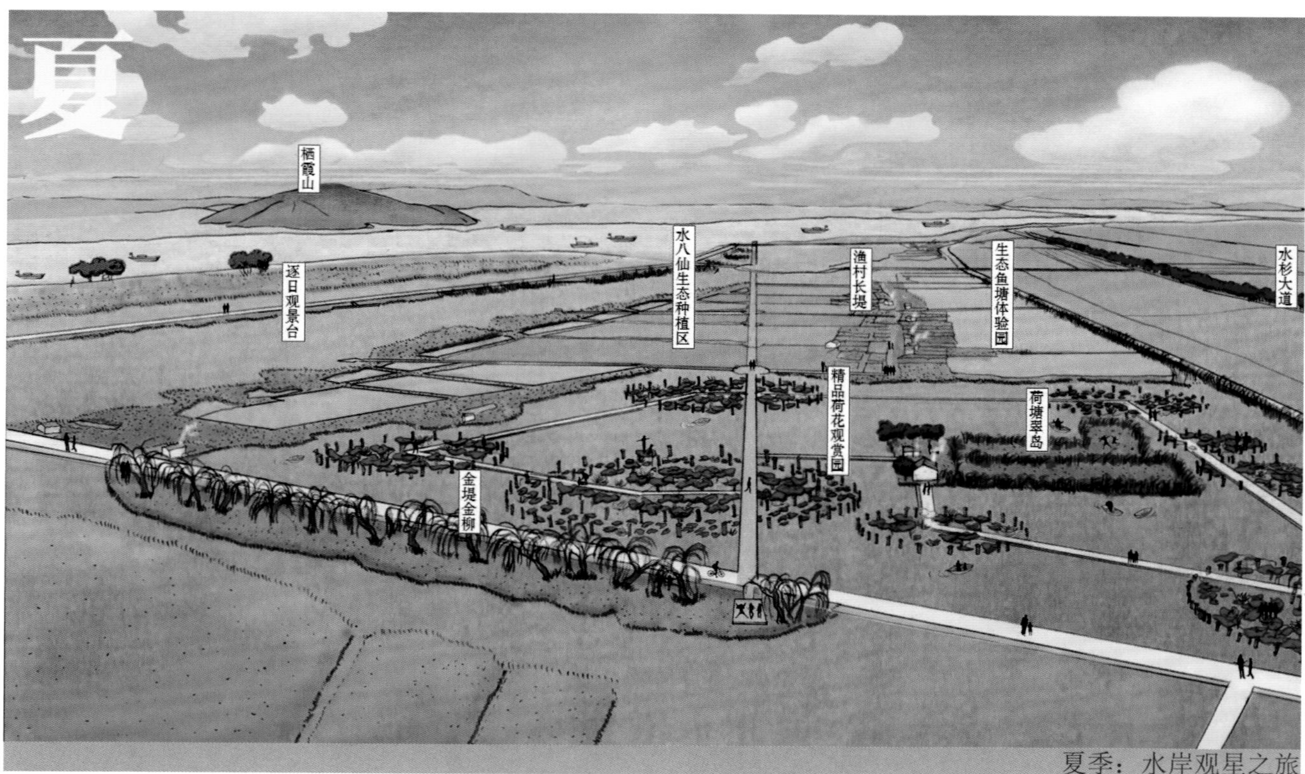

夏季：水岸观星之旅

秋季：龙袍蟹黄汤美食之旅

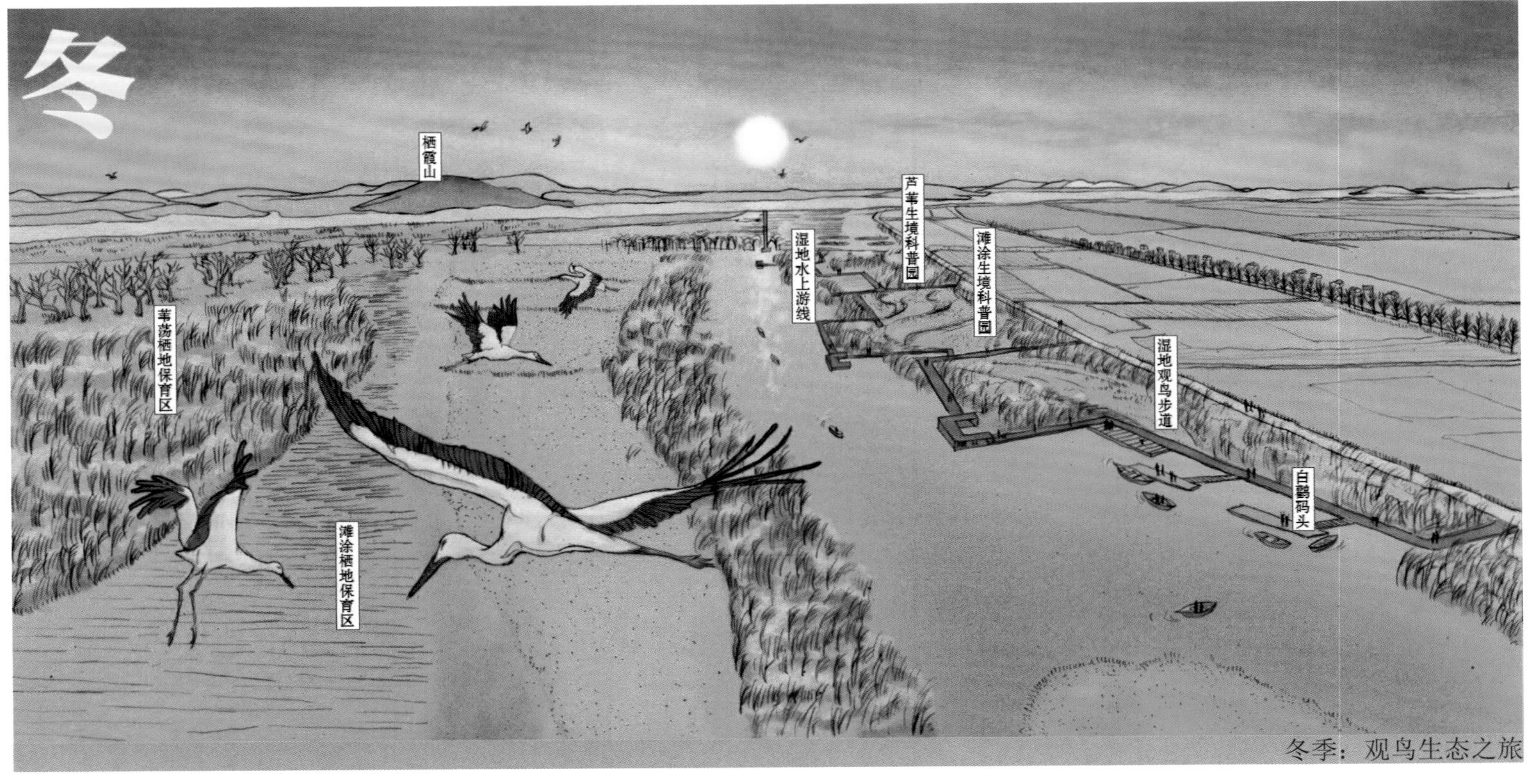

冬季：观鸟生态之旅

年度十佳景观设计

总平面

呼和塔拉草原生态建设规划设计

HUHETALA GRASSLAND ECOLOGICAL CONSTRUCTION PLANNING AND DESIGN

设计单位：内蒙古蒙草生态环境（集团）股份有限公司　　主创姓名：邢圣斐　　成员姓名：董美丽、李靖、蔚炜华、赵燕芳、李芳

设计时间：2014 年　　项目地点：内蒙古 呼和浩特市　　项目规模：1066.67 公顷　　项目类别：风景区规划

委托单位：呼和浩特新城区政府

草原局部效果图

蒙古包效果图

蒙古包效果图

设计说明

项目位于大青山前坡冲积扇平原，土层厚度不够，且存在大面积砾石滩、撂荒地，再加上各种建设项目随意开发，一些厂矿的生产对当地形成污染，不仅严重破坏了大青山南坡的环境，而且使水源地保护更是困难重重，基于此我们从场地水文、地质、降雨量等基础条件出发，根据历史上那首著名的“敕勒歌”描述的场景为出发点，定位项目要脱离传统园林手法，以描述草原壮美的构思去提出规划思路。项目的攻克重点在于如何修复如此之大的破碎场地。第一，从生态上找方法，从自然界中寻找物种，从自然界中分析群落。从自然界中探寻规律，以最集约化的方式构建生态系统，以草原生态植物为基底。第二，从文化上找方法，以最原生的草原部落建筑——金顶大帐来烘托地域氛围，从活态文化上呈现地域氛围。第三，从旅游产业找方法，在设计中充分合理设计游览线路，游览体验，完善配套设施设计。通过以上三个方面规划，最终会让呼和塔拉草原达到最佳效果，这一区域将成为周边城市旅游观光的理想场所，从而打造呼和浩特市的后花园，再造呼和浩特生态城，进一步巩固大青山绿色生态屏障。

本项目为中国首例大面积人工干预下的草原生态修复，它的意义在于找到了传统园林之外，如何突出地域特色的规划设计，把适地适树这句话应用到了极致，也为集约化生态建设提供了一种新思路。

实景照片

实景照片

实景照片

实景照片

实景照片

实景照片

实景照片

年度十佳景观设计

总平面

额济纳旗土尔扈特生态湿地公园

EJINAQI TUREHOT ECOLOGICAL WETLAND PARK

设计单位：宁夏宁苗生态园林（集团）股份有限公司　主创姓名：王标　成员姓名：张淑霞、任兰、夏波、何元斌、李占海、郝乾、胡兴娟、杜媛

设计时间：2016 年　项目地点：内蒙古 额济纳旗　项目规模：194 公顷　项目类别：风景区规划

委托单位：额济纳旗住房和城乡规划建设局

公园南入口

东归文化展示园

儿童活动区

设计说明

额济纳旗土尔扈特生态湿地公园位于内蒙古自治区阿拉善盟额济纳旗，项目地处城区西侧，临近西环路、北环路及胡杨街等城市主干道，总规划面积约为 194 公顷（2909 亩）。项目区为原纳林河古河道，地下水较为丰富，水道众多。

总体定位为以生态保护和恢复为核心，兼具城市休闲公园以及额济纳旗新旅游景点的综合性城市生态湿地公园，同时带动周边环境的改善提升，延续额济纳旗旅游业。将其打造成西北地区具有标志性的综合生态湿地景观示范区。凸显其生态功能的同时，带动当地经济的发展。

公园规划包括如下区域 :1. 南入口。2. 植物科普园。3. 水上生态园林展示园。4. 民俗文化展示园。5. 地域文化展示园。6. 东归文化观光园。7. 蒙古族文化体验园。8. 管理服务区。

整个公园将传统园林山水、胡杨精神、东归文化、航天事业成果、蒙古文化元素及民俗文化等内容，通过不同的园区和景观内容进行展示。主要景点包括江南山水园（居延遗风、卧牛镇海、江南风情、梦泽烟雨）、胡杨广场、航天展示园（雄鹰展翅、三易旗府）、东归文化园（东归之路、蒙古象棋、跌洒迎宾）、雄鹰大营。

鸟瞰图

蒙古族文化体验园

文化演绎广场

西环路临水栈道

水上生态展示园

纳林河湿地公园

蒙古象棋

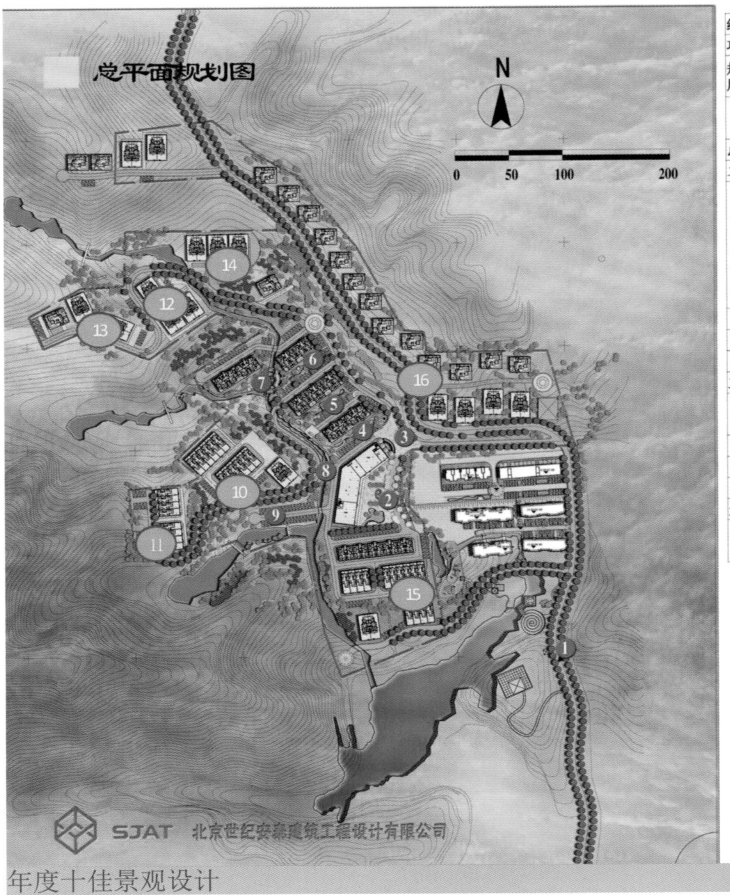

经济技术指标				
项目		单位	数量	备注
规划总建设用地面积		（m²）	106246.92	
其中	二期	（m²）	88937.86	
	三期	（m²）	17309.06	
总建筑面积		（m²）	37001.58	
二期		（m²）	32904.20	
其中	独栋	（m²）	432.68	2栋
	双拼	（m²）	3854.88	12栋（24套）
	联排	（m²）	4801.28	7栋（34套）
	洋房	（m²）	15993.39	5栋（246户）
	商业	（m²）	1613.71	1栋
	公寓	（m²）	6208.26	
容积率		/	0.37	
建筑密度		%	10.79	
绿化率		%	75.00	
三期		（m²）	4097.38	
其中	独栋	（m²）	2812.42	13栋
	双拼	（m²）	1284.96	4栋（8套）
容积率		/	0.24	
建筑密度		%	12.37	
绿化率		%	73.00	
景观面积		（m²）	81131.6	
其中	二期	（m²）	68495.99	
	三期	（m²）	12635.61	

平山敬业藏龙镇项目设计工程
Pingshan Jingye Canglong Town Design Project

图例

1. 居住区主入口
2. 藏龙广场
3. logo水景
4. 御苑
5. 秀苑
6. 石苑
7. 水苑
8. 河道景观
9. 集中停车场
10. 桃园
11. 榴苑
12. 兰苑
13. 竹苑
14. 柿苑
15. 梅苑
16. 栌苑

年度十佳景观设计

项目总平面图

平山敬业藏龙镇项目设计

PINGSHAN JINGYE CANGLONG TOWN DESIGN PROJECT

设计单位：北京世纪安泰建筑工程设计有限公司　主创姓名：刘宝林、邓雪娇　成员姓名：李一然、聂 晶、刘志慧
设计时间：2014 年 11 月　项目地点：河北 石家庄　项目规模：3.7 公顷　项目类别：风景区规划
委托单位：藏龙镇房地产开发有限公司

场地现状分析图

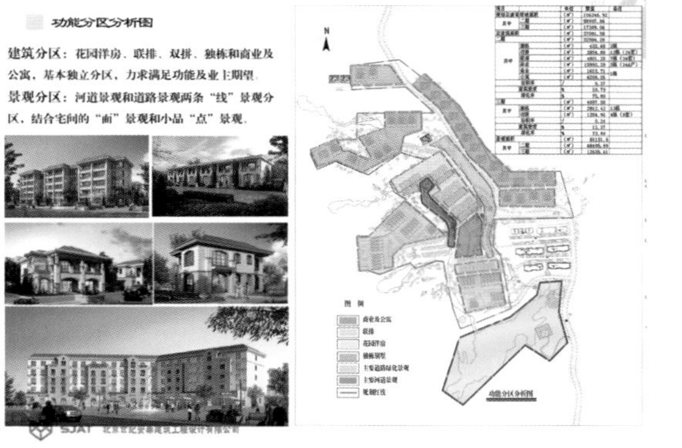

功能分区图

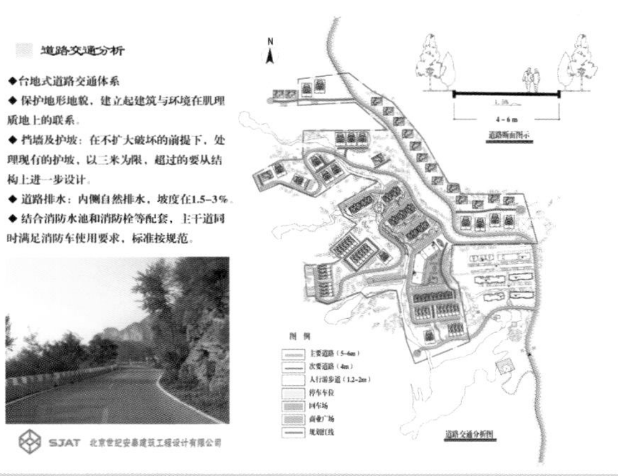

交通分析图

设计说明

本方案采用城市道路路网及小区内支路布置的整体道路框架结构，根据规范合理的建筑形态及建筑空间，使每个分区区域内形成具有强烈建筑地域标识感的总体格局，具有良好的识别性。每个组团通过社区景观带直接沟通，融为一体，形成一个完整有序、步移景异的特色景园。居住区景观视线开敞，相对独立的组团内部景观与集中布置的公共景观相得益彰，营造出适宜人居的内庭绿色空间及良好的适宜住户交流的小区内部环境，与社区公共景观绿化带相呼应，相互渗透对流，产生自由交流、虚实对比的空间效果。局部流动性浅水面，增加了空间的趣味性，把主要的景观节点及组团空间有机地结合起来。我们对用地景观的分布及日常朝向进行了认真的研究，对户型进行合理的景观朝向分配，使全部的户型都能享受这些良好景观资源，并拥有良好的朝向和充足的日照。道路与交通系统规划以加强内部功能组织和便利内外交通联系为原则。同时，又将道路设计与景观相结合，强调空间变化，共同创造良好的内外部空间景观。规划通过对用地结构布局的整体把握，形成主道路—组团级次道路清晰的道路等级系统。

鸟瞰图

实景图

实景图

景观结构分析图

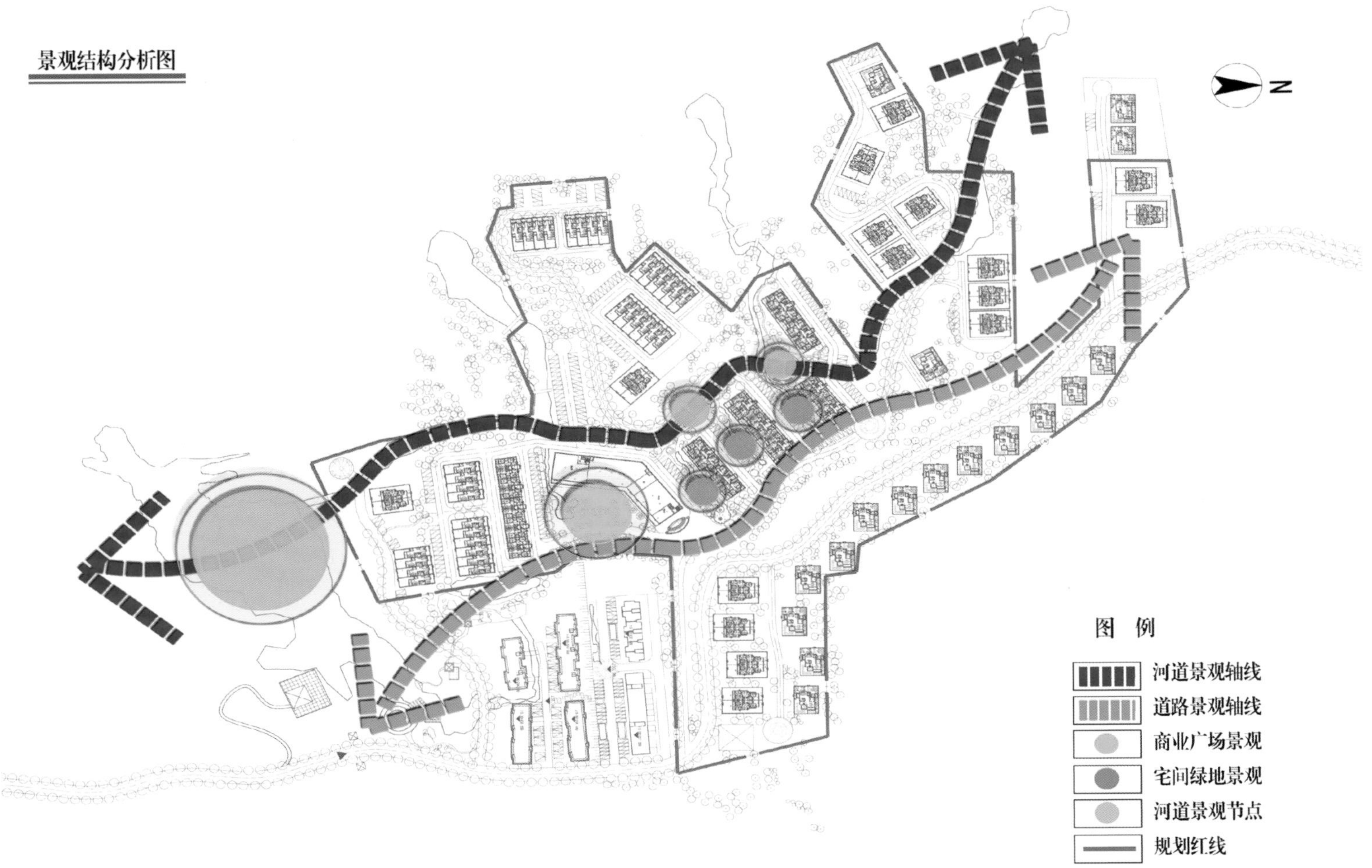

图例

河道景观轴线
道路景观轴线
商业广场景观
宅间绿地景观
河道景观节点
规划红线

景观结构分析图

道路景观及节点景观

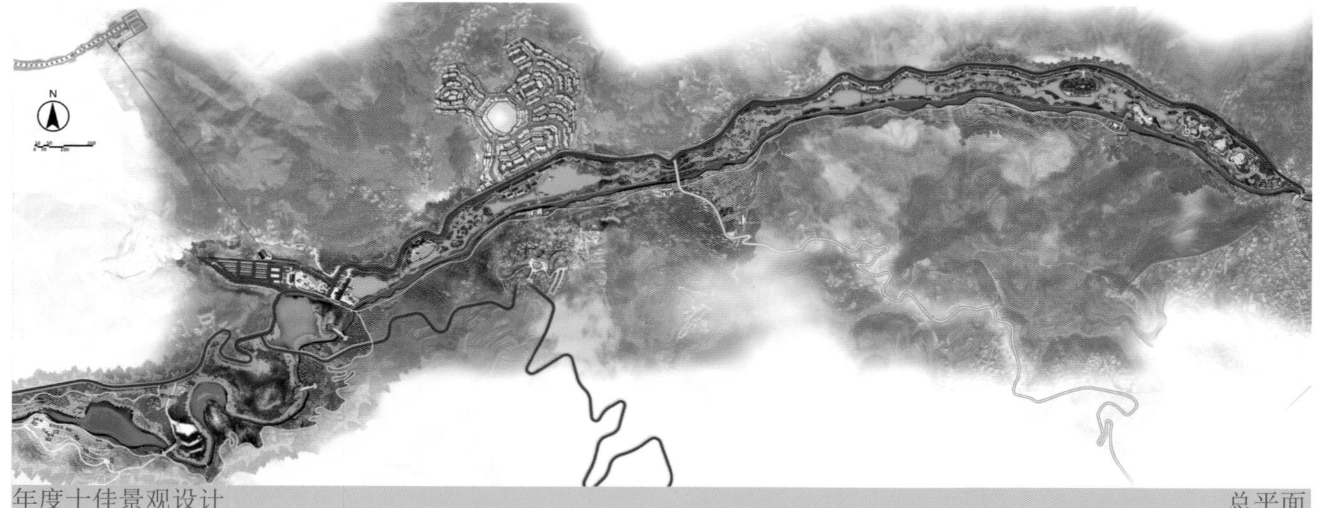

年度十佳景观设计

总平面

盘县西冲河统筹城乡发展乡村旅游综合体PPP项目

COORDINATING URBAN AND RURAL DEVELOPMENT RURAL TOURISM COMPLEX PPP PROJECT OF PAN COUNTY XICHONG RIVER

设计单位：深圳市铁汉生态环境股份有限公司　主创姓名：丁珂、禹晓峰　成员姓名：付金玉、闫晓辉、丁志勇、吴修远、刘芳、傅玉
设计时间：2016 年　项目地点：贵州 盘州　项目规模：157.75 公顷　项目类别：公园与花园设计
委托单位：盘州市铁汉古城旅游开发管理有限公司

亲子休闲度假区鸟瞰图

若风伏峰民宿酒店

健康养生度假区鸟瞰图

设计说明

项目位于贵州省六盘水市西南，双凤镇西冲河以北。现状为农田和居住用地，带状场地占157.75公顷，长约5500米，宽约200米。作为盘州旧城更新的先行，西冲河的更新将成为强有力的契机。设计旨在以水体安全格局为前提，以智慧理念引领片区进行生态更新、生产更新、生活更新，并将指导盘州全域旅游发展，带动古城更新。项目将为古城提供成熟的更新模式，同时良好的生态品质将为盘州吸引更多的产业入驻。

西冲河智慧生态更新，突破原有单一的水系景观，营造多元水体；增加调蓄机制，完善智慧监测，构建高级的行洪安全体系；营造动态水，恢复生态以及水体的自净能力，保证下游水体的质量安全。

西冲河智慧产业更新，打造“风情盘州”核心品牌，结合良好的第一产业，发展第三产业，部分带动第二产业，注入创新创意理念，打造全产业链，构建复合产业结构。

西冲河智慧生活更新，为当地居民提供更多的就业岗位，提供多样的岗位培训平台，建立智慧人才资源库，提升园区服务水平。项目提供两种回迁安置措施：其一，新建智慧住区，结合海绵城市体系提升居住品质；其二，修建二层商住两用商街，共建和谐人居环境。

方案设计从现状条件和地方文化特色着手，针对老年、中青年以及儿童三大不同的客群主体，规划设计三大景区，即健康养生度假区、怡情互动体验区、亲子休闲度假区，为游客营造体验丰富的观光游览模式。健康养生度假区主要业态有乐龄休闲康养、索道入口生态观光、自然景观等；怡情互动体验区主要业态有水上休闲游乐、山林民宿、湿地风光、自然景观等；亲子互动体验区主要业态有入口服务、商业休闲、儿童体验活动等。三大分区下设43处景点，其中重要景观节点有24处，分别展示了西冲河乡村旅游综合体在“城市更新”角度为盘县做出的重要贡献。

因地制宜，在场地南侧增加若风伏峰民宿酒店，提取“游鱼戏水”文化符号，推演建筑形体，充分景观乡土元素，补足景区特色住宿功能。

怡情互动体验区鸟瞰图

童玩世界入口

凤栖浜商业街

水街——开花的树

水街

童玩世界水乐园

汉花缘酒店

游客服务中心

小火车站

N
0 5 10 20m

年度十佳景观设计

总平面

贵州安顺山里江南洛嘉儿童乐园

GUIZHOU ANSHUN SHANLIJIANGNAN V-ONDERLAND

设计单位：深圳奥雅设计股份有限公司　　主创姓名：Born-Somphot Chamnongsat、M-Songpol Sakultana
成员姓名：郭钟秀、陈珊珊、吕文博、魏海鹏、朱雨清、张琳、刘凤梅、刘明珠、陈宁
设计时间：2017 年　　项目地点：贵州 安顺　　项目规模：2.77 公顷　　项目类别：公园与花园设计
委托单位：安顺投资有限公司

魔方入口夜景

冒险战舰水园

火山滑梯夜景

设计说明

项目位于贵州省安顺市旧州古镇湿地花海景区内，主体打造三个生态创意性儿童乐园，目前实施完工的有两处。

一处为“山里江南洛嘉魔方乐园”占地面积约 1.87 公顷，场地原来是一块漏斗状的八卦田，设计时我们抽象了大地的八卦形态，以城市魔方为中心，成弧形发散式形成了各个功能板块：魔方城堡大门、魔方迷宫、音乐花园、魔法森林、冒险水乐园、欢乐农场、冒险水乐园、七彩田园、田园剧场和大峡谷探险等。

所有的构筑物和大门都被当作魔方积木来打造，色彩明快，充满变化和挑战。在颜色的选择上，特别注意避免过于鲜艳刺眼的颜色，从自然中提取色彩，如樱桃的红，胡萝卜的橙，嫩叶的绿，天空的蓝。明快的色彩点缀在田园式的乐园里，为湿地花海区域增加了活力和人气！

另一处为“山里江南洛嘉欢乐堡” 占地约 0.87 公顷，设计从旧州当地屯堡文化出发，从屯堡服饰、地戏面具以及屯堡建筑中提炼各种服饰纹样、面具纹样、石头形状，形成整体场地的专属纹样、脸谱地景以及景观设计元素，打造专属旧州的傩文化亲子主题乐园。基于对儿童不同年龄的不同的行为心理分析，延展出丰富趣味的功能板块：魔法音乐广场、城堡水乐园、神奇树屋、艺术画坊、疯狂滑翔脸谱、丛林探险。

场地的地标性疯狂滑翔脸谱，总高度 18m，立足于当地地戏文化，结合游乐功能，形成独一无二的具有屯堡特色的游乐场地，为山里江南旅游文化中心增添别样的人文与艺术风情。

鸟瞰图

乐园入口

音乐花园区——动物世界

非遗傩文化艺术装置——魔法森音乐喷雾路

城市魔方区——萝卜兔子

大峡谷探险

音乐花园区

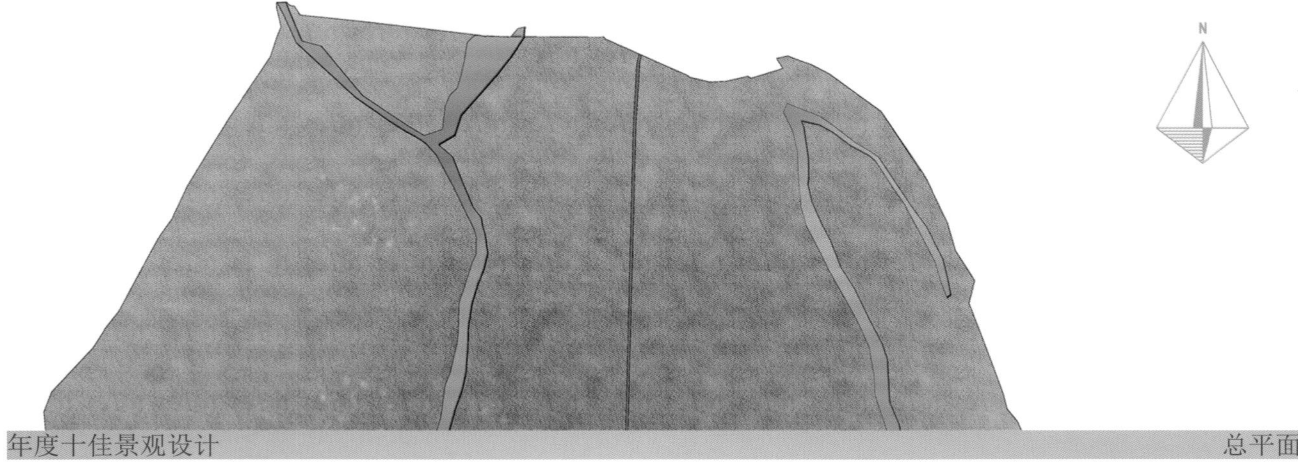

年度十佳景观设计

总平面

乌海市甘德尔河二期景观设计

WUHAI CITY SECOND PHASE OF THE RIVER LANDSCAPE DESIGN

设计单位：内蒙古蒙草生态环境（集团）股份有限公司　主创姓名：郭恺　成员姓名：王子樵、宋双、邢圣斐、张波、张学超、淡照晶、冯会
设计时间：2016 年　项目地点：内蒙古 乌海市　项目规模：60 公顷　项目类别：河道景观
委托单位：内蒙古蒙草生态环境（集团）股份有限公司

核心景观区鸟瞰图

亲水休闲区鸟瞰图

效果图

效果图

设计说明

经过对周边环境及规划的解读，河道北岸设计范围较窄，但靠近城市居住区，南岸设计范围较宽，但距离居住区较远。北岸驳岸改造后，增加基础绿化，没有空间做较大型活动空间的场地，所以设计师整体考虑北岸沿河设计一条滨水景观步道，和南岸景观建身步道连接形成环形健身绿道。满足现代人晨练和夜跑的健身需求。北岸隔一段距离设计小型休息停留空间，在南岸空间允许的条件下，设计较大的场地，将原有水塔改建成滨水景观塔，既是景观标志物，又可登塔观景，从而吸引北岸人流的聚集。根据周边环境设计风格统一的植物配置形式，沿河岸两侧以纯色地被及生态景观植物铺底，营造大色块的生态河道景观氛围。

鸟瞰图

水塔改造效果图

景观亭效果图

活动场地效果图

景观廊架效果图

景墙效果图

活动场地效果图

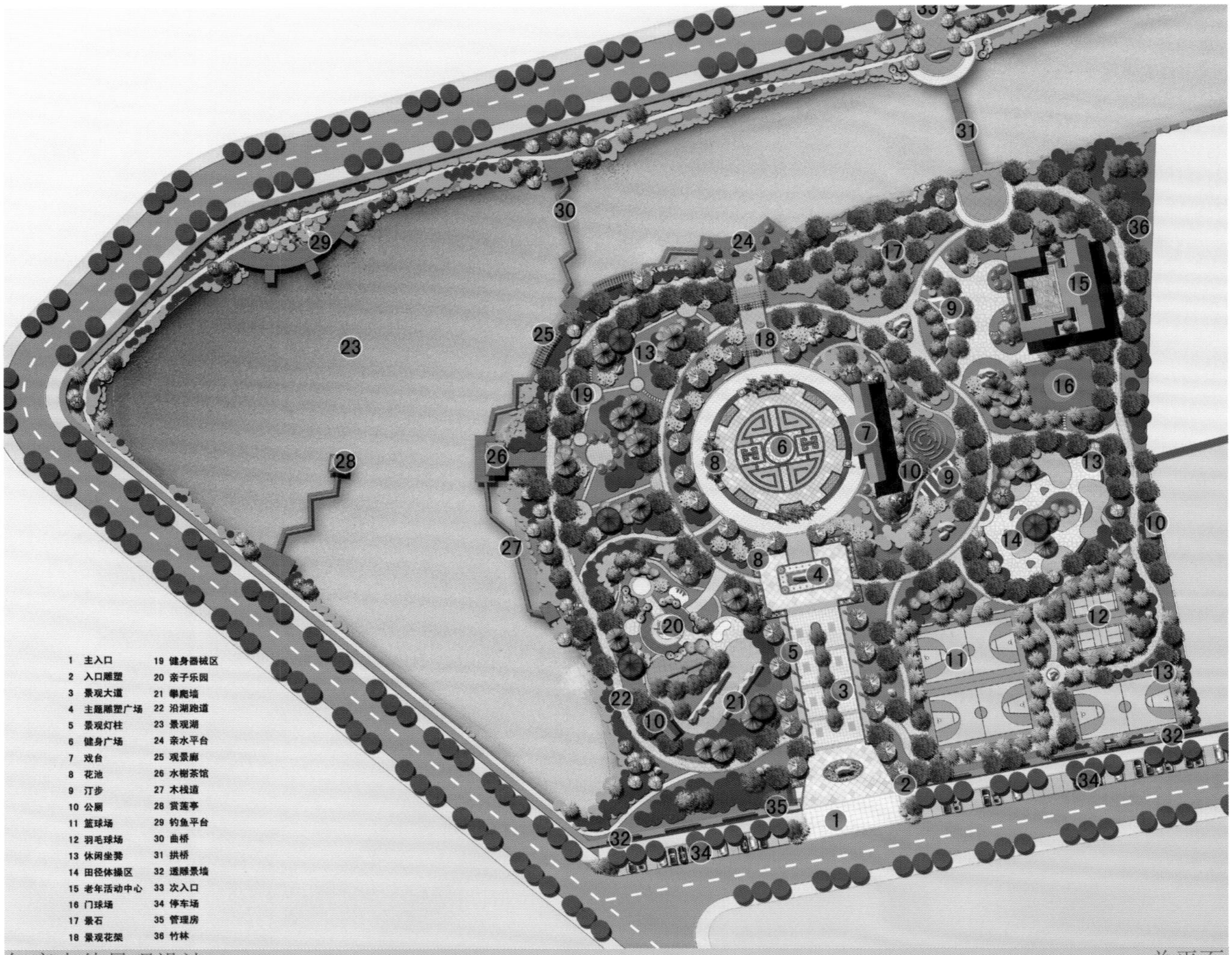

1 主入口
2 入口雕塑
3 景观大道
4 主题雕塑广场
5 景观灯柱
6 健身广场
7 戏台
8 花池
9 汀步
10 公厕
11 篮球场
12 羽毛球场
13 休闲坐凳
14 田径体操区
15 老年活动中心
16 门球场
17 景石
18 景观花架
19 健身器械区
20 亲子乐园
21 攀爬墙
22 沿湖跑道
23 景观湖
24 亲水平台
25 观景廊
26 水榭茶馆
27 木栈道
28 赏莲亭
29 钓鱼平台
30 曲桥
31 拱桥
32 透雕景墙
33 次入口
34 停车场
35 管理房
36 竹林

年度十佳景观设计

总平面

广东饶平霞东体育公园景观设计

LANDSCAPE DESIGN OF GUANGDONG RAOPING XIADONG SPORTS PARK

设计单位：厦门鲁班环境艺术工程股份有限公司　主创姓名：何泽宇　成员姓名：杜海霞、陈燕娥、朱品珍、陈小忠

设计时间：2012 年　项目地点：广东 饶平　项目规模：3.4 公顷　项目类别：公园与花园设计

委托单位：潮州市饶平县黄冈镇霞东村委会

健身广场

运动区

亲子乐园

设计说明

定位：一座开展全民健身运动的休闲园地，一道展示潮汕民俗文化的动感窗口。

设计理念：以人为本，发扬场所精神，突出亲和力，以提高人们的认同感和归属感；功能性与文化性、艺术性并重；量体裁衣，以低成本营造高品质。

总体构思：与自然接触是现代人的一种需求，人文的景观与现代的简约空间完美相结合，是现代人追求的一种理想休闲娱乐场所。本项目位于黄冈镇霞东村，周边环境均为居住区用地，形成的开放空间建造了风格统一的新型公园，园区为半敞开式，不做围墙，仅以绿篱和透雕景墙遮挡，停车场置于绿篱之外。在园区东南设主入口，西面设次入口，环园置健身步道，设有面积约 1200 平方米的下沉式演艺广场，为附近社区提供了多功能的开放空间，广场和平台的框架，功能十分丰富，可以举办文化活动，居民聚会、展览及节庆活动等。

主入口的中心广场延伸至各个休闲开放空间：健身广场、球类运动、田径体操、器械健身、亲子乐园、老年活动中心、外沿景墙浮雕。以潮汕民俗活动题材为主，如狮舞、龙舟、龙凤舞、火麒麟、布马舞、双鹞舞、龙虾舞、英歌舞、鲤鱼舞、潮州大锣鼓等，使城市景观设计更具有人性化和人文气息。

鸟瞰图

主入口

老年活动中心

木栈道

水榭

喜迎东霞雕塑

景墙

年度十佳景观设计

总平面

深圳荔湖公园景观设计

LIHU PARK LANDSCAPE DESIGN OF SHENZHEN

设计单位：广东中绿园林集团有限公司　　主创姓名：李瑞成

成员姓名：李瑞成、刘明辉、王银英、朱梦甜、刘宁华、郑果、罗水滨、鞠鞣、杨明明、钱汝佳、刘晶晶　　设计时间：2017 年

项目地点：广东 深圳　　项目规模：357 公顷　　项目类别：公园与花园设计　　委托单位：深圳市光明新区城市管理局

阳光草坪

湿地栈桥

楼村主入口

设计说明

荔湖公园位于光明新区北侧，拥有独特的山水景观资源，总占地面积约 400 公顷。其中近期建设 80 公顷，基本位于已征转用地内，投资约2.9亿元。充分尊重地域文化，风格定位为新岭南中式。通过设置沿湖绿道、湖滨栈道、库尾湿地、缤纷花海等景观，将荔湖公园打造成充满诗情画意的区级综合城市公园。其建设目标是建设光明新区城市新名片、深圳山水景观新亮点、国际著名花城新示范。景观布局可概括为：两水相依，三区定局，八景成篇。根据两个水库性质不同，合理设置功能分区。三区分别为：莲塘水库水源保护区、楼村水库滨湖游览区以及周边山林游览区，并形成荔湖八景，分别为：文韵长堤、荔湖湾畔、柳岸闻莺、野趣溪谷、浪漫花海、镜水长廊、山林绿道、荔影叠翠。

该项目旨在构建数据与生态可调控的舒适环境，利用海绵城市软件模拟排洪，超微净化工艺，建立水循环系统等，由原来不透气或者透气困难的排水口变成可以“自由畅快呼吸”的完善系统，并且保持干净的水源；利用生态修复技术构建适宜群落；在原来得天独厚的生态资源上增加高新技术。以适宜游客尺度构建出生态宜人的荔湖公园。

楼村主入口

浪漫花海

湖滨栈道

阳光草坪

活力滨水

林荫栈桥

观湖平台

年度十佳景观设计

总平面

云南建水朱家花园园林保护与重建工程

GARDEN PROTECTION AND RECONSTRUCTION OF ZHU GARDEN IN JIANSHUI, YUNNAN

设计单位：厦门尚合源景建筑景观设计有限公司　　主创姓名：郑义　　成员姓名：陈亚虹、李玮、黄思阳、任帅

设计时间：2016 年　　项目地点：云南 建水　　项目规模：2.56 公顷　　项目类别：旅游区规划

香榭亭

现场施工

现场施工

设计说明

建水朱家花园位于云南省红河哈尼族彝族自治州建水县云南建水古城的建新街中段，是清末乡绅朱渭卿兄弟建造的家宅和宗祠。占地2.56公顷，主题建筑呈“纵四横三”布局，为建水典型的“三间六耳三间厅，一大天井附四小天井”式传统民居的变通组合体。整组建筑陡脊飞檐、雕梁画栋、精美高雅。庭院厅堂布置合理，空间景观层次丰富且变化无穷，形成“迷宫式”建筑群。目前，已成为集住宿、观赏、旅游、娱乐为一体的旅游精品景点。

设计理念深化：在时间的长河里，当内敛沉稳的传统文化邂逅了富丽多姿的少数民族语言，它们的碰撞，为空间注入了凝练唯美的古典琴韵。

朱家花园的景观设计，崇尚“师法自然”、讲究“虽由人为，宛自天开”。全园布局不仅遵循了滇南特有的边陲文化特色，并融入临安古建筑的精神与情怀。因景划区，境界各异。山水景物以池水为中心，花园主要由登科园，惠福园，芙蓉园三部分组成。水面聚而不分，石板曲桥，低矮贴水，清泉石涧、万壑松风微微拱露。环池假山，高下参差，曲折多变，使池面有水广波延和源头不尽之意。

燕林假山

惠福园光远亭

芙蓉园荷风柳岸

林泉石涧

光远亭

藕香亭

荷风柳浪

年度十佳景观设计

总平面

阜南陶子河公园景观设计

LANDSCAPE PLANNING OF FUNAN TAOZI RIVER

设计单位：中工武大设计研究院有限公司　　主创姓名：张青云

成员姓名：周明明、李后绪、丁婧尧、邢巍巍、陈玉、徐天林、李长娟、黄凯、崔军、刘鹤、郭龙、杨晗、王谧子、徐思颖、唐占元

设计时间：2017 年　　项目地点：安徽 阜南　　项目规模：26.4 公顷　　项目类别：公园与花园设计

委托单位：阜南县住房和城乡建设局

生态科普区

生态科普区

文化体验区

设计说明

项目位于安徽省阜南县城北新区，同时在绿地规划结构中属于“八星”之一。规划面积 26.4 公顷。周边用地性质比较多样化，以居住用地为主，北侧有教育用地，西侧有商业用地。

设计分为五大功能片区：湖滨生活区、文化体验区、生态科普区、自然休闲区、运动健身区。设计将该公园定位为传承文化、走向生态、宜居空间、水岸客厅，采用“柳编”的艺术，核心理念是“编织”，通过编织的手法，使公园成为一个有机的系统和活的生命体。

在种植设计方面，湖滨生活区的城市界面以阵列式的树阵种植为主，展示公园规整、大气的沿街界面；儿童乐园等小型游憩场地则以开花乔灌木为主，体现活泼、欢悦的氛围；沿湖岸局部采用水生植物，凸显生态功能。文化体验区种植特征以开阔的缓坡草坪和花带、花树植物景观为主，营造开阔舒展、浪漫缤纷的公园中央景观。生态科普区种植特征以具有水体净化功能的湿地植物以及耐水湿的乔木为主，形成形态自然、草长莺飞的湿地景观。自然休闲区外围种植特征以常绿落叶搭配的密林为主，形成具有隔离作用的稳定的植物群落；自然休闲区内侧沿休闲步道两侧及主要休闲活动空间以疏林为主，局部点缀秋色叶树种，形成充满季相变化的休闲植物景观。运动健身区外围种植特征以常绿落叶搭配的密林为主，健身步道两侧以及面向陶子河的区域以疏林为主，结合地形的营造，形成视线通透的滨河长廊，河岸地带增加开花小乔木，丰富水岸景观，沿岸点缀湿地植物，增加生态效应。

鸟瞰图

生态科普区栈道

观景平台

滨河绿道入口

柳编艺术博物馆

柳编广场

观景亭

航空企业总部
云景路
航空企业总部
宾延路
航空企业总部
航空企业总部
喜延路
航空企业总部
庆云路
购物公园

图例：

1 展示建筑	12 生态停车位
2 入口形象广场	13 林中小径
3 跑道式铺装	14 活动广场
4 滨水走道	15 厕所、售卖点
5 生态湖面	16 中心大草坪
6 滨水观景台	17 形象雕塑
7 生态岛	18 水净化溪流
8 芦苇地	19 次入口广场
9 滨水广场	20 慢跑道
10 彩虹翼桥	21 跌级草坡
11 生态密林	22 远眺广场

年度十佳景观设计

总平面

武汉临空新城香虹艺术公园景观设计

LANDSCAPE DESIGN OF XIANG HONG ART PARK IN WUHAN AIRPORT NEW CITY

设计单位：武汉市园林建筑规划设计院　　主创姓名：成刚
成员姓名：刘凯敏、句晨、田梦雄、叶婷、陈晟、王亮、李良钰、王莹、叶喜巧、夏维玮、李小玉
设计时间：2013 年　　项目地点：湖北 武汉　　项目规模：8.6 公顷　　项目类别：公园与花园设计
委托单位：武汉临空经济区建设投资开发有限公司

彩虹翼桥

服务建筑

景观桥

设计说明

香虹艺术公园位于武汉市盘龙城经济开发区航空企业总部区中央景观轴内，规划面积8.6公顷，北临景云路，南抵庆云路，西至延喜路，东达宾连路，场地周边用地属性为行政办公用地和商业用地。

公园以绿色之翼——绿色起航、翼展空港为概念，打造新型商务社区的核心绿地，凸显空港低碳商务理念。延续交通枢纽功能，组织便携步行交通系统，强化轴线视线通廊，塑造空港标志性景观，打造绿色空港印象。

公园整体景观结构为“三片区、三纽带”。三片区为展示建筑片区、中心草坪片区以及入口广场片区。展示建筑片区以造型独特的建筑为核心，承接公园的主要服务及区域展示功能；中心草坪片区围绕中心阳光草坪，打造一处供人们进行各种娱乐活动的休闲场所；入口广场区对接北部地块的航空企业总部，采用中轴对称的手法打造一处形象广场区域。“三纽带”分别为空中纽带、地面纽带以及生态溪流纽带。“空中纽带”为弧形的空中红色景观桥，形成动态的空中游览线，并串联四周的过街人行天桥，使人们能从四周的办公建筑内直接走入园中。“地面纽带”为公园内完善的交通体系。“生态溪流纽带”为一条具有收集、净化雨水功能的生态湿地水系，对区域内的雨水调蓄起到重要作用。

鸟瞰图

服务建筑

彩虹翼桥

水净化溪流

次入口广场

慢跑道

林中小径

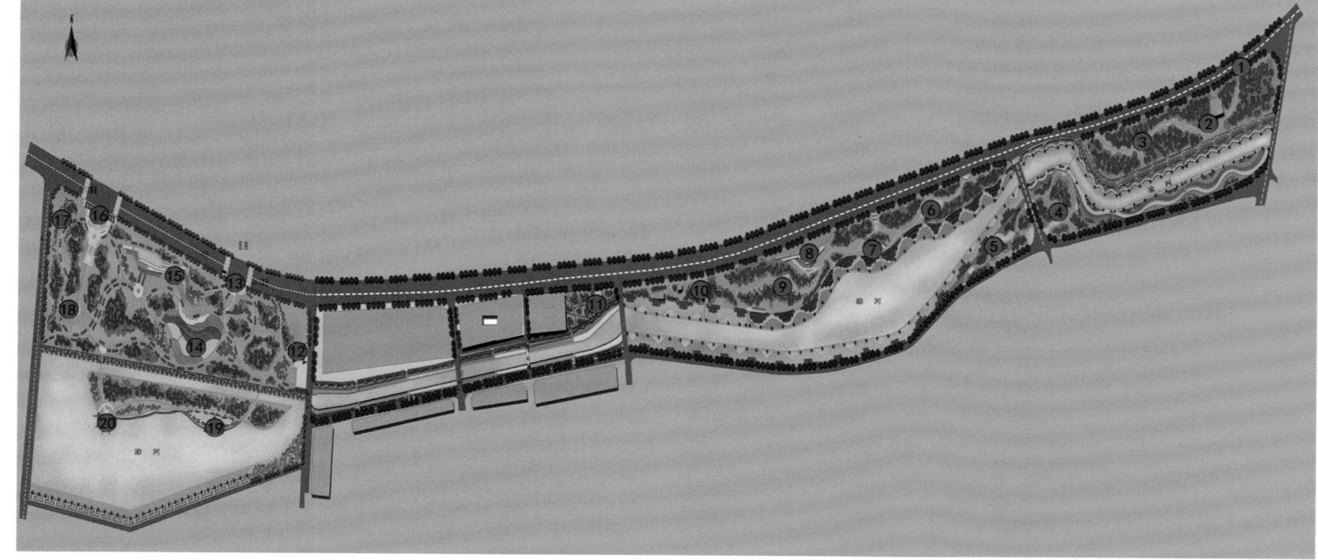

年度优秀景观设计

总平面

隆德县渝河（县城段）带状公园景观设计

LANDSCAPE DESIGN OF THE YUHE (COUNTY SECTION) LINEAR PARK IN LONGDE COUNTY

设计单位：宁夏森淼景观规划设计院有限公司　主创姓名：杨宗选　成员姓名：李涛、宋文鹏、秦巍巍、徐立飞、高金龙、李翔、李炀、鲁昭君、肖鑫

设计时间：2016 年　项目地点：宁夏固原市隆德县　项目规模：30.89 公顷　项目类别：公园与花园设计

护坡绿化效果图

亲水平台效果图

主入口广场效果图

设计说明

隆德县渝河（县城段）带状公园位于县城北侧、渝河河道两侧，东起东门桥，从东到西经过北河桥、连心桥、盘龙桥、西门桥，西至高速公路引线，北至312国道，南至渝河路。项目区东西走向，东北面为北象山，西北面为县医院、职业中学及县政府，南面从东到西为居住、教育及商业用地。全长2.5千米，总占地面积为30.89公顷。基地现状地势北高南低，东高西低，南北高差5米左右，东西高差15米左右，河道两侧坡面坡度1:2～1:3。基地内原有村庄、苗圃，现状大树较多，有茂密的油松林、三五成群的小叶杨、旱柳及榆树。

根据项目区的现状地形和植被条件，总体设计呈现“一带两轴”的布局形式，其中“一带”指沿渝河（县城段）两侧区域所形成的滨河带状公园，“两轴”是蓝轴和绿轴两大主脉。蓝轴是一条时间轴线，按时间节点讲述隆德县历史文明的起源，农耕文明的发展，人文文化的兴起，对历史文明的传承。绿轴为一条空间脉络轴线，利用现状地形、丰富的空间环境及自然植被，运用园林造景手法，将时间轴上的重要历史节点演变为起源、积淀、发展、传承四个主要景观组团，利用时间与空间的相互交融，阐述隆德县的发展历程。在两大轴线上贯穿景观节点，从而形成完整的带状公园景观构架和整体布局。

鸟瞰效果图

年度优秀景观设计

平面图

神女湖公园景观工程设计

FAIRY LAKE PARK LANDSCAPE DESIGN

设计单位：重庆交通大学建筑与城市规划学院、重庆艾特兰斯园林建筑规划设计有限公司　主创姓名：董莉莉　成员姓名：郁雯雯、李维凤、石颖、陈佳乐
设计时间：2010 年　项目地点：重庆 永川　项目规模：80 公顷　项目类别：城市公园设计

效果图

效果图

效果图

设计说明

神女湖公园位于重庆市永川新区北部的核心区域，规划面积80公顷，与中部的兴龙湖公园、南部的凤凰湖公园共同撬动了新区三湖时代的大发展。置身于其中，既能感受城市生态公园的清新与舒适，又能体验城市文化公园的古典与浪漫，从而成为永川区的首个融合型公园。

公园设计充分利用区域内山地与丘陵相结合的地理特征，构建了“两带、两心”的绿地系统结构和“三点、两山、两带”的景观空间格局。并在此骨架之上创作了一幅具有唐代风韵的浪漫神女情怀美卷。

公园功能布局以三步一景、五步一观、七步一韵为原则，通过步移景异与主观感受的多重复合，使休憩、品鉴、娱乐等不同功能场地有序分布于园中。并采用聚会场 + 休憩处 + 停留点的方式确保动静活动参与的人性化。

公园游线规划形成了湖滨步道、茶山步道、竹山步道、神女步道4组特色的环游路线，连接园内各个主题区域，刺激游人产生多次到访获得多种感受的主观欲望。

公园设计围绕滨水景观空间的体验性塑造，依据自然湖岸的延展分别营建了泊船码头、湖滨栈道、水生湿地等亲水设施增加游客融入实景的感受。围绕主题区域植物的观赏性营造，梳理不同区域的骨干自然植物，增种随季节变化叶色的开花植物，使游客感受随季相变换的常来常新。围绕神女传说故事的视觉性打造，在各个观景园处通过多种景观元素手法结合唐风造园的意境将神女的抽象故事进行具象传递。

鸟瞰效果图

年度优秀景观设计

总平面

鄞州区高教园区院士公园（二期）景观工程设计

YINZHOU DISTRICT HIGH EDUCATION OF ACADEMICIAN PARK (TWO PHASE) LANDSCAPE ENGINEERING DESIGN

设计单位：浙江滕头园林设计有限公司　主创姓名：张斌　成员姓名：谢如意、许刘艳、钟勇泽、王飞飞、何君

设计时间：2015 年　项目地点：浙江 宁波 鄞州　项目规模：8.61 公顷　项目类别：公园与花园设计

委托单位：宁波市鄞州区园林绿化管理处

北侧主入口效果图

中心水景区效果图

假山跌水效果图

设计说明

院士公园二期项目位于泰康东路与鄞州大道之间，项目的设计向人们展现了生态溶于城市的设计概念。整体设计将场地原有生态基础进行发挥拓展，通过水的不同景观形态，将场地丰富化，景观化。趣味清溪、观鱼池塘、杉林栈道等的设计将生态与人们的活动紧密结合起来，体现了生态休闲区的生态理念。

该公园整体以生态作为主体基调，水系纵横。因此，对水生植物以及湿生植物的布置是整个公园的亮点所在。沿水系周围布置半水生半湿地植物，在水中布置浮水植物。同时，在水下设计水下森林，种植沉水植物。沉水植物在生长过程中会吸收水体中的营养物质，对缓解水体富营养化起到积极作用。

平衡生态基础、满足功能需求：

1. 引入海绵城市的理念。

集水区海绵城市建设，从源头控制雨水，强调地块内渗、滞、蓄、净、用、排的过程。

2. 恢复河道生态功能。

通过生态恢复技术还原河流廊道生态格局，保证干净的水质并且成为动植物的栖息地，增加城市中的物种多样性。

3. 开放空间和文化再生功能。

使河流在空间上跟公园融为整体，形成以绿色生态为特色的公园，促使公众产生主人公意识并且珍惜水资源，服务于周边发展和居民生活。

4. 强化弹性防洪功能。

增强过洪能力，以生态工法加强河岸、河床，保证河道结构稳固，保证防洪功效。

鸟瞰效果图

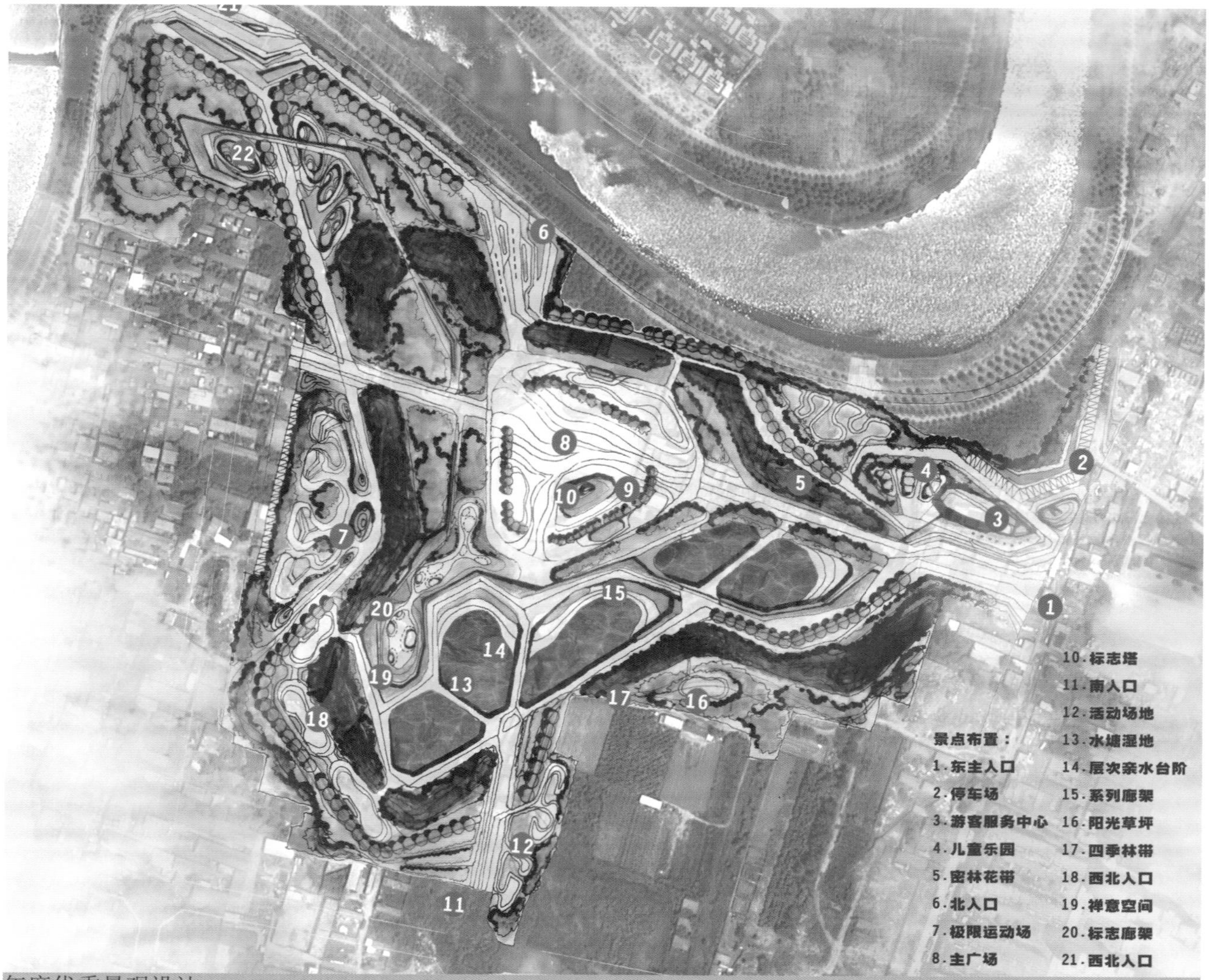
景点布置：
1.东主入口
2.停车场
3.游客服务中心
4.儿童乐园
5.密林花带
6.北入口
7.极限运动场
8.主广场
10.标志塔
11.南入口
12.活动场地
13.水塘湿地
14.层次亲水台阶
15.系列廊架
16.阳光草坪
17.四季林带
18.西北入口
19.禅意空间
20.标志廊架
21.西北入口

年度优秀景观设计　　总平面

衡水滏东公园

HENGSHUI FUDONG PARK LANDSCAPE DESIGN

设计单位：天津市北方园林市政工程设计院有限公司　主创姓名：赵丙政　成员姓名：雒晓琳、李佳辰、靳强、贾芳、宋华伟、刘鑫

设计时间：2016 年　项目地点：衡水市桃城区　项目规模：22 公顷　项目类别：公园与花园设计

委托单位：衡水市桃城区政府

滏东公园
滏东
公园
FUDONG PARK

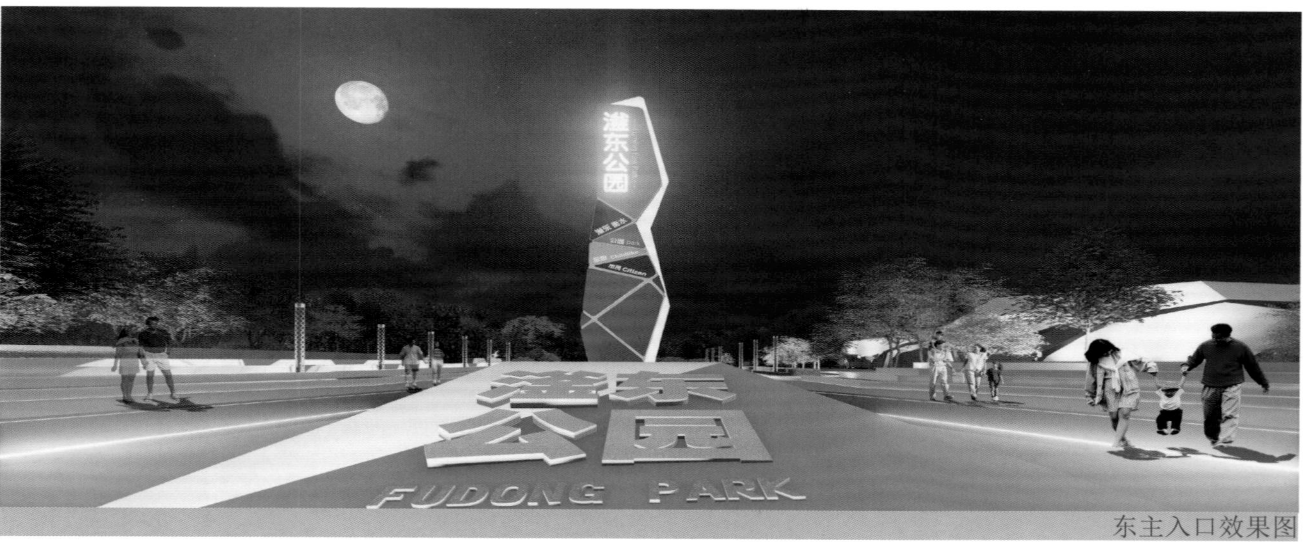

东主入口效果图

幼儿活动从效果图

艺文广场效果图

设计说明

滏东公园位于衡水市桃城区滏阳河南，占地约 22 公顷，设计定位为现代的、生态的市民与儿童游乐公园。公园主题理念为“炫酷空间，联动滏东”。通过入口景观塔、服务中心建筑、中央观景楼、串联乐活通廊等，融合滏东紫气东来的吉祥寓意，将炫酷的紫红色作为对外展示的主体色彩基调，通过公园主体构筑物彰显魅力劲炫的现代先锋城市文化精神。公园建成后将为公众提供一个生态环境良好、活动功能丰富、艺术风格高雅的城市休闲空间。

本项目设计中以横纵两条规划路预留为前提，并考量设计红线内未来规划的汤河故道的开发因素，形成最后的项目设计格局：中心观景楼、中央广场、序列水景观、串联廊带、主入口 LOGO 服务区、大型亲水台阶、亲子乐活空间、炫酷动感空间、禅意花镜空间、氧吧有机林带等具有鲜明特色的现代城市公园节点。实现软硬景比例协调，植被空间层次丰富，功能设施现代，城市先锋气质有力彰显的设计目的。从舒适、功能、色彩、肌理、意境等多方面实现城市公园对于公众应该表现出的作用，成为游玩、参与、休闲、冶性、乐活的多功能、综合服务、立体感受的城市景观空间，切实为衡水市民和前来游玩的游客提供赏、玩、游、憩的舒适艺术空间，也为提升衡水城市园林生态景观形象提供较为合理的原创设计。

整体鸟瞰效果图

年度优秀景观设计

总平面

天津西青郊野公园规划

TIANJIN XIQING COUNTRY PARK

设计单位：筑土国际 ARCHILAND　主创姓名：田琨　成员姓名：戈斌、孙峥、张燕、黄程芬、杨云花

设计时间：2011 年　项目地点：天津　项目规模：3578 公顷　项目类别：公园与花园设计

委托单位：天津环城城市基础设施投资有限公司

鸟瞰图

实景照片

实景照片

设计说明

西青郊野公园位于天津市西南部，紧临独流减河和团泊水库，距离中心城区约 15 千米，是天津市首批环城 3 个郊野公园中距中心城区最近的一个。

双核：北片区以现状基本农田为核心， 南部以现状水面打造的湖面为核心。

两带：依托独流减河形成的滨水景观带以及沿高速公路的防护林带。

双环：公园内依托现状水渠和水塘，开挖一条环绕郊野公园的河道，环内鱼塘相互连通，在南北两片形成各自环线，展现迂回曲折的特色水廊。

四区：分别为精武文化区，渔家湿地景观区，田园风光区，水网密林区。

西青郊野公园的设计始终遵循保护为主、开发为辅的原则，保护景观本体及其环境，保持地形地貌和典型景观的永续利用。规划尊重现状场地特征，保留基本农田、水面肌理，梳理现状地形，进行适当挖、填，修整鱼塘边界，从而形成公园特色水道，构筑区域骨架。

运用海绵城市的设计理念，基于湿地资源，将公园塑造与城市防洪、雨水利用、生态修复等功能相结合，利用湿地生态蓄洪的优势，减缓汛期周边城市河道的排洪压力，利用台田技术进行土壤修复。

郊野公园除了具有改善生态、美化环境、保育自然功能，还具有开展自然游憩、提高人居环境质量等多种功能。同时，在建设时以园养园，后期通过生态农业等业态进行多种平衡，为区域提供生态发展的可能性。

实现总体空间与景观空间的优化设计，结合区域特色实现生态旅游的可持续发展，为游人提供适宜的游憩功能，是贯穿我们设计始终的思考。智慧永续设计（SSD）的探索不仅能够合理、有效地布局旅游功能、组织旅游动线，而且能够健康、有序地修复自然生态环境、维护区域生态平衡、为城市或城镇的长期发展提供可持续的空间结构。

鸟瞰图

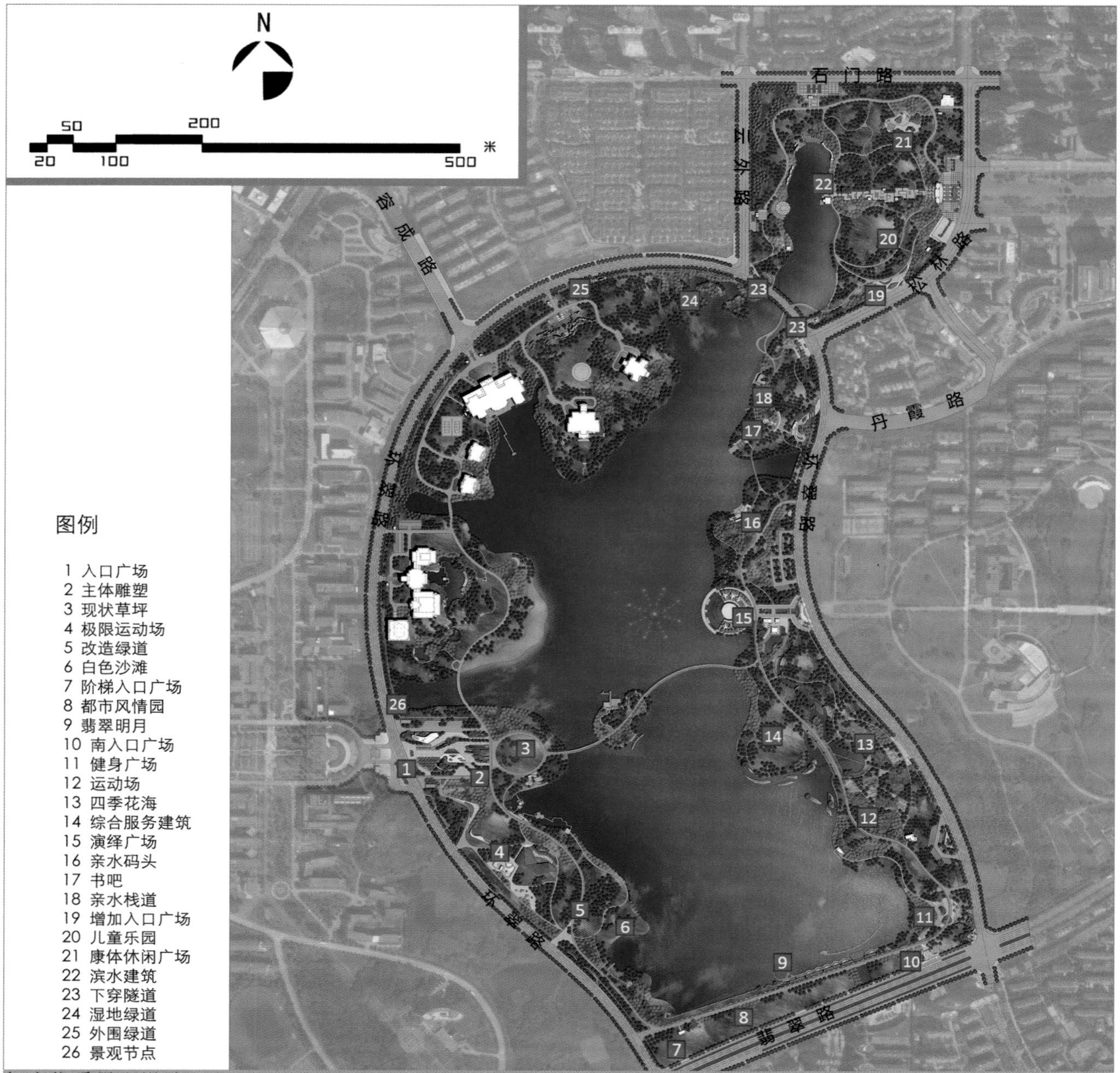

N
20 50 100 200 500 米

石门路
云外路
容成路
丹霞路
环翠路
翡翠路

图例

1 入口广场
2 主体雕塑
3 现状草坪
4 极限运动场
5 改造绿道
6 白色沙滩
7 阶梯入口广场
8 都市风情园
9 翡翠明月
10 南入口广场
11 健身广场
12 运动场
13 四季花海
14 综合服务建筑
15 演绎广场
16 亲水码头
17 书吧
18 亲水栈道
19 增加入口广场
20 儿童乐园
21 康体休闲广场
22 滨水建筑
23 下穿隧道
24 湿地绿道
25 外围绿道
26 景观节点

年度优秀景观设计

总平面

翡翠湖、翡翠公园提升改造工程设计

THE UPGRADE RENOVATION PROJECT DESIGN CONTRACT OF JADE LAKE PARK

设计单位：安徽省城建设计研究总院股份有限公司　主创姓名：鹿雷刚　成员：刘基、王冰冰、尹飞、杨洋、陈玉锡
设计时间：2017 年　项目地址：安徽 合肥　项目规模：125.4 公顷　项目类别：公园规划
委托单位：合肥经济技术开发区建设发展局

节点效果图

节点效果图

设计说明

城市明珠、生态绿肺——翡翠湖，位于合肥市经开区西南部，合肥工业大学，安徽大学依偎湖畔，是合肥市总体规划中十大综合性公园之一，绿地、绿道系统规划中西南片区核心绿地，串联城市板块绿轴、大学城绿轴、城市活力界面重要板块。

结合周边用地性质，以使用人群为主旨，以需求为导向，通过“问卷调查”方式，确定了本案以“大学城、大学生”为核心，以“生态、青春、智慧”为主题，彰显合肥“人才聚集、科教兴城”的地标式公共开敞公园。

秉承“借、补、创”三大设计原则，本案采用“文化重塑、系统梳理、综合提升、智慧运营”四大改造提升策略。

设计主题：“三镶翡翠七乐华章”三色涂梦生态新湖，七乐演绎青春剧场，智慧重塑活力水岸。

鸟瞰图

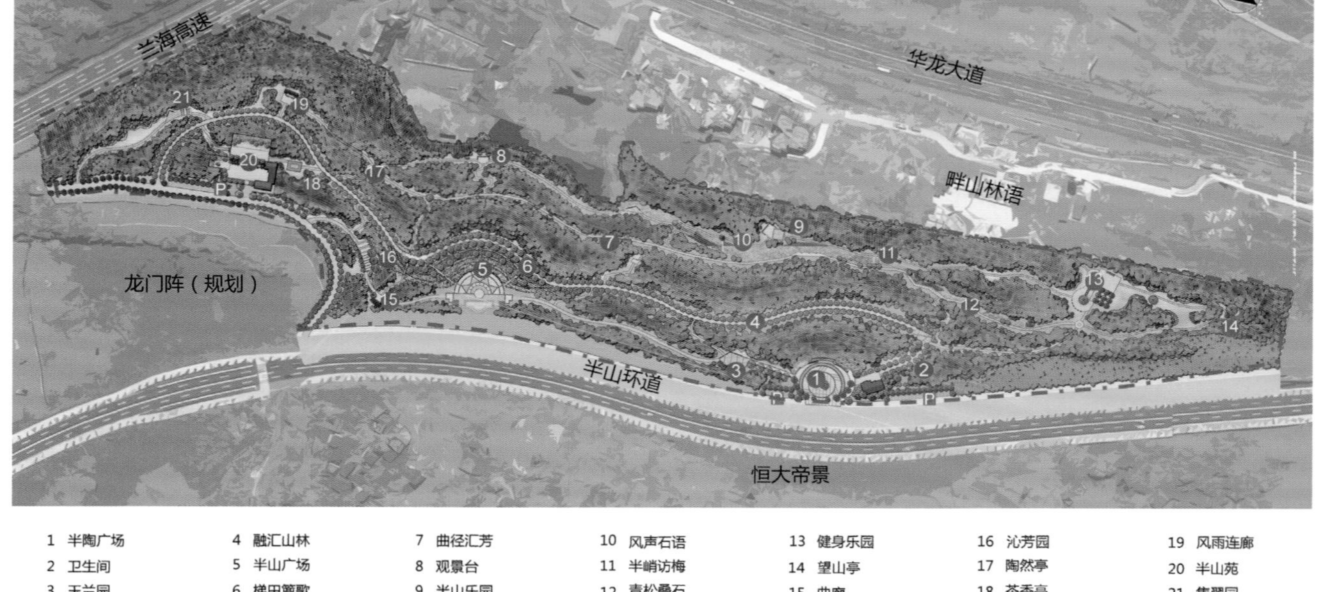

1 半陶广场 2 卫生间 3 玉兰园 4 融汇山林 5 半山广场 6 梯田篱歌 7 曲径汇芳 8 观景台 9 半山乐园 10 风声石语 11 半峭访梅 12 青松叠石 13 健身乐园 14 望山亭 15 曲廊 16 沁芳园 17 陶然亭 18 茶香亭 19 风雨连廊 20 半山苑 21 集翠园

年度优秀景观设计　　总平面

重庆市九龙坡区半山公园（二期）景观工程

LANDSCAPE PLANNING OF CHONGQING JIULONGPOQU BANSHAN PARK(SECOND-PHASE)

设计单位：重庆道合园林景观规划设计有限公司　主创姓名：段余　成员姓名：杨文婷、王向歌、刘辉、史曦
设计时间：2014 年　项目地点：重庆市九龙坡区半山环道　项目规模：11.6 公顷　项目类别：公园与花园设计
委托单位：重庆市九龙坡区市政园林局

半山公园入口实景图

半山公园小径实景图

半山广场效果图

半陶广场效果图

半山广场实景图

设计说明

半山公园位于九龙坡区华岩板块半山环道处，设计面积约11.6 公顷。周边以居住用地与工业用地为主。公园用地为典型单面坡地貌，呈南北向狭长状，相对高差 70 米，大部分区域坡度在10 ~ 40 度。大量的建筑弃渣（混凝土、碎砖、碎瓦为主）堆砌在本不多的平缓用地。现状植被以杂灌林为主，植物群落极不稳定。周边住宅林立，但配套设施严重滞后，缺乏日常休闲健身场所。且用地范围内有三组高压线走廊南北向贯穿基地，公园整体建设难度大。此次公园的设计旨在完成城市荒地的功能与生态更新，生态、功能、文化先行，为周边的市民提供一个文化游览、健康生活的户外休闲场所。

公园根据现状地形条件，结合“低成本、大景观”“生态优先”“文化共生” “以人为本”四大设计原则，分为半山文化休闲区、彩林安静休憩区、崖顶文化体验区、景观生态防护区四大景区。通过四大景区分层面重点打造，整个公园呈现出“丰富多彩的文化体验”“依山就势的道路系统”“层峦叠翠的植物季相”“功能与生态的场所更新”四大主题特色，区别于周边各大公园，并完成城市荒地的有效更新，形成独具特色的居住区公园。设计充分分析基地众多不利因素，对现状建筑弃渣进行景观再利用，完成城市功能与生态的更新裂变。作为九龙坡华岩板块的重点民心工程，公园于 2014 年年底建成开园，取得了较好的景观效果、生态效益以及社会评价，受到相关领导及周边市民的一致好评，成为市民日常休闲健身的好去处。

公园鸟瞰图

年度优秀景观设计

鸟瞰图

海口西海岸带状公园景观提升设计

THE WEST COAST OF HAIKOU RIBBON PARK LANDSCAPE DESIGN

设计单位：中交第一公路勘察设计研究院有限公司　　主创姓名：李锋涛

成员姓名：张博、蒋伟、张品、仝晓辉、赵庆生、牛雯、郝思嘉、郑玉溪、都苏雨　　设计时间：2016 年

项目地点：海南 海口　　项目规模：93.21 公顷　　项目类别：公园与花园设计

观海台效果图

儿童活动场效果图

西秀晚霞效果图

设计说明

设计旨在运用自然的语言，展示海口最具景观价值的魅力海滨。在总体设计上突出了生态保护、现代、流线、海洋设计要素。在文化承载力上做减法，在功能和细节上做加法，通过微地形、景观草坪、活力广场、海洋广场、生态林地、湿地的营造，展示现代西海岸、未来西海岸，满足游人的出行要求。

设计概念为：以生态修复为基础，国家海洋公园建设为指导，完善西海岸整体提升，建立西海岸具有连续性、生态性、体验性的总体生态景观格局。在形象定位上突出展现“生态海岸、大美海岸、快乐海岸、品质海岸”。

在具体实施策略上，一是强化植被景观格局：通过植被景观空间的营造，完美展示西海岸的魅力风情。构建视觉通廊，全面展示海景，梳理植物空间，构建合理视域。种植乡土树种，展示地域风情，通过“野趣入城，魅力海滨”来满足现代都市人群和外来游客对自然的向往。二是解决道路现状混乱，区域识别性差，慢行系统不合理的问题。三是在开发过程中切实践行生态安全与可持续发展的理念，建立安全生态岸线，构建安全自然海滨。四是智慧地利用场地资源，使原有景观保护性提升。五是低影响开发，保护现有生境，尽量减少工厂中的土方量。应用植被浅沟、雨水利用等海绵城市理念；建立生境体制，低影响开发原场地土方，同时依托现有的植物生境，在保护的基础上对场地进行微地形处理，力求达到挖方与填方基本平衡和就近调配的原则。

黄金海岸花园后提升效果图

年度十佳景观设计

总平面

世茂·固安璀璨天城

SHIMAO GU'AN THE SHINE CITY

设计单位：上海栖地景观规划设计有限公司　主创姓名：郭凤宾、戴广建　成员姓名：戴鹏、许越、潘立行、龚璇、罗莹、万领、李梦惠

设计时间：2017 年　项目地点：河北 固安　示范区景观面积：1.31 公顷

摄影：存在建筑 – 建筑摄影

入口

设计说明

世茂·固安璀璨天城项目首创互动式主题景观示范区，满足全家畅享需求。方案整体设计从固安地区独具特色的枫林出发，以五彩枫林为设计概念，提出“来一场 24+ 高端度假体验”的设计理念，将枫叶元素融入到整个场地的设计中，将每块功能场地打造为高端奢华的现代住宅示范区景观生态环境。

示范区中以绿野仙踪故事为背景，为儿童打造了一个“不可思议奇幻乐园”。同时，社区内的景观园林以当地独具特色的枫林为灵感，采用全龄化设计理念，为不同年龄段的孩子、年轻人、老人打造各具特色的活动空间。

一进院落：枫林曲径

鸟瞰图

二进院落：不可穷尽

三进院落

绿野仙踪：奇幻梦想

友善铁皮人

搭乘最美火车穿过时光隧道

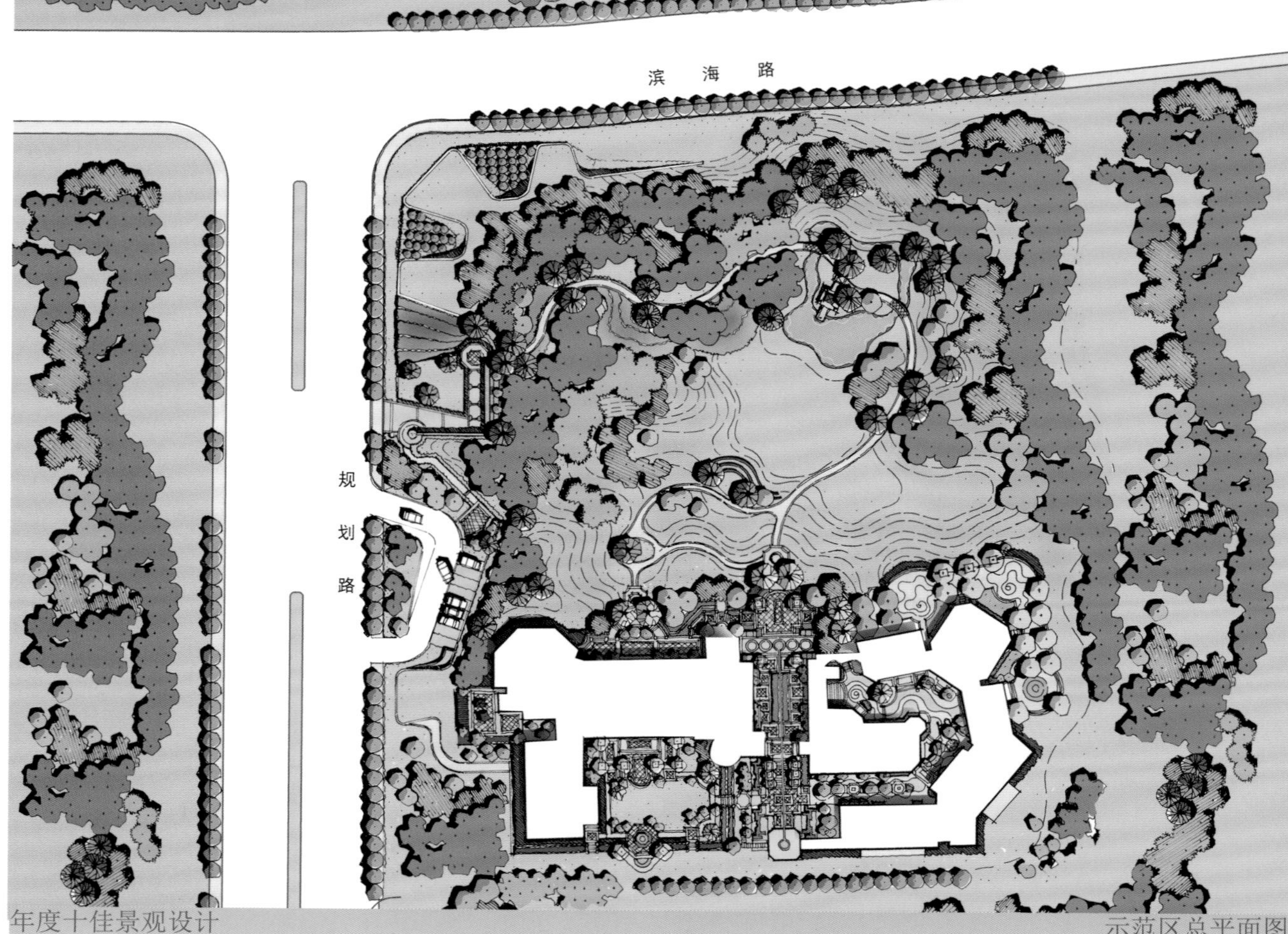

示范区总平面图

融创·迩海项目景观设计——回家的路

RONGCHUANG·ERHAI PROJECT LANDSCAPE DESIGN

设计单位：北京昂众同行建筑设计顾问有限责任公司　主创姓名：赵霞、徐刚　成员姓名：杨柳、韩彤彦、张乐、施京儒、陈璇、闫梅杰、朱芳娇
设计时间：2011 年　项目地点：山东 烟台　项目规模：8.22 公顷　项目类别：居住区环境设计
委托单位：烟台融安房地产开发有限公司

远景实景图

商业内街实景图

商业内街实景图

设计说明

本项目以建筑策划为先导，挖掘了建筑所表达的空间故事，汲取了西班牙小镇卡达凯斯之设计精华，创造出极具异域风情的最美回家路。

1. 景观意境的策划——景观所表达的心情故事

建筑及规划采用的是较为传统的西班牙院落式布局，建筑立面多配合拱券的外廊和暖色西班牙瓦的披檐。景观设计极力丰满建筑，让它更具西班牙小镇的风情和魅力。我们选取了西班牙小镇卡达凯斯做类比设计。

2. 景观意境的塑造——景观材料及设计细节的故事

景观塑造上设计师归纳了西班牙景观的特色。竖向设计依山就势，山地景观和台地景观是西班牙景观丰富的来源之一。铺装色彩浓郁，喜用深砖红色的陶土砖和色彩绚丽的马赛克拼贴。西班牙人喜用细腻的水景表达逐级跌落的水景，细长或十字形交错的水带，集中式精致的水法。

3. 景观意境的表达——景观所表达的空间故事——最美回家路

设计师规划出最佳的游览动线，游人随着设计师的既定流线感受到场所环境的起、承、转、合，最后在既定的场所环境中体会到最佳的景观感受。面朝滨海路的LOGO山展开绿色的哈迪德曲线，背景是郁郁葱葱的白桦林。沿着石汀坡道进入，景墙层层拔起，兽头从修剪整齐的树篱中探出头来，吐出一列优美的弧形水线。穿过古朴的西班牙门楼，眼前豁然开朗，花儿如溪流般从木栈桥下流走。穿过木栈桥，交冠的大树搭出清新的林荫小径，忽闻叮咚流淌的水声。跃过溪流，湖光山色映衬着山坡上的西班牙小镇。顺山坡前行，这座充满浪漫和神秘的建筑越来越近。

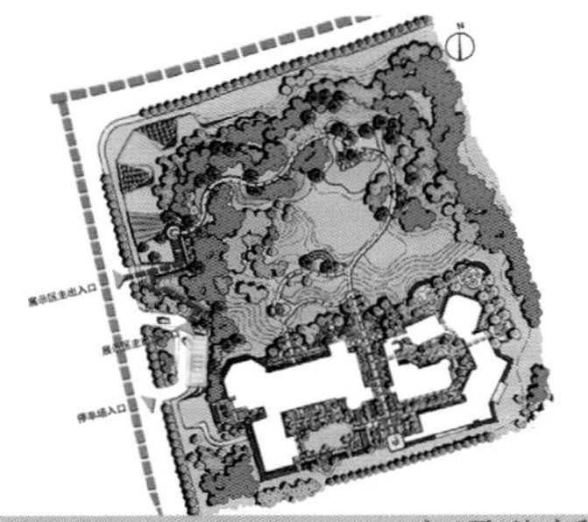

交通分析图

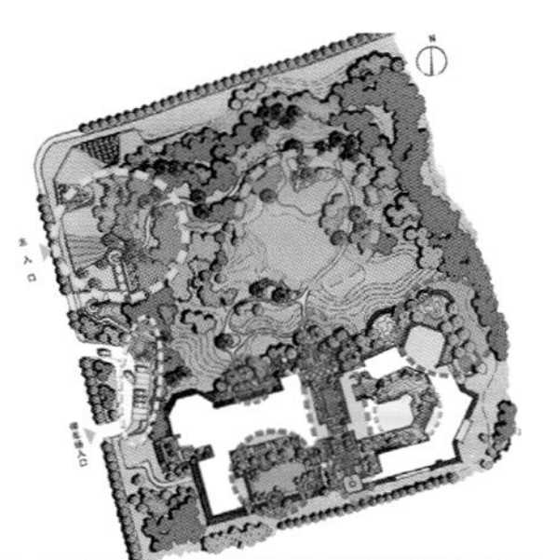

功能分区图

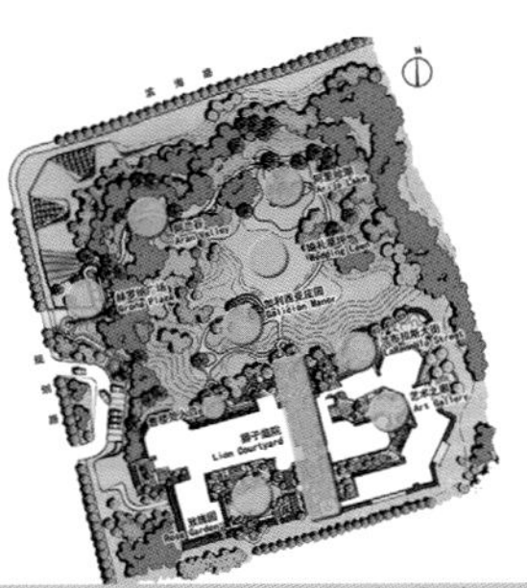

故事叙述图

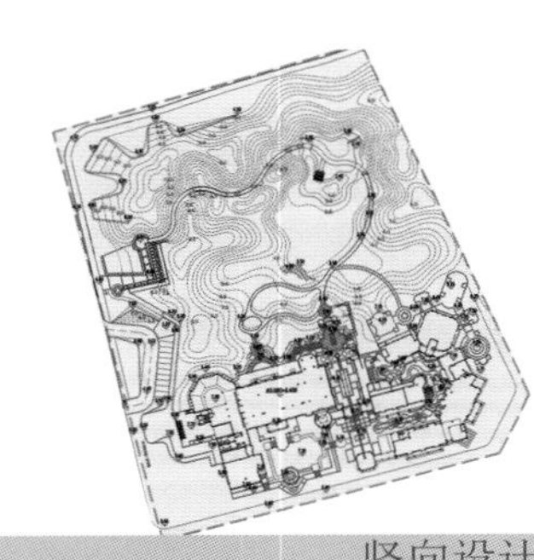

竖向设计图

鸟瞰实景图

中轴水景实景图

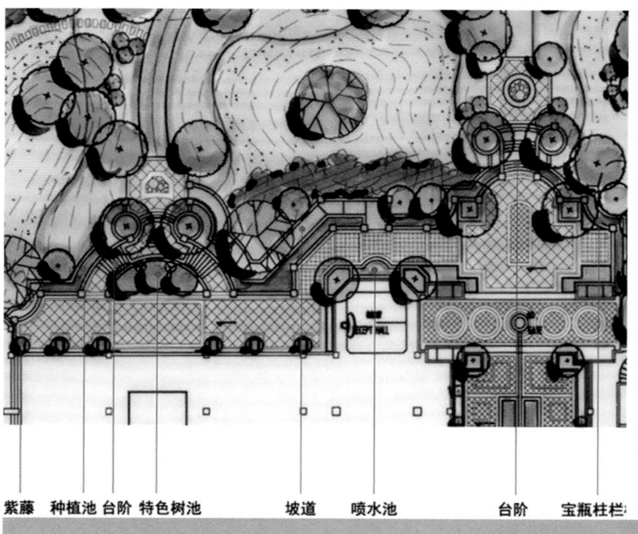

山坡小镇实景图

商业内街实景图

冬季实景图

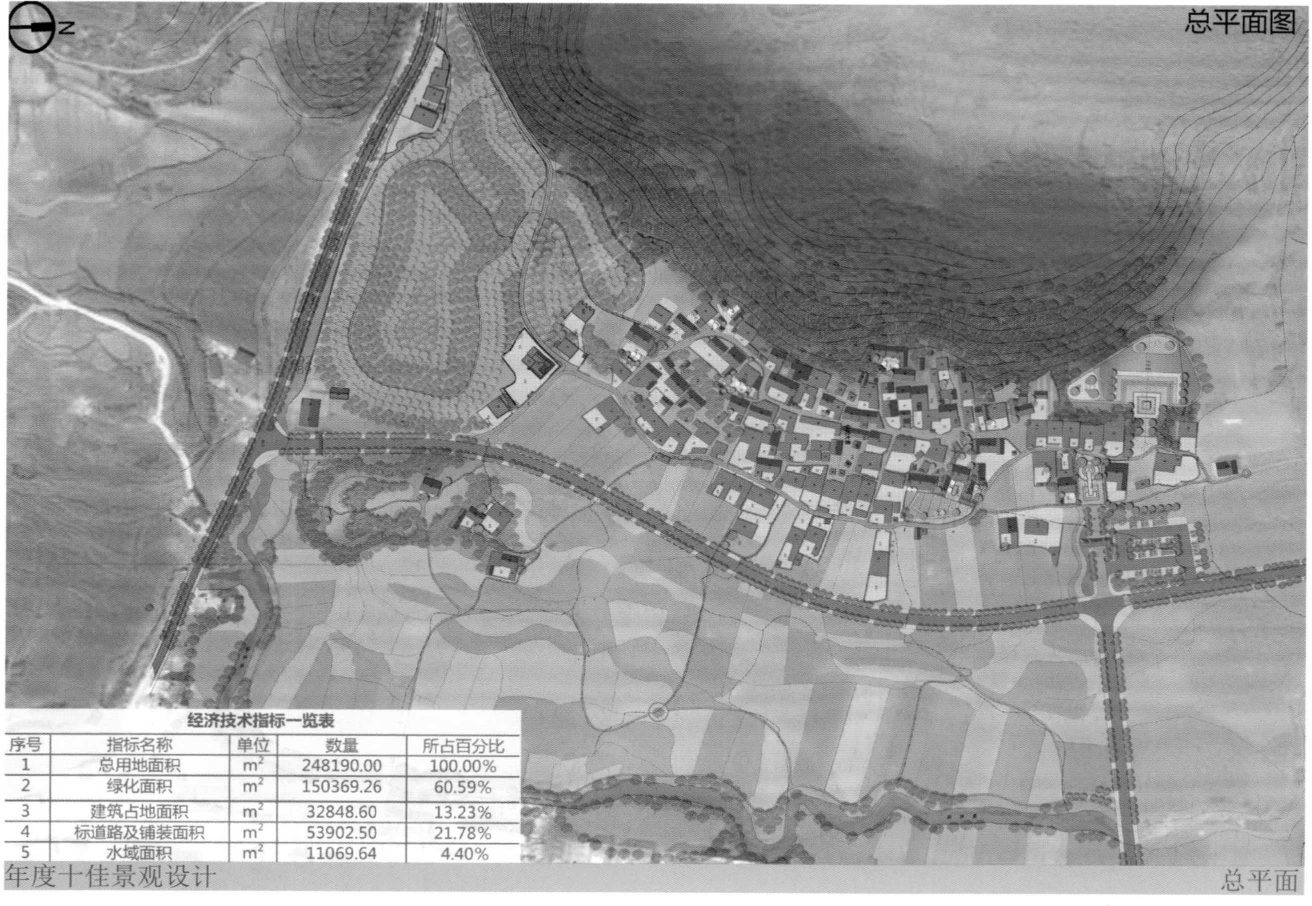

经济技术指标一览表

序号	指标名称	单位	数量	所占百分比
1	总用地面积	m^2	248190.00	100.00%
2	绿化面积	m^2	150369.26	60.59%
3	建筑占地面积	m^2	32848.60	13.23%
4	标道路及铺装面积	m^2	53902.50	21.78%
5	水域面积	m^2	11069.64	4.40%

总平面

贵州省安顺市杨武乡美丽乡村建设项目

BEAUTIFUL RURAL CONSTRUCTION PROJECT OF YANG WUXIANG IN GUIZHOU CITY OF ANSHUN PROVINCE

设计单位：重庆东飞凯格建筑景观设计咨询有限公司　主创姓名：李海兰、向靓、付成会　成员姓名：肖丹丹、旷丽珠、张玲、谢一帆、王虎刚

设计时间：2016 年　项目地点：贵州 安顺　项目规模：24.82 公顷　项目类别：居住区环境设计

委托单位：贵州省安顺华宇生态建设有限公司

乡村环境效果图

乡入口透视图

入口透视图

设计说明

杨武布依族苗族乡位于安顺市西秀区东南部，距城区50千米，外部交通条件良好，可进入性强。现乡内超过一半人口为布依族、苗族，自然民俗村寨随处可见，作为乡村旅游项目打造，前景良好。主要设计范围包括平田村、顺河村、大寨。

挖掘、传承深厚的民族文化底蕴，营造生态宜人的人居环境，发展高效农业、文化创意、乡村休闲旅游产业，构建和谐、可持续的新乡村生活。

以田园观光、旅游休闲、民俗体验为主体，远借山河田园，近感民风民俗，结合各村具体环境，打造特色的乡村旅游村落群。

1. 平田村主体是一个世外桃源的所在，四面环山，山下为田，田中河流曲曲折折，各自然村寨散落各个山脚。阡陌交通，鸡犬相闻。设计内容主要涵盖自然村寨古宅修复、新宅风貌改造、村公共环境整理，结合乡村自然田园风光，营造一个充满民俗风情的世外度假田园。

2. 顺河村冷水组是原始的布依族自然村寨，虽新老建筑混杂，但保留最原始的村落布局和布依风俗。建筑依山而建，村外水源丰沛。设计将自然溪水引上村寨，结合对布依族传统建筑风貌的复原，力图打造风情水乡的样本和典范。

3. 大寨紧临杨武乡镇主街，以一条小河和一片农田相隔，背山面水，紧靠主道，地理位置极佳。设计以生态农业为开发基础，乡村休闲为支撑突破，产业复合为打造手段，强调特色乡村历史，塑造文化休闲旅游村。

鸟瞰图

环境效果图

健身场地效果图

活动场地效果图

院坝改造后效果图

乡村田园景观效果图

乡村湿地效果图

年度十佳景观设计

总平面

龙湖天璞项目景观设计

LANDSCAPE DESIGN OF EMERALD LEGEND

设计单位：优地联合（北京）建筑景观设计咨询有限公司　　主创姓名：由杨　　成员姓名：崇晓岭、范学荣、周任远、尹占祥、刘梁

设计时间：2015 年　　项目地点：北京　　项目规模：景观面积 3.67 公顷　项目类别：住宅景观

委托单位：北京锦泰房地产开发有限公司

大门入口

楼间景观

娱乐活动场地

设计说明

本项目以"五色璞玉，温润雅致" 为设计主题。龙湖地产天璞系是龙湖地产的高贵品质庭园景观系列，体现着龙湖地产对项目的高品质追求。天璞为未经雕琢的璞玉，天璞系的景观也兼具高端的设计品质与自然的景观意境。此次的景观设计主题是以打造庭园和艺术生活的生活情景为主，塑造简约大气的精致酒店化景观，打造出全龄活动的艺术化生活社区。

此项目采用的景观设计构成特点为生活体验式景观的层层递进，将不同的功能分区与场地结合打造更加细致、体验感更强的生活空间。打造拥有水溪边，林荫下，花园品质的庭院生活环境。五重景观节点既保证景观功能场地的使用，又给予业主以良好的住区生活体验。

夜景实景图

活动场地

活动场地

LOGO 景墙

绿植小径

大门入口

年度十佳景观设计

总平面

南宁华发国宾壹号

NAN NING HUA FA SUCCESSION OF THE FAMILY

设计单位：深圳奥雅设计股份有限公司　主创姓名：胡光强　成员姓名：胡乃中、罗敏、金洁琴、谭洋
设计时间：2015 年 11 月　项目地点：广西 南宁　项目规模：9.44 公顷　项目类别：居住区环境设计
委托单位：广西华诚房地产投资有限公司

主入口大门岗亭

中心水景图

景观亭实景图

设计说明

本项目位于广西壮族自治区南宁市青秀区荔滨大道6号，东临城市绿肺——国家五星级景区青秀山风景区和荔园山庄国宾区，西临柳沙社区，南临邕江及江滨公园，北临成熟居住区半岛康城，距离东盟商务区5千米，地理位置优越，交通便利，本项目定位为中高端居住区。

项目以“打造一个富有生活气息、现代自然的新亚洲风格景观，实现社区即花园”为设计理念，充分利用场地南北9.5米高差，围绕“山、水、人”三个主题铺展台地景观。山——利用地块的高差打造丰富的台地花园，丰富的绿化配置让住户有城市森林的体验；水——打造水的不同形态，包括湖、瀑布、潭、溪流、喷泉、雾等，让人体验到水不同的形态及氛围；人——提供一个有山有水的园居生活，满足不同功能需求，创造一个多元的休闲花园。

各景观组团简介：

1. 中心花园：建筑为南北朝向围合式布局，沿江建筑可以看到邕江江景。中心花园楼间距南北100米，东西400米。从尊贵仪式感的入口到中心花园，利用场地近8米高差，设置叠级水景瀑布和树池形成花田台地，配以开阔的湖面，点缀东南亚风格休息亭，打造一个有山有水的休闲度假景观。中心花园左边为相对静的阳光草地，右边为休闲广场，为健身太极活动提供空间。

2. 北边山林：北边山林体验区通过台地花园和错落的休闲平台来丰富场地空间，有木栈道、观景挑台、休闲平台、景观挡墙等形式，打造一个在树林里面的，层级错落的休闲林下花园。林下休闲空间也符合南宁亚热带气候。

3. 宁静花园：跌水平台上面为宁静花园，设计了一个高差较大的跌瀑，瀑布旁边设置临水景观亭，利用4.5米的高差可以看到二期的全景，二期住户看过来也有一个好的景观视觉效果。

4. 沿湖跑道：围绕中心花园湖区，设计一圈全长近1000米的沿湖跑道，居民在社区内就可跑步锻炼身体。

5. 风情泳池区：泳池区分更衣室、成人池、按摩池、儿童池。先经过更衣室再进入泳池的区域，按摩池、儿童池比成人池低60厘米，远处没有其他视线遮挡，从一端远望可形成无边界泳池的视觉效果。

6. 儿童空间：整个园区布置了两个儿童空间，并可供老人健身。

7. 阳光车库：沿台地高差设超大面积采光井，配以绿化种植，既满足地下室通风采光需求，又满足景观需求，为南宁市首屈一指的阳光车库。

中心水景图

会所实景图

会所前绿地

建筑单元入口

泳池实景图

园区绿化实景图

景观亭实景图

园区水系实景图

阳光地下车库

年度十佳景观设计

总平面

龙湖听蓝湾样板区景观

DRAGON LAKE LISTENS TO THE BLUE BAY SAMPLE AREA LANDSCAPE

设计单位：四川乐道景观设计有限公司　主创姓名：张彬、阿笠　成员姓名：张其平、张明圆、李应龙
设计时间：2016 年　项目地点：四川 成都　项目规模：0.84 公顷　项目类别：居住区环境设计
委托单位：成都龙湖锦铭置业有限公司

大门夜景

编织鸟笼

夹道

设计说明

此项目位于蓉城之北，商贾水岸之地。我们走访万千景观，参阅古今文选，品味成都人文生活习惯，通过研读《成都城防古迹考》的《城垣篇》、《水道篇》，发现成都作为一座离不开水的城市，千百年来依锦江润泽，滋养蜀韵文明的同时，也让“依水而居生灵秀”这一居家观在成都人头脑中根深蒂固，并且成都追求享受生活品质，以一种新亚洲度假风格体现出来。以浅水为魂，花海岛居的度假风格由此而来。

确定一个项目景观主题，是要研究项目所在地的居住文化，传统文化，周边环境和居住群体特征等因素。首先考虑的是传统文化的延续，对当地居住文化的体现，然后是要符合居住群体的特征，再结合周边环境设计景观，以景观融入生活。

营造一座浅水花岛的意境，将“浅水”与“花岛”元素相结合，从整体把控到局部展现。首先，整体布局，将整个项目以水道蜿蜒穿庭而过，分割出各个岛居住宅，无处不在的清凉水景，将夏日的炎热与世隔绝。其次，自门庭而入，两侧叠水相迎，伫立开阔水域之上的紫薇夹道，两侧名贵花木列队相迎，红叶李、银杏倒映水中，绣球等花草层层叠叠，紫薇花台静立浅水之中，紫薇盛放的季节，满树如霞，与花台内绣球相呼应，营造花岛入口之美。湖心小岛上的水漾客厅，将蜀绣艺术与现代雕塑创意完美结合，花木掩映其间，浅水盈盈，休憩于此，体验一场感官与心灵的盛宴。将“浅水”为魂，“花岛”为形演绎而出，是生活艺术的凝结。

鸟瞰图

夜景

水景

蜀锦

水景

儿童游玩区

绿道

NEW MASTERPLAN
新总平面

小区主入口
小区次入口
会所
大别墅
中别墅
小别墅
叠拼别墅（改造）
联排别墅
新别墅户型

TERRACE HOUSE	联排户型
DUPLEX TOWNHOUSE(TOBE MODIFIED)	叠拼户型（待改造）
SMALL VILLAS	小户型
MEDIUM VILLAS	中户型
BIG VILLAS	大户型
NEW TYPE VILLAS	新户型

W O W | DESIGN STUDIO

年度十佳景观设计

总平面

鲁能山海天淇水湾陆号

LU NENG THE LAND OF QI SHUI WAN NO.6

设计单位：四川乐道景观设计有限公司　主创姓名：张彬　成员姓名：张明圆、陈小玲、黎军
设计时间：2015 年　项目地点：海南 文昌　项目规模：8.49 公顷　项目类别：居住区环境设计
委托单位：海南亿隆城建投资有限公司

设计说明

项目依照打造“高端度假别墅区”的设计基调，融入原有“神龟石”文化，结合当地热带亲海的地理特征，将风格定位为热带滨海风，设计了会所区和别墅区。因为项目中有一个世界上独一无二的神龟石，于是对原有地景的尊重和“龟文化即长寿文化”的解读成为会所设计的出发点。将功能化整为零，尽量减少建筑的体量并围绕神龟石周边进行布置，尽量保证对这个原有地景的尊重并给园林设计留出了广阔的空间。 因此，以会所落于巨石之上，轻质结构搭建，挑高平台，不破坏巨石结构。整体做到轻盈、通透，与自然融合，拥有开阔的景观视线。另一方面是营造出一个“有福德者居之”的养生长寿文化的主题空间，配合神龟石赋予项目以灵魂。会所在组织流线的同时充分利用中国园林中的框景手法，从不同的角度对中心景观予以取景，形成步移景异的体验感受，富有中式的品质感，可休闲观景、可亲近自然、可饮食健身、可闲聊洽谈。夜晚，以灰色花岗石处理的景墙，配合映射灯光，犹如晶莹的灯笼，是整个社区的标志。

SITE A OVERAL PERSPECTIVE
A地块总体鸟瞰图

鸟瞰图

水景

整体效果展示

别墅效果

夜景图

年度十佳景观设计

总平面

重庆东原湖山樾景观改造设计

LANDSCAPE PLANNING OF DONGYUAN HUSHANYUE SINGLE VILLA

设计单位：成都黑白之间景观规划设计有限公司　主创姓名：张玮　成员姓名：唐盈、廖建秋、崔洁、于佳旺

设计时间：2017 年　项目地点：重庆　项目规模：2.8 公顷　项目类别：别墅景观

委托单位：重庆东原房地产开发有限公司

儿童乐园鸟瞰

月桂园景观亭

滨湖漫步道

设计说明

“城市更新”是为了给城市人创造 " 新 " 的生活环境，这个“新”不仅仅需要新手法、新技术和新材料，更应该从城市人“心灵”所需出发。

湖山樾景观改造设计正好体现了这一理念。

项目构架于 337 公顷照母山森林公园，是重庆少有的位于城市核心又山水相依的居住群落。设计上设计师重点强调根植自然的生活归属感。

1. 自然资源的利用：尽量保持原有地形地貌，保留场地内大量植被，并对整个湖面和山林进行修缮和优化，形成独具特色的自然环境。

2. 生活文化的打造：用“湖山樾”中 “樾”同音的 “月”这一传统美好圆满主题进行文化植入，提取和结合了场地本身自然元素，规划湖月、山月、林月、花月等不同体验空间及生活小品。

3. 居家氛围的重塑：在户外，从使用者的需求出发，满足交通，参与，私密性，人性化设施等日常居家所需。在室内，特别注意确保每栋建筑室内都有绝佳的景观视野，一打开窗就能看到一大片水域或者山林。

直到最终项目落地呈现，你会发现整个湖山樾用景观无限延展了居住空间与自然的接触面。从建筑内外的花园，再到大环境的湖水山色，连带着建筑本身也成了景观的一部分。而更重要的是，在自然山水的簇拥下，你又能深深感受到，这就是心灵所需的生活。

主入口

入口 LOGO 景墙

花镜

漫步道

儿童乐园

树屋

入户空间

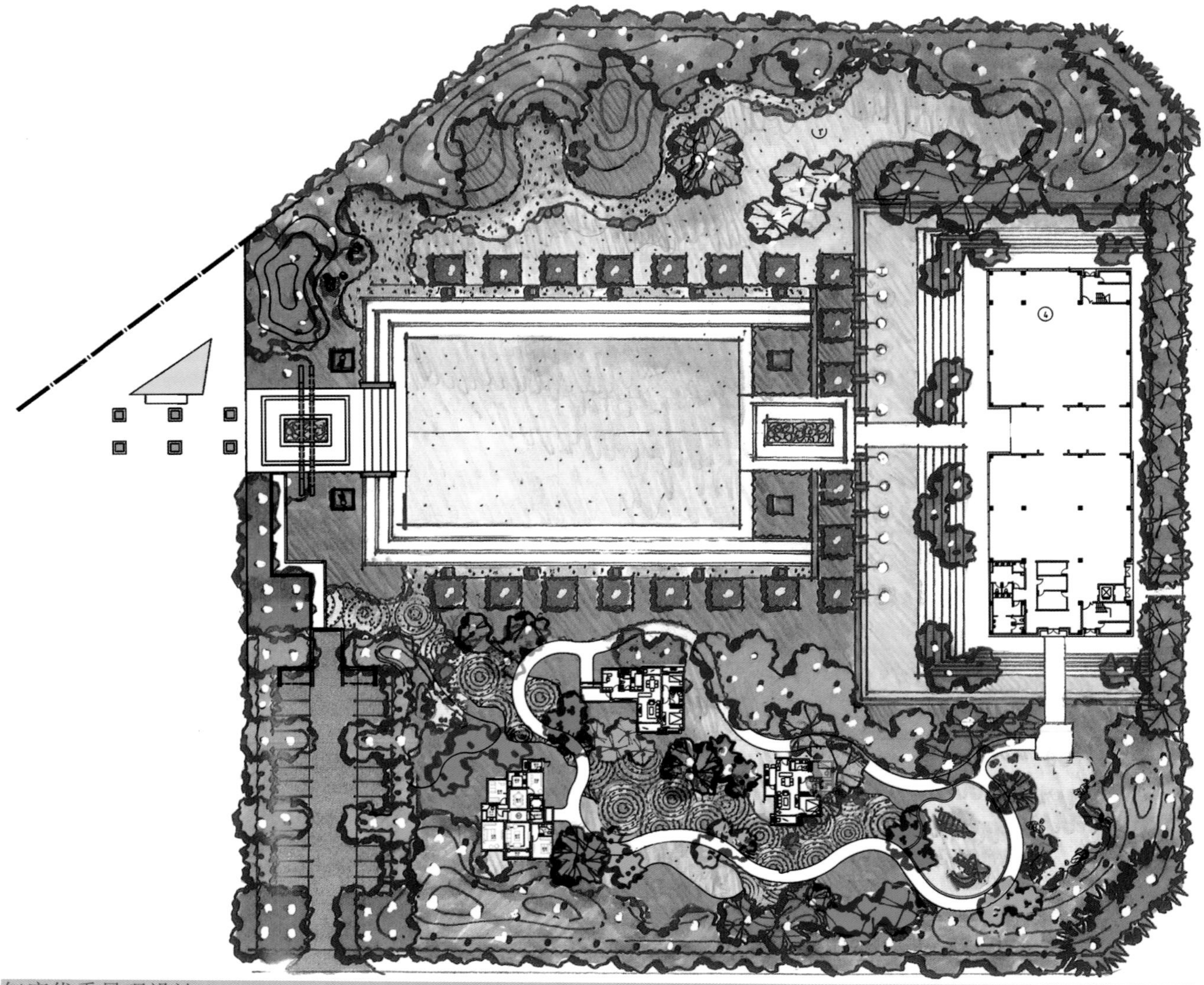

年度优秀景观设计

总平面

西安中铁西派国际景观设计

THE LANDSCAPE DESIGN OF CHINA RAILWAY GROUP CITY PARK IN XIAN

设计单位：贝尔高林国际（香港）有限公司　主创姓名：许大绚　成员姓名：温颜洁、范绿晓、黄摄秒

设计时间：2016 年　项目地点：陕西 西安　项目规模：2.04 公顷　项目类别：居住区环境设计

委托单位：中铁房地产集团四川有限公司

正门

禅意御花园

禅意御花园

设计说明

项目位于大明宫东面，靠近太和殿和皇帝寝宫紫宸殿，因此项目可以演绎为大明宫紫宸殿的延续，作为宫殿外皇帝的别苑。按照大明宫的布局形式，宫殿是按照中轴线的规整的方式布置，但是皇帝寝宫附近是自然的布局方式。故项目如果按照寝宫的方式则不必按照中轴线方式来设计布置，以皇家别苑或者皇家别墅的手法来打造，以“殿”为主题，以“御花园”来展示整个项目的景观设计手法。

在设计中提取霓裳舞的飘逸，利用飘逸的幅度来连接整个项目，可以演变成唐代御花园里有灵气的假水系，利用砂石形成水中涟漪的效果。

双龙戏珠雕塑

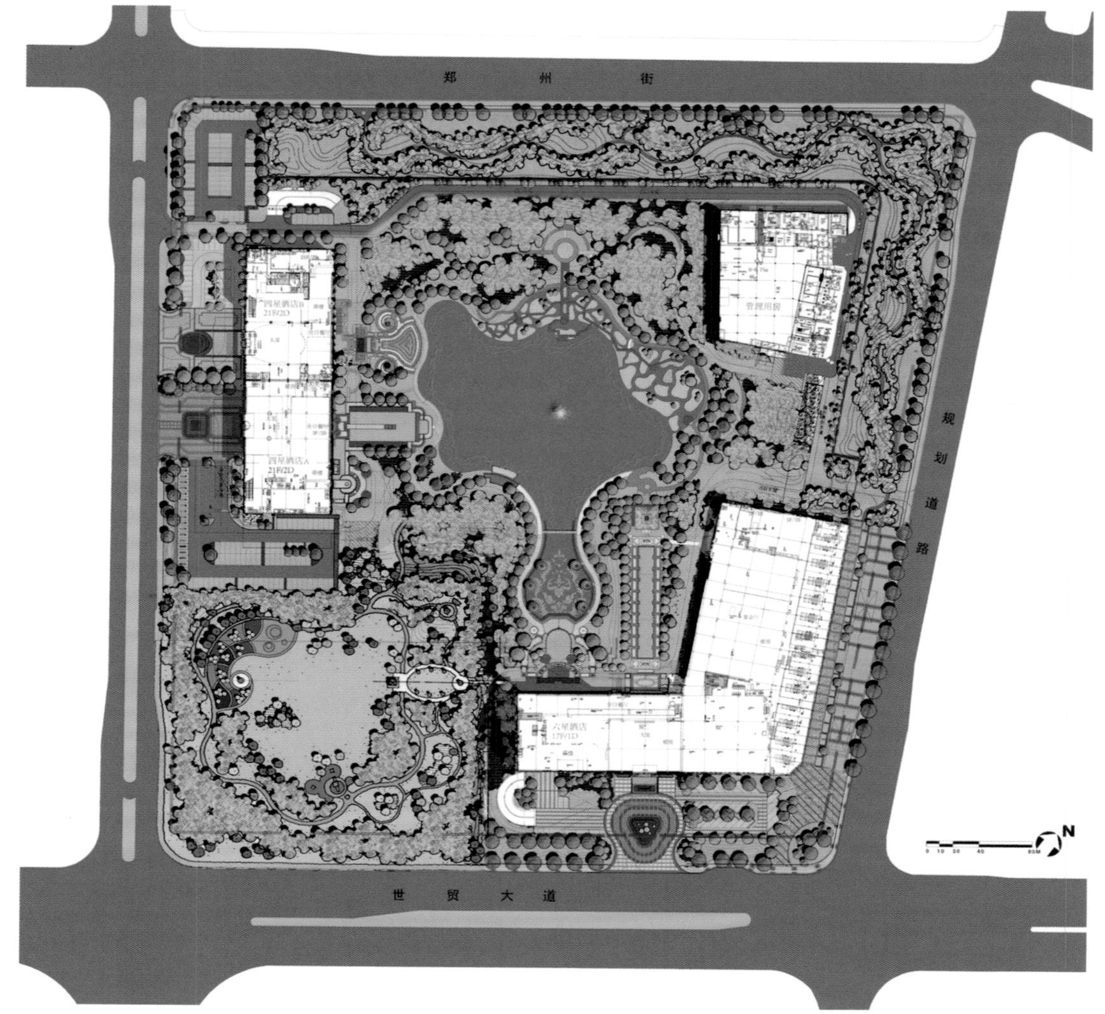

年度优秀景观设计

总平面

哈尔滨万达酒店群景观设计

THE LANDSCAPE DESIGN OF HARBIN WANDA HOTEL PARKE

设计单位：宝佳丰（北京）国际建筑景观规划设计有限公司、万达文化旅游规划院　主创姓名：寇航　成员姓名：李文学、马腾、李秋芳、马丽等
设计时间：2016 年　项目地点：黑龙江 哈尔滨　项目规模：12 公顷　项目类别：酒店景观
委托单位：万达文旅集团

实景图

水上凉亭

设计说明

哈尔滨万达酒店群项目采用的“新俄式风格”是将哈尔滨当地特有的俄式风格进行提炼而成。设计师充分研究了欧洲的“夏宫”“冬宫”的皇家园林特点和表现手法。在设计中从拜占庭式建筑中吸取灵感，在景观构筑物、雕塑中使用了拜占庭式穹顶形状，雪花图案等元素。同时结合现代的材料，形成特有的新俄式风范。

雕塑特写

鸟瞰实景图

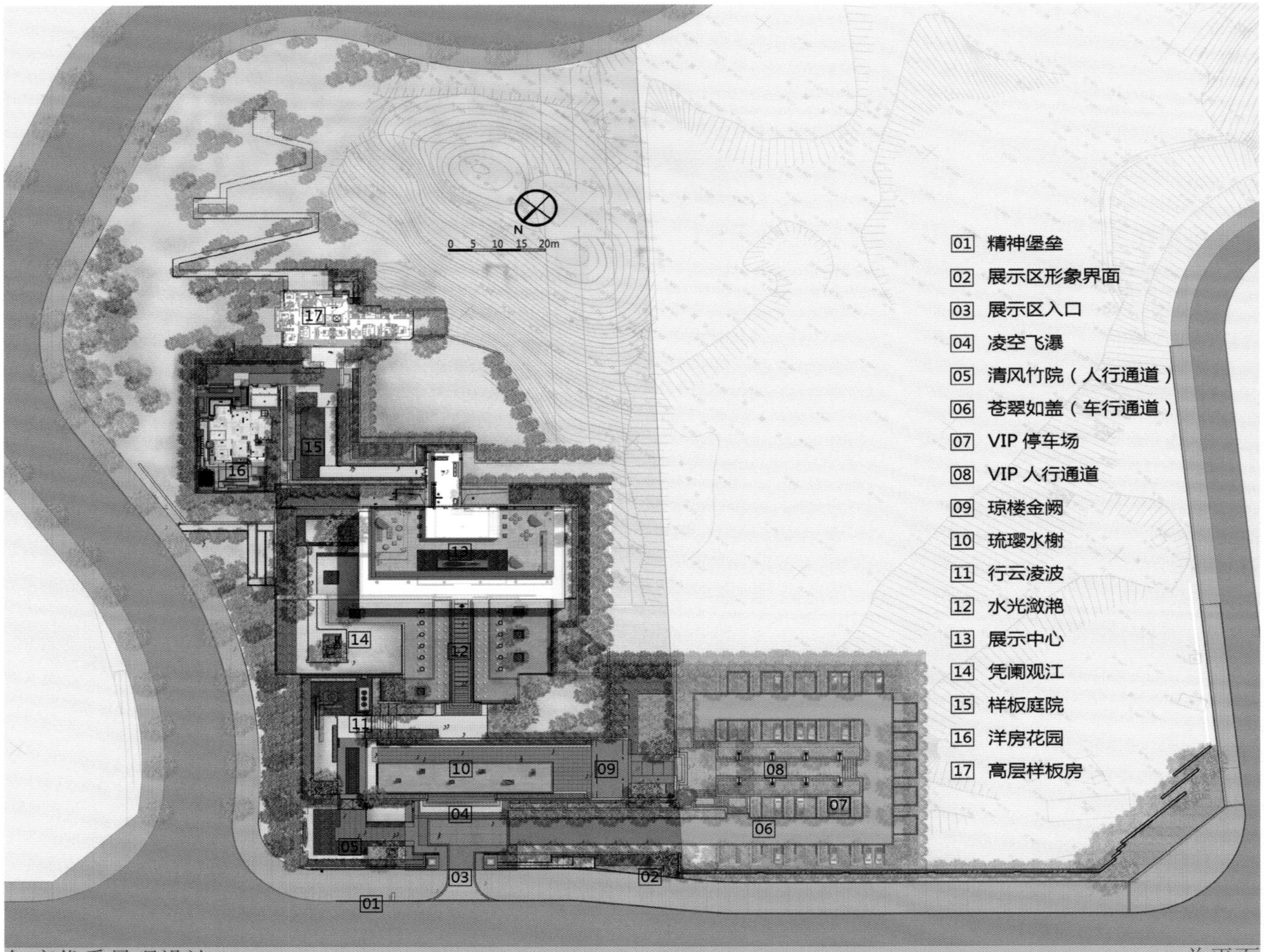

N
0 5 10 15 20m

01 精神堡垒
02 展示区形象界面
03 展示区入口
04 凌空飞瀑
05 清风竹院（人行通道）
06 苍翠如盖（车行通道）
07 VIP 停车场
08 VIP 人行通道
09 琼楼金阙
10 琉璎水榭
11 行云凌波
12 水光潋滟
13 展示中心
14 凭阑观江
15 样板庭院
16 洋房花园
17 高层样板房

年度优秀景观设计

总平面

铂悦澜庭

CHONGQING PRIME ORIENTING

设计单位：成都赛肯思创享生活景观设计股份有限公司　主创姓名：郑莉莎　成员姓名：宋珂、苏海波、吴利琼、朱德勇
设计时间：2017 年　项目地点：重庆　项目规模：公园 2.53 公顷，一期景观 2.4 公顷　项目类别：住宅
委托单位：旭辉集团重庆公司

实景图

效果图

实景图

设计说明

园区占地约 7 公顷，示范区用地约 2 公顷。用地为重庆南滨路南岸自然山体，高差极大，达 40m，设计以景观场地规划为基础，要求高，时间紧，交叉作业多，但最终设计师克服困难帮助甲方顺利达成示范区开放目标，项目“具有摩登东方意境的空中山水园林风格”得到甲方及重庆市场一致认可。

依山就势，沿地形起伏绵延而上，四层观景平台的循序渐进，自上而下的俯视，胸怀从云端俯瞰城市的宏大格局，从不同的高度感受城市的独特风景。

以水为格，在山林起伏之间将静态与动态水景穿插结合，自下而上的仰视，或观山，或看水，体会人在画中游的美妙感受，在变化中领略城市的繁华与静美。

根据项目固有地形，打造多层山地景观。利用不同层级间的高差打造丰富的水景观与观景空间。

项目整体以“人在画中游，云端瞰世界”的设计思路为引领，缩千里江水于方寸，揽绵延山色于眼帘。拾级而上、步移景异。借鉴中国传统山水画的韵律感，通过参观动线“藏、隐、达、现、游、豁”的节奏组织，体现“山行仰止，洞见天地”的设计理念。

实景图

年度优秀景观设计

万科·南昌璞悦里

VANKE · NANCHANG PUYUELI

设计单位：上海栖地景观规划设计有限公司　主创姓名：戴广建、王志龙　成员姓名：孙飞、杨进、莫小刚、肖庭龙
设计时间：2017 年　项目地点：江西 南昌　示范区景观面积：0.58 公顷
摄影：存在建筑 – 建筑摄影

前场

设计说明

万科·南昌璞悦里目项设计取意南昌洪崖先生创造音律的历程中“成名—成家—濡染—礼成”四个阶段，借新中式手法，强调中轴对称，时代感与音律文脉并重，强调融合、提炼和传承的设计理念，蕴含东方人文情怀，将东方礼序杂糅出高雅、私密的空间格调，带你探寻钟灵毓秀之地的灵感之作。

后场

年度优秀景观设计　　示范区航拍

南京当代 MOMΛ

MOMΛ NANJING

设计单位：上海栖地景观规划设计有限公司　　主创姓名：高明明、聂柯、郭凤宾
成员姓名：王亚伟、鲁潇阳、龚璇、万领、罗莹、李梦慧、刘轻松、陈颖峰
设计时间：2017 年　　项目地点：江苏 南京　　示范区景观面积：0.42 公顷

入口

水景

斑斓马赛克

设计说明

本案地处南京市鼓楼老城区核心地段，紧邻秦淮风光带，地理位置优越、风景宜人。作为当代 MOMΛ 集团在南京开发的首个高端系项目，本案意义非凡。建设过程中，各方通力合作，旨在寻找项目价值点，树立当代 MOMΛ 集团在六朝古都的新标杆，递交当代新名片。

设计融合六朝古都和现代都市、法式古典和现代休闲、深宫大院和高楼大宅，重塑六朝权贵金粉的繁华盛景。社区集现代生活、酒店社区、浪漫商业、艺术生活、文化交流五维元素，在景观空间中，把人与人、人与自然、人与物连接起来，以共享为纽带，为用户营造出绿色、科技、舒适、健康的可持续生活方式。

酒店式共享中庭是本案主要的设计灵感，设计通过现代造园手法，在极其有限的空间内将连廊、水景、各类社交空间、绿化、灯光元素巧妙地融合在一起，形成全方位多视角景观盛宴和层次多变的多功能社交生活平台。

示范区以由上海外滩信号塔为原型演变而来的法式风格售楼处为核心，展开整个看房动线的组织与舞台化场景的营造。设计以前府后园作为造园理念，将售楼处尊贵典雅的形象展示和温馨闲适的雅致生活完美融合。

后场小院

年度优秀景观设计　　总平面

扬州真州中路地块社区景观设计

LANDSCAPE PLANNING AND DESIGN OF ZHENZHOUZHONG ROAD BLOCK OF YANGZHOU

设计单位：广东天元建筑设计有限公司　主创姓名：朱钟伟　成员姓名：柳红、冯文馨、赖玲、谭结仪
设计时间：2016 年　项目地点：江苏 扬州　项目规模：9.84 公顷　项目类别：居住区环境设计

雨水花园效果图

设计说明

城市扩张速度日益加快，随着人口增加，环境问题的出现，也加剧了人们对生态环境的向往与渴求。另外，随着经济快速发展以及全球化脚步的加快，人们对于居住环境的配套以及人性化设计的要求变得敏感并且苛刻。

本案倡导将生态系统引入居住区环境当中，引入“海绵社区”理念，并利用项目自身现状搭配引入生态更新系统，将雨水、河水进行过滤利用，节约资源并解决雨水滞留问题，打造自然舒适、配套完善、可持续的居住环境，让居住区的环境会“呼吸”。加入人性化的功能性景观节点，从亲子、邻里、养生、便利四个大方面入手，满足不同年龄段以及不同生活习惯人群的活动需求，更多地关怀老人小孩以及残障人士，让社区内部得以满足人们日常生活的基本功能需求。

整个社区体现了传承与更新的融合。项目地点扬州城是个汇聚中国历史文化的城市，设计注重中国传统文化元素的融入及应用，弘扬中国传统文化，在传承传统的文化的同时，打造全新的、生态的、人性化的可持续景观社区。

雨水花园效果图

儿童活动区效果图

共享农场效果图

鸟瞰效果图

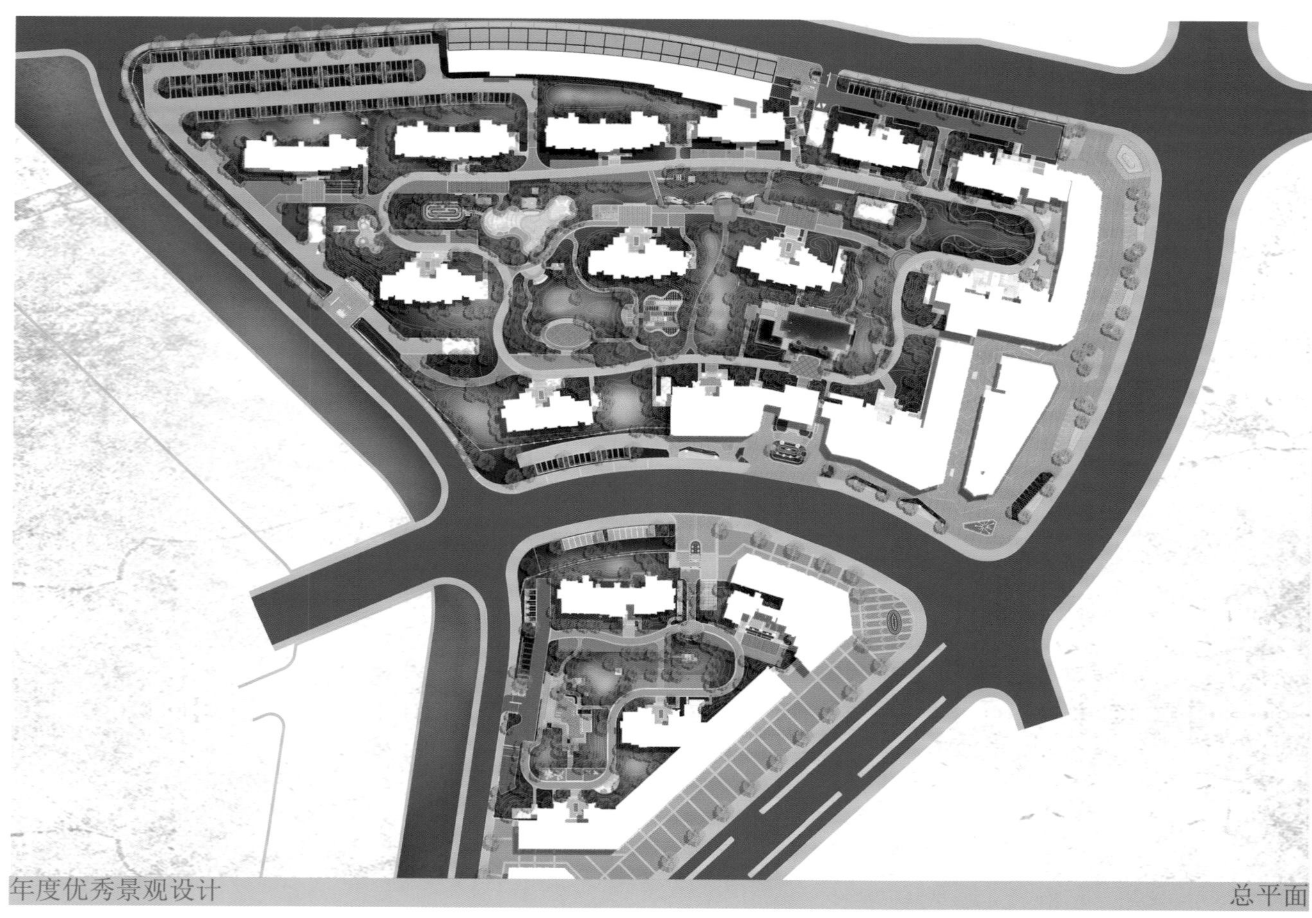
年度优秀景观设计　　总平面

共享生活——江苏省镇江市小区生态链

SHARED LIFE—THE ECOLOGICAL CHAIN OF ZHENJIANG COMMUNITY IN JIANGSU

设计单位：广东天元建筑设计有限公司　　主创姓名：沈翰元　　成员姓名：柳红、朱钟伟、郑素莹、凡文秀

设计时间：2016 年　　项目地点：江苏 镇江　　项目规模：12.3 公顷　　项目类别：居住区环境设计

雨水花园效果图

儿童活动区效果图

共享农场效果图

设计说明

基地位于江苏省镇江市，是全国第五个通过国家考核验收的生态城市。镇江市地表水系发达，河流成网，但因近些年镇江市多次遭受暴雨袭击，造成一定程度的区域积水和城市面源污染。城市水环境治理和排水防涝设施建设等工作迫在眉睫。

本方案提出"共享社区"理念，在镇江海绵城市的发展背景下，打造一个共享生态的海绵社区。

在社区中，设计师对雨水花园和透水铺装采用了不同的渗水材料（卵石、树皮、陶粒、碎石、细沙等）。雨季时，雨水花园成为小型水景；晴天时，雨水花园又变成了花境旱溪，创造了景观多样性。渗水材料能有效地减缓雨水流失速度，同时起到过滤净化的作用，并渗透进地下的储水箱储藏起来，供景观水景及农场灌溉等场景使用。

社区开放共享农场给各住户使用，住户与住户之间经过对土地的翻土、播种、打理、收获等过程，创造了邻里交流的机会，共享收获成果，促进人与人之间的和谐关系。雨水花园与共享农场相互联系，雨水循环利用，并且能让土地及社区生态始终处于更新状态。

海绵城市不应单单体现在城市道路和湿地公园等地块，社区也是较大的城市面，本案提出的海绵城市与社区雨水花园理念契合镇江发展战略。"共享"概念打破传统社区形式，让城市的水环境统一，提高排水防涝的治理成效，形成一条社区与城市相联系的生态链，从而达到城市更新以及生态更新的目的。

鸟瞰效果图

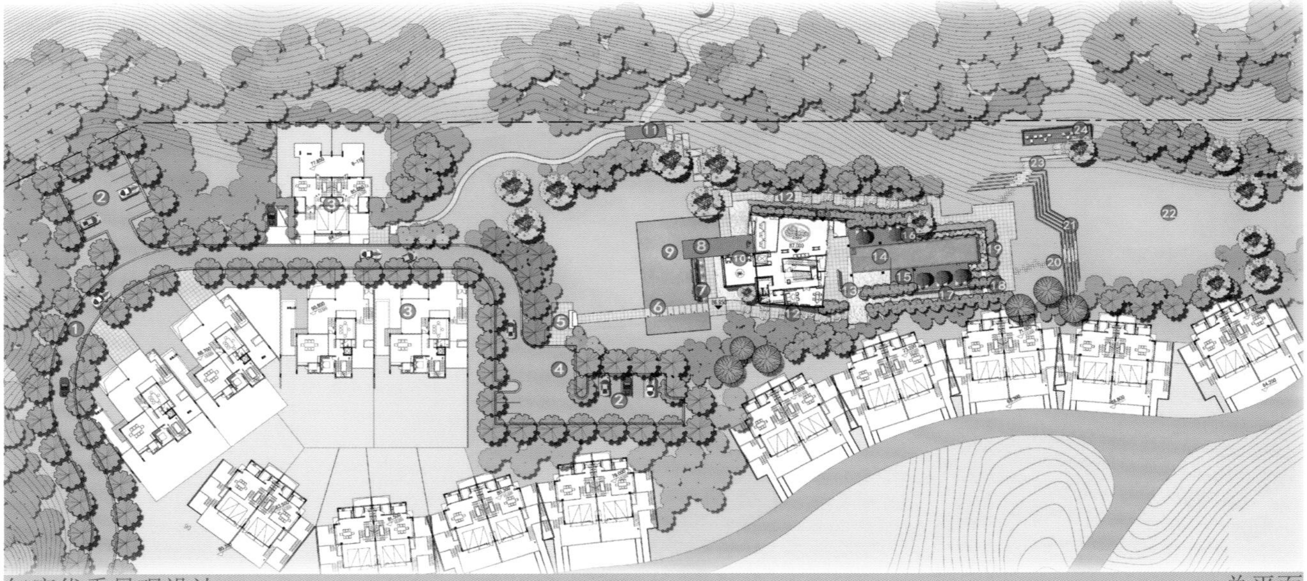

年度优秀景观设计　　总平面

金岸蓝湖营销中心

THE LANDSCAPE DESIGN OF JINAN LANHU DEPARTMENT

设计单位：福州地平线景观设计有限公司　主创姓名：陈学似　成员姓名：林琴、姚曼津、郑昕、练金、温明星
设计时间：2015 年　项目地点：福建 福州 闽侯　项目规模：1.1 公顷　项目类别：居住区环境设计

实景效果图一

实景效果图二

实景效果图三

设计说明

金岸蓝湖营销中心位于福州市闽侯浮岛山山巅，西侧俯瞰金水湖的湖光山色，东边拥揽闽江清秀开阔的江景，面对大江秀湖。

营销中心的景观无须着墨过多，只需因势利导，顺势而为即可。入口位于坡顶，从停车场进入，先以三级大面宽的台阶提示，前景是开阔的草坡，然后可以看到营销中心的建筑倒影在长方形的水池上，行人经过水中汀步，绕过LOGO景墙，一路上视线穿过坡地穿过树林穿过顶棚的廊柱，不时地看到江景，自然而放松地随着延伸至水池的天篷进入营销中心，从而完成购房者的第一波景观之旅。

东侧为较陡的坡地，一直延至江边，设计依现场地形整坡，并以参差错落的石阶连接南北向的坡地。坡地的两个端头设计出挑的观江平台，并以高大树木掩映之。建筑东侧直面闽江，故此东段坡地不植乔木，使售楼大厅在视野上宛若置于闽江之中。

营销中心的底层部分架空，长方形的游泳池从架空层往南方延伸。为了使泳池在东侧视线上与闽江相接，泳池周边的场地高度下降1.5米，并通过“L”形的草阶使东南向的坡地标高继续下调，这样的设计处理，一方面使营销中心有一个景观层次丰富的“底盘”，另一方面借势降低东向的坡地陡度，有利于土方的平衡和土坡基础的稳定。

在硬景材料上，使用石材、防腐木、铝板、铁锈钢板、钢化玻璃、马赛克和碎石子，配合建筑的形象，塑造现代主义风格的景观。软景上以大面积的草坡地，高大挺拔的乔木，开花的灌木及成丛成片的草花营造贴近自然、清新大气的景观氛围。设计师还希望通过户外软装家俱来进一步提升环境舒适性和时尚感。

实景效果图四

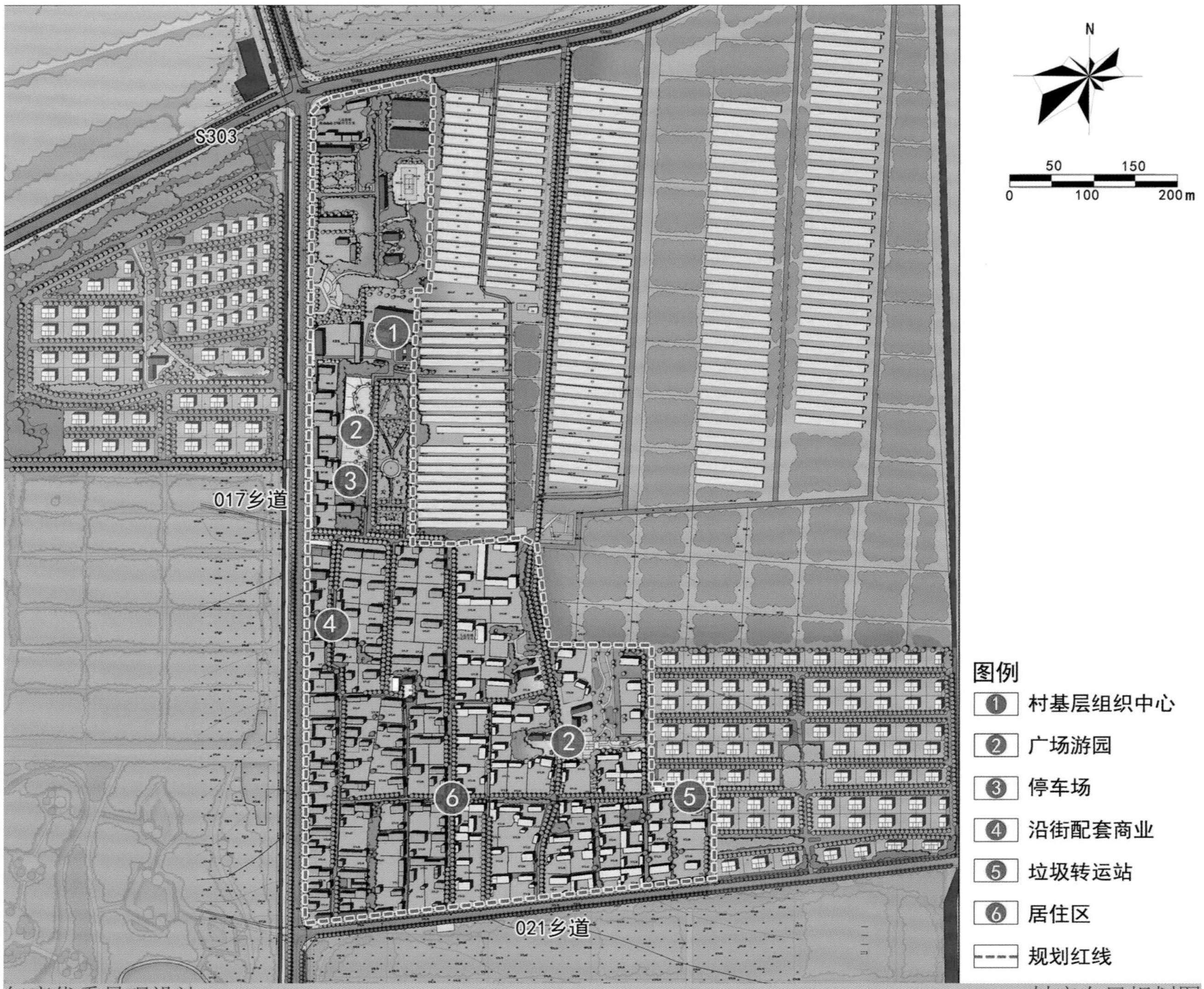
S303
017乡道
021乡道
N
50 150
0 100 200m
图例
1 村基层组织中心
2 广场游园
3 停车场
4 沿街配套商业
5 垃圾转运站
6 居住区
规划红线

年度优秀景观设计　　村庄布局规划图

新疆阜康天池小镇（六运村）发展建设规划

DEVELOPMENT AND CONSTRUCTION PLANNING OF THE TIANCHI TOWN IN FUKANG,XINJIANG

设计单位：北京中农富通城乡规划设计研究院有限公司　　主创姓名：李国新、曾永生、王宣
成员姓名：王向明、潘丽、郑岩、张天柱、赵斌武、李博、吴森　　设计时间：2016—2017 年
项目地点：阜康市九运街镇六运村　　项目规模：933 公顷　　项目类别：公园与花园设计、居住区环境设计
委托单位：新疆昌吉州阜康市委组织部

六运 & 蟠桃果汁屋
番茄庄园
冰葡萄酒园
天池小镇
六运中心村
番茄庄园

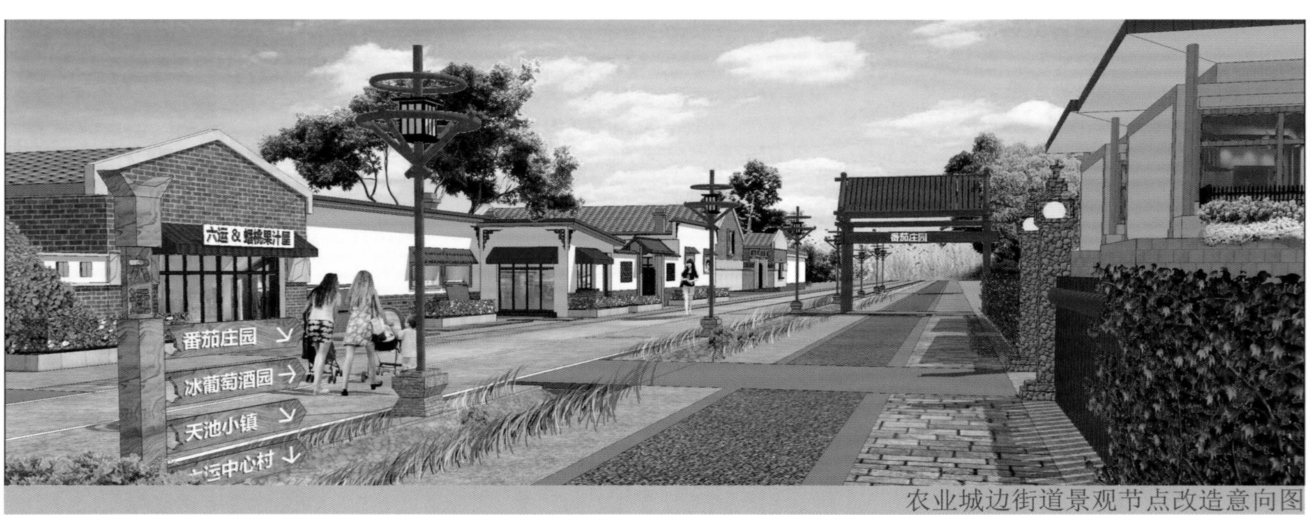

农业城边街道景观节点改造意向图

民居标准建筑改造方案 1

设计说明

规划思路：规划以农、旅双核共驱、融合互促为发展理念，依托蟠桃、葡萄等产业，传承阜康绚丽多彩的天池文化、桃文化，整合村落资源塑造乡村整体文化氛围，打造具有休闲气息的农产品供应基地及休闲农业旅游点，带动村庄整体发展。

规划定位：重点依托阜康农业公园天山小镇及水漾年华的建设，以蟠桃种植、设施农业发展为基础，发展乡村休闲旅游。村庄定位为：乡村农旅、休闲农业特色村。

美丽乡村规划建设项目在村庄公共服务设施和基础设施整治提升基础上，注重保护村庄人文环境，发展现代农业，特色民宿，参考台湾的美学理念，创建农业品牌，构建田园经济发展模式，促进村庄经济可持续发展。

中农富通民居标准建筑改造方案

民居标准建筑改造方案 2

村庄鸟瞰图

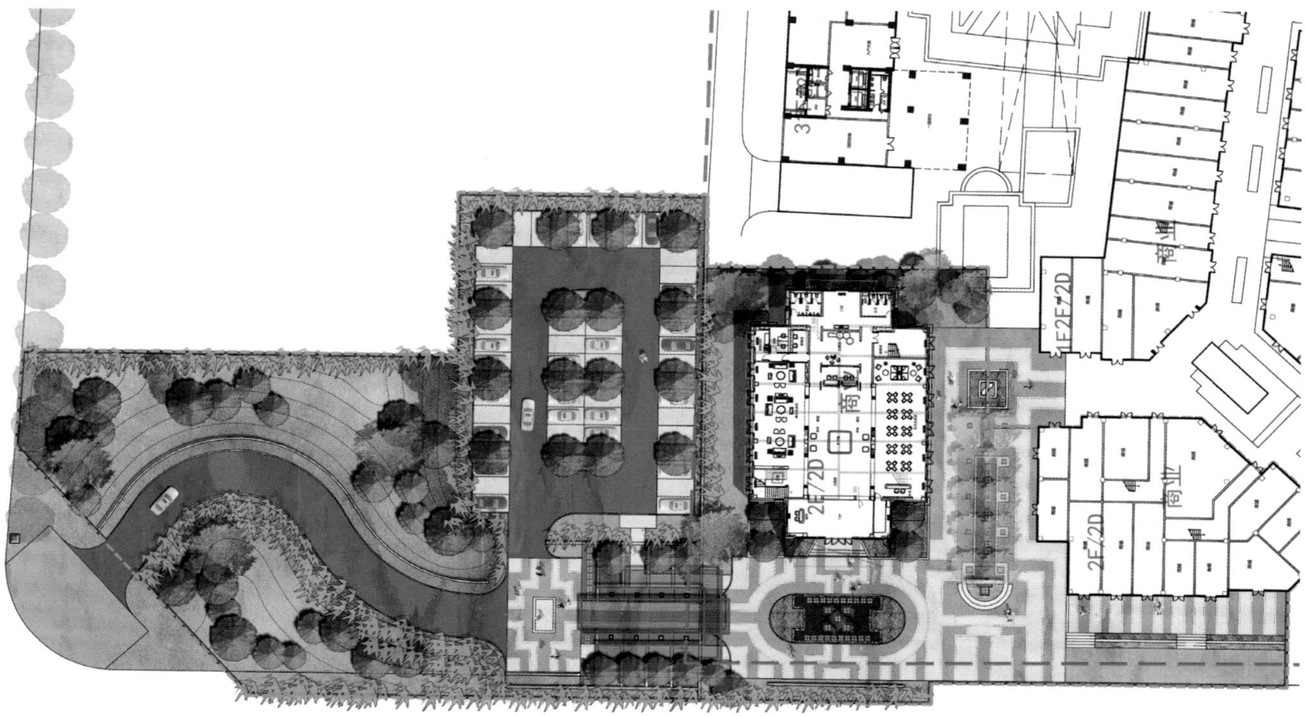

年度十佳景观设计

总平面

南京绿地理想城

DREAM CITY OF GREENLAND，NANJING

设计单位：上海墨刻景观工程有限公司　主创姓名：王隗　成员姓名：黄冬冬、朱益峰、周纪元、张钊
设计时间：2016 年　项目地点：江苏 南京　项目规模：0.26 公顷　项目类别：示范区设计
委托单位：绿地集团江苏事业部

示范区落客广场

迎宾廊道

售楼处前场

设计说明

项目以江南院落空间布局与现代艺术风格为背景，在空间内部融入现代艺术。用极简的细节处理结合多元的艺术手法提升空间的品位与现代感。同时将禅意融入空间中，营造安静优雅的艺术氛围。

在景观空间布局上，采用了重重递进的多重空间来打造。第一重景观，入口处利用高差景观与茂密的竹林景观共同构筑一道天然屏障，可以隔绝外界的些许嘈杂，让您在闹市中静心享受这份清新。第二重景观为贵宾落客区。到达礼遇门庭，停车落客后穿过景观门廊，对景为叠级水景，共同营造出第三重园林景观，大气的跌水钵和喷泉给售楼处前场增添了灵动和气势。第四重园林景观以商业时尚街区来打造，通过简洁的商业景观及氛围感很强的商业软装，最后以颇具商业感的硬质铺装，形成第四重园林景观，让业主进入社区有一种回到家的亲切感觉。

入口叠水

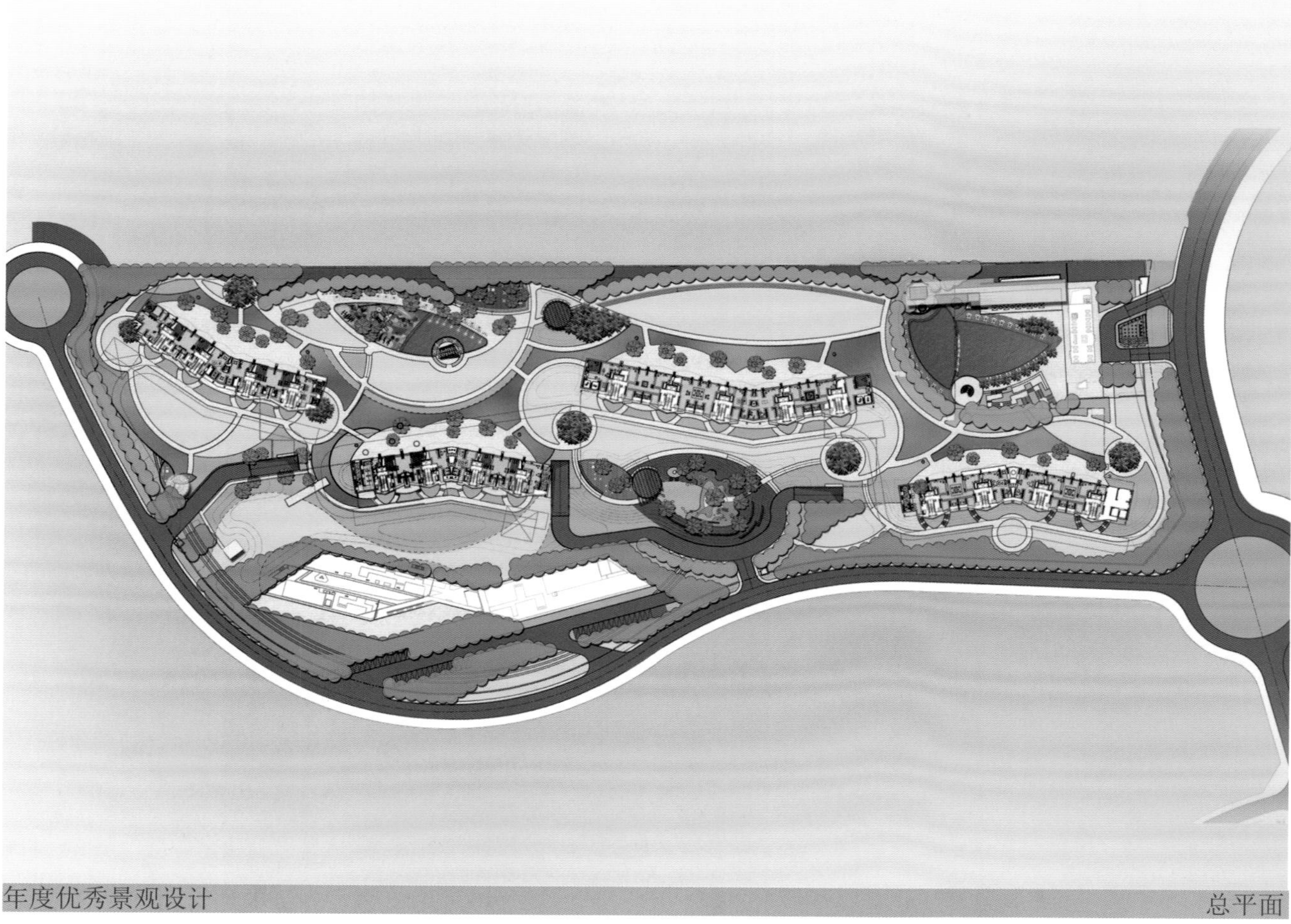

年度优秀景观设计　　总平面

三亚复地·鹿岛景观规划

LANDSCAPE PLANNING OF FORTE GROUP KASHIMA IN SANYA

设计单位：贝尔高林国际（香港）有限公司　　主创姓名：许大绚　　成员姓名：温颜洁、钟先权、黄摄秒
设计时间：2016 年　　项目地点：海南 三亚　　项目规模：7.82 公顷　　项目类别：居住区环境设计
委托单位：海南复地投资有限公司

游泳池

展示区售楼处（夜景）

展示区售楼处（夜景）

设计说明

复地·鹿岛地处海南省三亚市半山半岛滨海旅游度假区，毗邻多个国际著名度假项目，便捷的交通体系 15 分钟畅达全城。它直面东西两岛，饱览三亚湾靓丽景色，是三亚不可多得的面山面水之福地。为了充分利用好这片山水宝地的地理优势，我们将高层住宅入户层抬起，一层门厅可直接欣赏海景，让周边自然景观与园内景观有机结合，提升空间质量与价值。根据各个组团户外草坪的空间尺度，结合架空层及泛会所的功能分布，赋予各区域草坪适合的活动功能，增添居住空间的活力。因三亚气候炎热潮湿，故特意在泳池上下层利用屋顶及灰空间营造两层户外泛会所休息区。

展示区下沉休息区

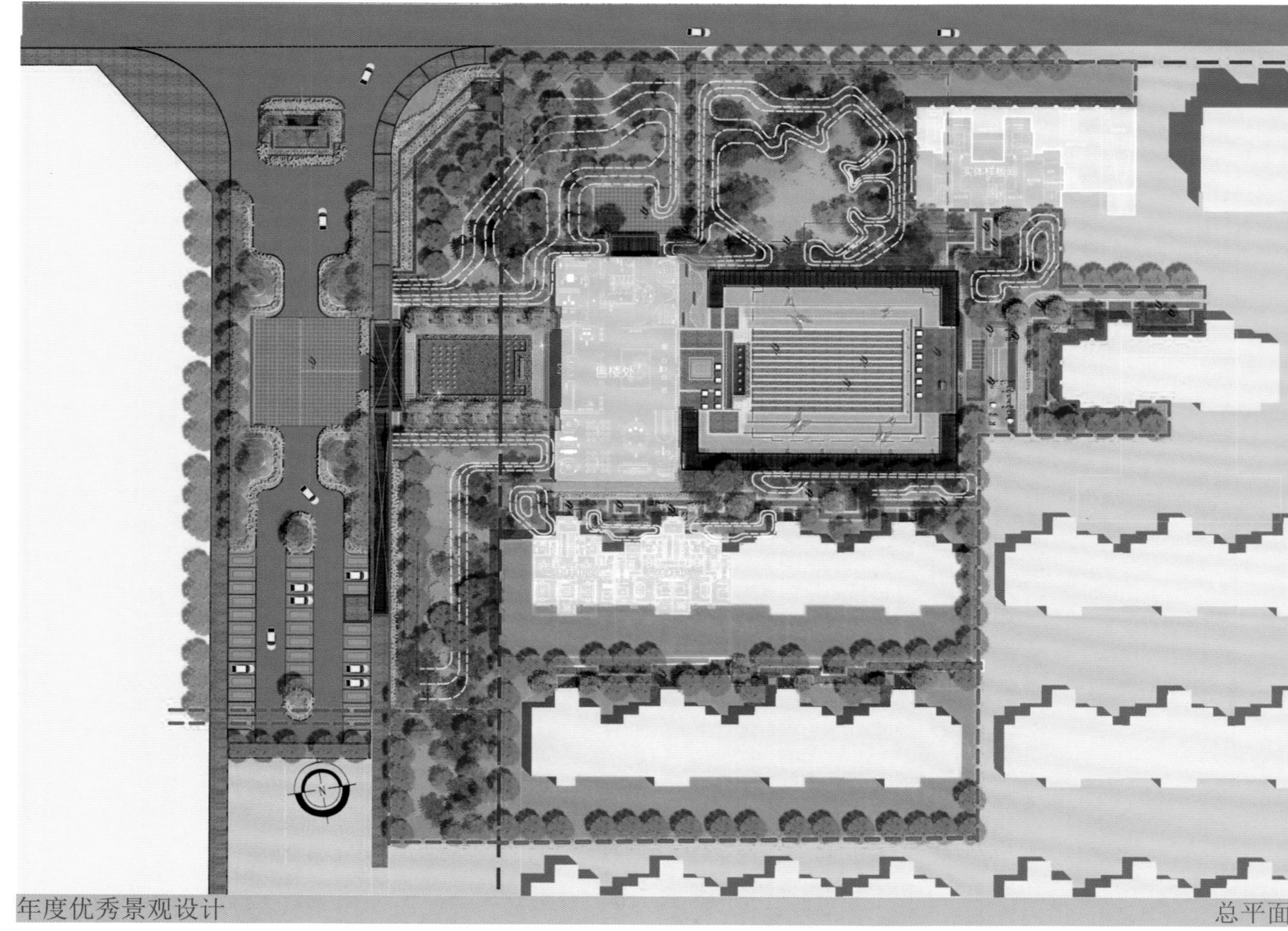
年度优秀景观设计
总平面

旭辉集团沈阳公司东樾城项目

THE LANDSCAPE DESIGN OF SHENYANG DONGYUE CHENG

设计单位：天津法奥建筑设计有限公司　主创姓名：张雷忞　成员姓名：卓能成、赵灿、郭亚群
设计时间：2016 年　项目地点：沈阳　项目规模：1.29 公顷　项目类别：居住区环境设计

主入口效果图

主入口实景图

主入口夜景效果图

夜景鸟瞰效果图

设计说明

“东樾城”案名中的“东”字有辉煌东方、璀璨东北之意，又因其所处的沈阳大东区。大东区是沈阳市最适合于居住的城区之一，南北两条运河流经全区，运河沿岸花团锦簇，树木葱茏、景色优美。

项目着重打造一个商业区时尚、风情，高层区环境优美、睦邻，洋房区怀旧、优雅，别墅区院巷街坊气息浓郁的高端生活住区。通过对传统邻里院巷和欧洲风情庄园的反复研究提炼，结合建筑、街景布局，借助职业技术学院的教学文化基础，以现代手法重新组织梳理空间，使项目成为高贵典雅与智慧社区、学院气质的结晶。全区秉承复古红砖的肌理和怀旧气息筑景，运用现代简洁流畅的手法演绎，打造靓丽风情学院派景观。洋房别墅区路网稠密繁复，以适应当地气候的主题植物打造不同景观感受的庭巷街坊空间，形成“四门、四园、两街、三坊”的景观格局。

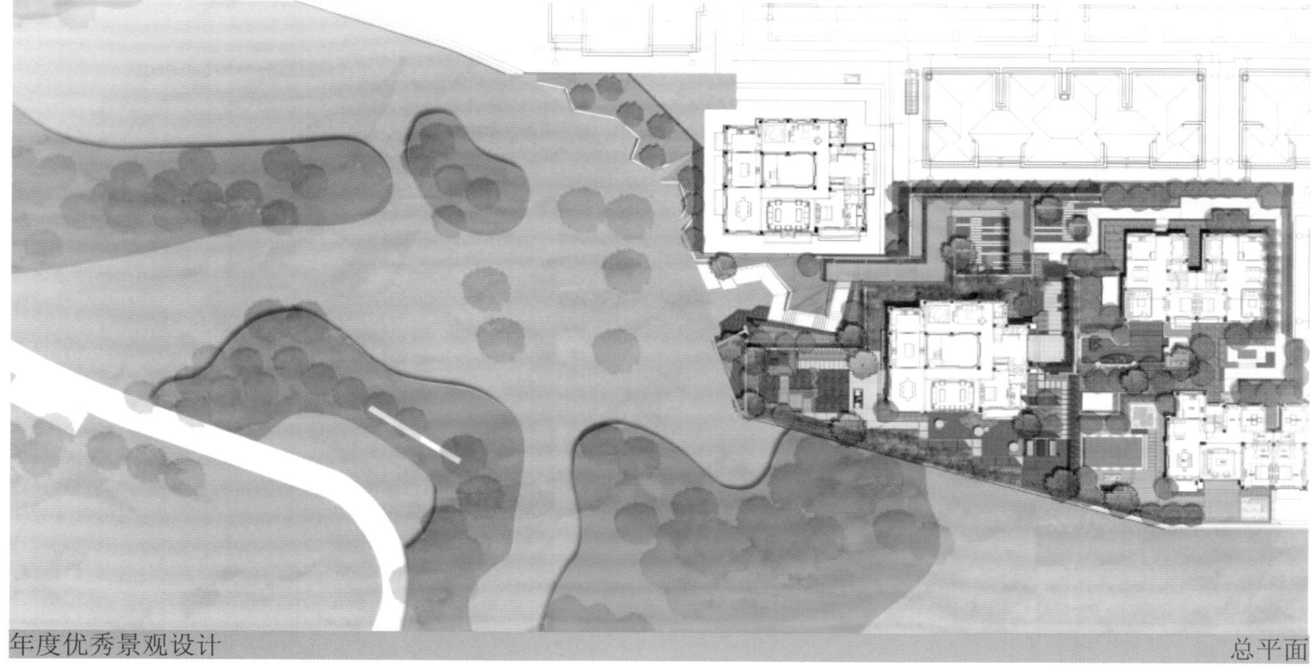

年度优秀景观设计

总平面

世茂·苏州石湖湾

SHIMAO·SUZHOU SHIHU BAY

设计单位：上海栖地景观规划设计有限公司　主创姓名：郭俊、聂柯　成员姓名：杨彬强、蒋鑫、张国剑、赵停光、张辉、陈颖峰
设计时间：2017 年　项目地点：江苏 苏州　示范区景观面积：0.32 公顷
摄影：存在建筑－建筑摄影

大区航拍

廊架

设计说明

世茂·苏州石湖湾项目由公共展示区和三种风格的私家庭院组合而成，以“大美于自然，隐于公园里的诗意居所”为主题，借自然之美，愉悦居者五感和心情。逐水而居，是中国人承袭千年的理想居所观念，展示区以水之灵动带动人之灵动，借追溯水源勾勒看房动线，从不见水却有水形，到见水闻水，经由曲折廊道至寻到水源，一路悠然漫步。设计师希望打造的不仅是一条看房观赏游线，更是一次远离尘嚣，回归心灵的诗意哲思之旅。

门

世茂·苏州石湖

苏式庭院

年度优秀景观设计

总平面

湛江·华盛城市花园住宅小区景观设计

LANDSCAPE DESIGN OF HUASHENG URBAN GARDEN RESIDENCE COMMUNITY IN ZHANJIAN

设计单位：深圳市丰景景观与建筑设计有限公司　　主创姓名：尹碧辉　　成员姓名：李久零、陈雪曼
设计时间：2016 年　　项目地点：广东 湛江　　项目规模：7.95 公顷　　项目类别：居住区环境设计
委托单位：湛江开发区梧桐广大实业股份有限公司

河道景观鸟瞰图

跌水景观效果图

泳池休闲区景观效果图

设计说明

华盛城市花园住宅小区景观设计项目位于湛江市赤坎区核心区内，海田路旁，毗邻北桥公园，景观资源丰富，坐拥立体便利交通，优享醇熟商业配套，并在项目南侧裙楼打造情景商业内街，形成动静相宜的居住氛围，经典构筑物城央幸福社区。

项目建筑风格为新古典主义，将古典的繁杂雕饰经过简化，并与现代的材质相结合，呈现出古典而简约的新风貌。

华盛城市花园旨在打造一个功能合理、环境优美、舒适宜人的人居环境、一个互动增进交往的家园。

入口景观区——迎宾休闲广场、特色水景、体现品质生活和归家的温馨感受。

邻里花园——下棋赏景、交流放松、促进邻里间的交流、结识更多的朋友。

儿童乐园——儿童游乐、成人健身、娱乐、互相交流结识朋友的空间。

亲子乐园——提倡亲子间的互动、小朋友的互动、家长间的交流。

亲水乐园——儿童戏水池、树阵广场、景观廊架提供交流空间。

华盛城市花园项目的六大设计亮点：时尚美居、健康朝气、生态自然、亲子乐园、浪漫家园、花园住宅。项目规划设计坚持“以人为本”的设计构思，力求做到布局合理、用地经济、设施完善、配套齐全、生活方便、环境优雅的可持续发展社区。

全龄健身区效果图

年度优秀景观设计 总平面

中建西安昆明澜庭

KUNMINGLAKE COUNTYARD

设计单位：上海广亩景观设计有限公司、西安中建投资开发有限公司　上海广亩景观设计有限公司　主创姓名：孟一军　成员姓名：刘艳梅、石焘、唐亮

设计时间：2014 年　项目地点：陕西 西安　项目规模：5.60 公顷　项目类别：居住区环境设计

委托单位：西安中建投资开发有限公司

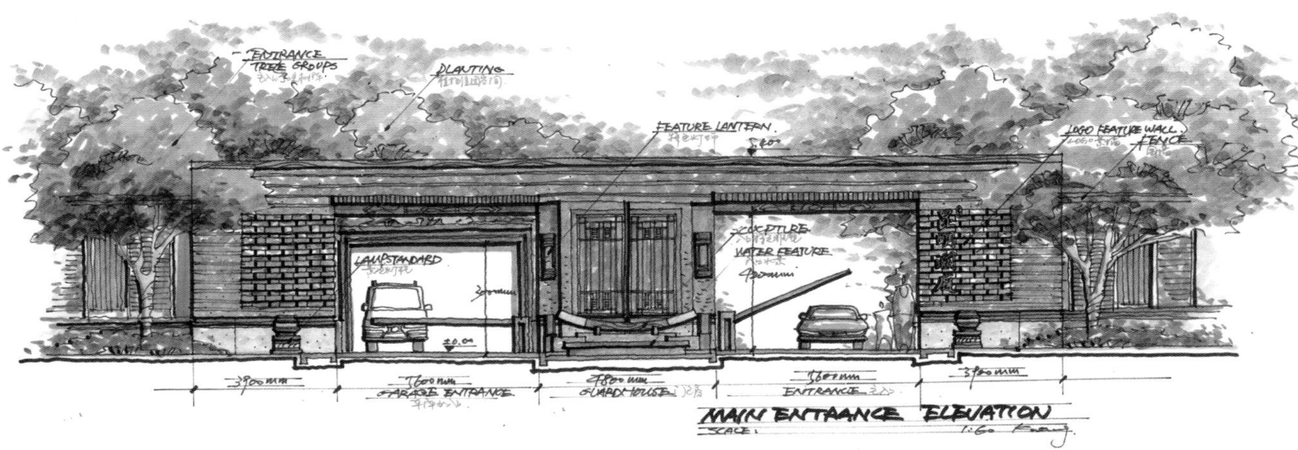

入口立面效果图

入口效果图

下沉广场空间效果图

实景图

设计说明

本项目通过现代材料及中式元素来营造与建筑风格相统一的入口景观，打造具有中式文化特色的形象入口，把中国古代建筑对于门厅的打造手法运用在现代小区入口当中，使建筑外立面和周围环境相结合，使客户体验景观，创造客户理想生活方式的构成情境。采用中式景观中的曲径通幽的手法，一条观看动线贯穿入口到组团花园，以中式的框景和对景手法来营造小区静怡、大气的氛围，提升小区高贵品质的同时，表达一种空灵的哲学理念，营造新中式的写意景观。中式文化特色景观，是传统中国文化与现代时尚元素在时间长河里的邂逅，以内敛沉稳的传统文化为出发点，融入现代设计语言，为现代空间注入凝练唯美的中国古典情韵，是本项目景观设计的主要概念。

本项目以内敛沉稳的传统文化为出发点，融入现代设计语言，为现代空间注入凝练唯美的中国古典情韵，希望在空间营造中更加强调艺术化，人性化，生活化。给整个社区环境注入灵魂，营造一种现代汉风，简洁又不失贵气，聚落生活的和谐关系。试图让人们感觉到这就是自己内心深处的“王府宫殿，世外桃源”。

年度优秀景观设计

总平面图

辽宁丹东凤凰城凤凰首府

PHOENIX CAPITAL FENGHUANGCHENG DANDONG LIAONING

设计单位：北京元周工程设计有限公司　主创姓名：周兴阳　成员姓名：李豆豆、白杨、于春权、田珊
设计时间：2013 年　项目地点：辽宁 丹东　项目规模：13.6 公顷　项目类别：居住区环境设计
委托单位：辽宁亿升房地产开发有限公司

北入口轴线夜景实景图

楼间水系跌水实景图

私家庭院入户前水系实景图

设计说明

“华丽之园难简，雅淡之园难深。简以救俗，深以补淡。”传说之中凤凰“非梧桐不落，非醴泉不饮，非桐子不食”，来彰显它的与众不同。本案位于辽宁省丹东市凤凰城，为新城开发的第一块地，取名凤凰首府，一语双关。

自古奢居皆远离城市喧嚣，设计遵循景观与建筑相融的设计原则，在尊重当地民俗基础上，利用雨水充沛的自然条件，以蓬勃大气的姿态，结合海绵城市的理念，利用雨水花园的手法打造水景大盘，营造出静谧的环境。利用自然主义手法将“无界”“有机”两大理念相融合。

“无界”是设计师的一种向往，也是设计师设计生涯中一直追求的东西，建筑—园林—室内三者之间的设计是相通的，尤其是现在的设计趋势，建筑中更多的灰空间的应用已经模糊了建筑、园林和室内之间的界限。“有机”是此次设计的最大追求目标，景观上尽量采用自然的设计手法，使建筑融于园林，打造园林中的建筑，而不是建筑周边的园林。

以北会所硬质景观轴和南大堂自然水景轴统御全区，利用水系将高层和多层区景观做出不同档次的处理，整体为人们打造了凤凰山下第一府——凤凰首府。

鸟瞰实景图

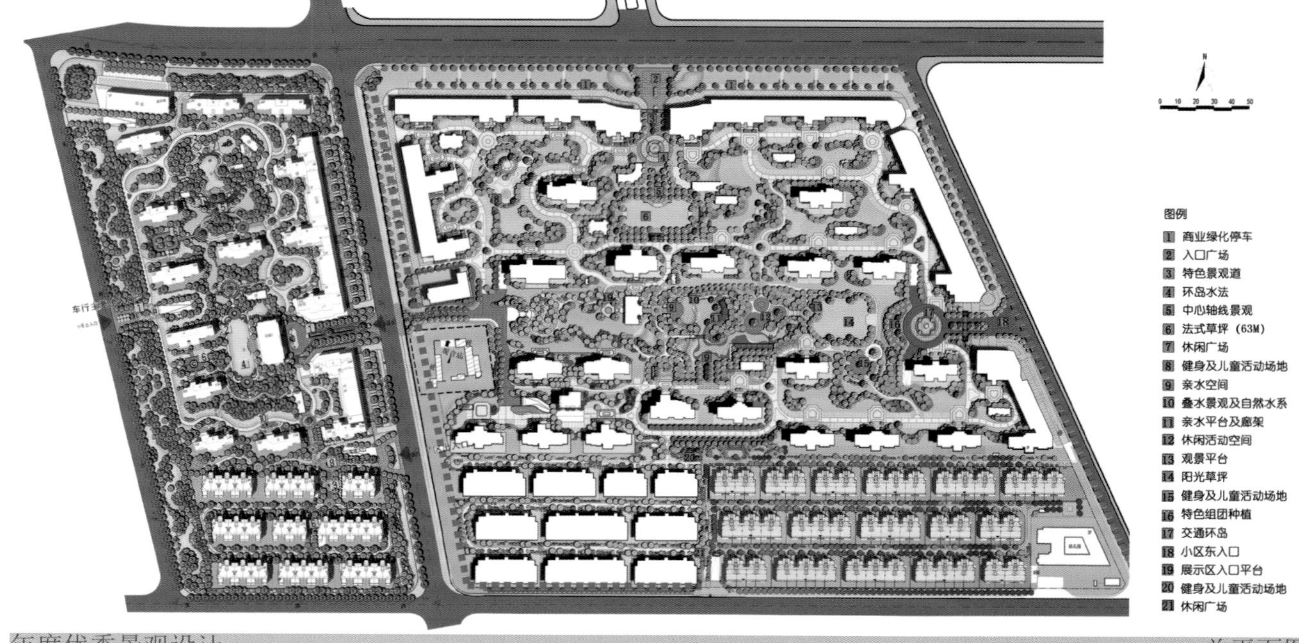

年度优秀景观设计　　总平面图

天津融创中央学府项目景观设计
——臻生活·幸福家

LANDSCAPE DESIGN OF RONGCHUANG CENTRAL COLLEGE HOUSE PROJECT IN TIANJIN

设计单位：北京昂众同行建筑设计顾问有限责任公司　主创姓名：赵霞、徐刚
成员姓名：杨柳、张乐、李孟颖、施京儒、丁伟莎、刘嘉莉、闫梅杰、朱芳娇
设计时间：2011 年　项目地点：天津 津南区　项目规模：22 公顷　项目类别：居住区环境设计
委托单位：天津融创汇杰置地有限公司

示范区鸟瞰实景图

园路及种植组团实景图

谷地休闲活动区实景图

设计说明

一、构思来源。

主题围绕融创中央学府的名称，将景观设计融入浓郁的人文气息，打造如欧洲古老学府般郁郁葱葱、悠然诗意、气韵自华的生活空间。

二、设计理念——臻生活·幸福家。

1. 注重功能空间的塑造。

注重空间结构和景观格局的塑造，不仅要创造赏心悦目的空间环境，更要创造符合人们生活习惯和功能尺度的环境空间。即塑造适合老人晨练，孩子游戏，青年人活动的居住环境空间。

2. 注重情趣空间的表现。

注重在功能空间中的情趣节点设计，用景观的设计细节体现小区环境的精致典雅、与众不同的气质；用景观设计细节再现生活中的种种愉悦与感动。

3. 注重生态型景观塑造。

坚持景观的可持续设计原则，充分发挥绿地的生态效益和美学价值，营造以乡土乔木、灌木及地被为主的葱郁植物群落，丰富景观种植层次。景观水系护坡设计采用湿生植物及草坡入水相结合的方式，充分利用水生植物和微生物群落对水体的自净功能。硬质场地的铺装材料以花岗岩、透水砖、卵石、木板等当地产材为主，减少运输及能源的消耗，并降低未来的维护成本。

实楼展示区实景图

亲水空间实景图

跌瀑水系实景图

一. 综合服务设施及宠物活动场地

图例
- 自助快递柜
- 自助售卖机
- 自助租书机
- 宠物活动场地
- 宠物粪便收集
- 手机充电桩
- 吸烟区

二. 儿童活动场地

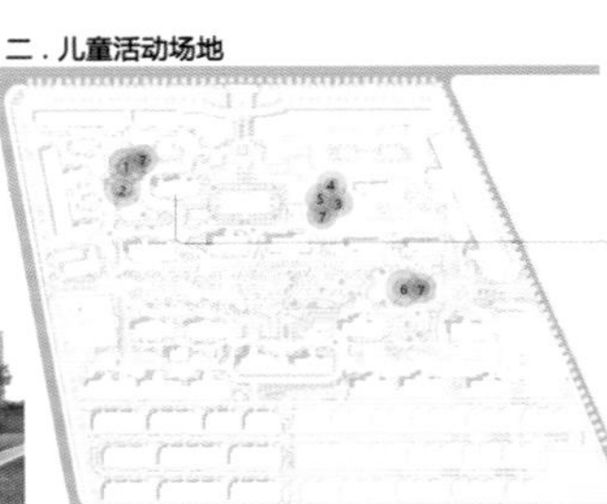

图例
1. 塑胶场地/沙坑
2. 组合游乐设施
3. 儿童室外剧场
4. 轮滑场地
5. 涂鸦墙/攀岩墙
6. 迷宫
7. 看护休息区

三. 综合活动场地

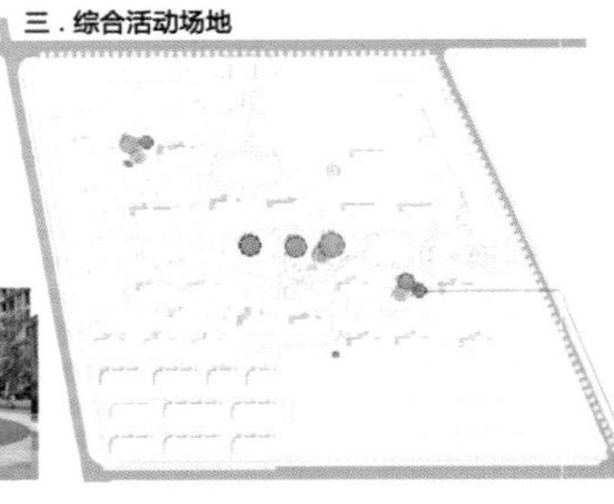

图例
- 活动场地一
- 活动场地二
- 活动场地三
- 室外书吧
- 室外咖吧
- 休息区
- 健身区
- 棋牌桌椅

四. 球类活动场地及植物特色园

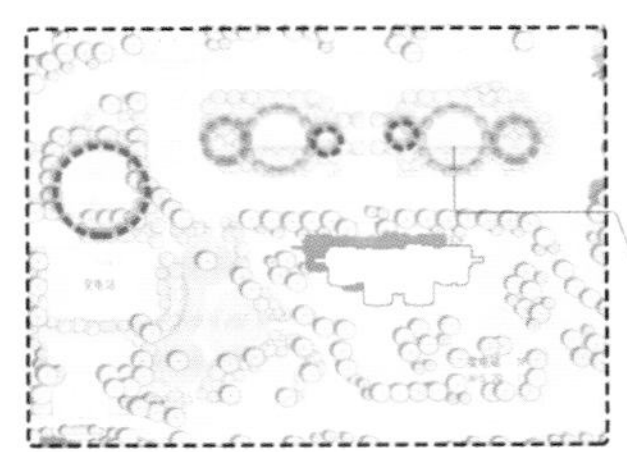

图例
- 室外球类场地
- 迷你动物园
- 亲子种植区
- 阳光果园

	入口专属区	专属尊享
	入户专属区	
	景观会客厅	
游乐设施、沙坑	儿童活动场地	健康阳光
健身区	全民健身场地	
活动场地	综合活动场地	
篮球场	球类活动场地	
1.25km慢跑路线	环小区慢跑道	
亲子种植园、阳光果园	植物小专家	愉悦睦邻
迷你动物园	Happy欢乐汇	
	休闲花园	
	三防围墙	
棋牌桌椅	棋牌乐	

五. 环小区慢跑道

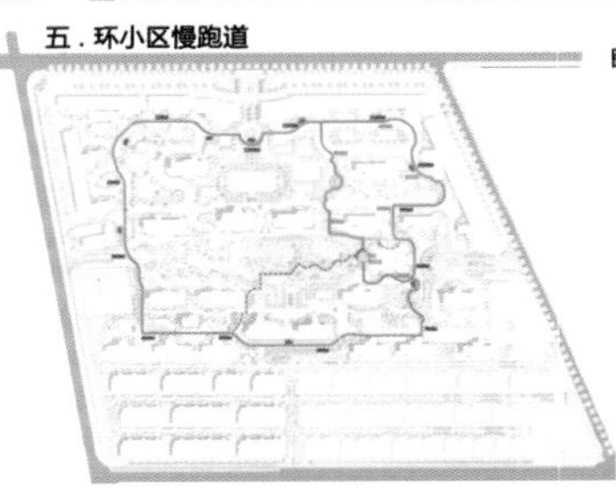

图例
- 漫步路线
- 慢跑路线
- 临时漫步路线
- 临时慢跑路线
- 漫步休息区
- 起跑准备区

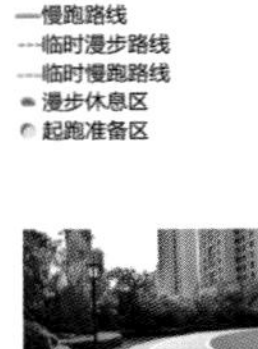

功能空间分析图

年度优秀景观设计

菜园鸟瞰图

科恒景观菜园

设计单位：江门市堡城科技有限公司　主创姓名：区伟文　成员姓名：郑炜、关斯明、陈一川、陈国辉
设计时间：2017 年　项目地点：广东 江门　项目规模：0.05 公顷　项目类别：立体绿化设计
委托单位：江门市城市绿苑科技有限公司

菜园效果图

球形种植架

护栏双层种植

设计说明

为体现人与自然的结合，美化活化建筑屋顶，充分展现“科技卓越，永恒追求”的科恒实业文化内涵，特订立“为天地立心，为生民立命，为往圣继绝学”为项目设计主旨。项目立意极简且内涵丰富，用几何形状和高低错落进行功能区分隔，体现古今中外文化和科技内涵。有机结合建筑屋面构建功能完整的种植系统，工程造价低。“景观菜园”的蔬菜种植理念是项目的立身之本，景观服务于蔬菜生产，利用立体化多层种植技术，使生产种植面积达到最大化。平面构图以“生命”为主题，具体分为“生命之孕育、生命之根源、生命之律动、生命之果实”四个板块，板块之间既独立又环环紧扣，交相辉映。“孕育”板块由廊架区与阳光区的阴阳两极组成。廊架区用户内和户外高低种植架构成。阳光区由球形架、方木架汇同“根源”板块箱型种植架组成高低两块，寓意“两极生四象，四象生八卦”。“果实”板块球形种植架与方形木架代表天圆地方。方形架顶部九条横撑，九是个位数最大数，与球形顶部圆盘遥相呼应，表示承天地之气。

廊区独立种植架

护栏单层种植

箱型种植架

简易种植区

箱型种植架

年度十佳景观设计

总平面

卡迪克兰综合休闲度假区景观规划

LANDSCAPE PLANNING OF CATICLAN GATEWAY RESORT PROJECT

设计单位：贝尔高艺国际有限公司　主创姓名：程荣禧　成员姓名：Krystyna Sulzc、沈晔、王帝
设计时间：2016 年　项目地点：菲律宾 马莱　项目规模：约 1000 公顷　项目类别：旅游区规划
委托单位：生力集团

日间鸟瞰图

海滨酒店

会议中心

设计说明

本项目位于菲律宾马莱，距离著名的长滩岛仅仅15分钟船程。贝尔高艺基于项目本身得天独厚的地理优势，并围绕可持续发展、区域合作、品牌发展等核心规划理念，意将其打造成长滩岛旅游辐射圈内，集度假、康养、体育、游乐等为一身的绿色综合度假区。

日间鸟瞰图

日间鸟瞰图

日间鸟瞰图

日间鸟瞰图

日间鸟瞰图

夜间鸟瞰图

夜间鸟瞰图

洛安区生态文明项目 总平面

贵州洛安江流域生态文明区 EPC 工程

GUIZHOU LUOAN RIVER BASIN ECOLOGICAL CIVILIZATION ZONE EPC ENGINEERING

设计单位：深圳文科园林股份有限公司　　设计人员：夏靖、唐堃、张晓涛、周帅华、张玉玲、赵建钊、韩勇强

功能用途：滨河生态湿地观光旅游　　项目地点：贵州 遵义　　项目规模：约 200 公顷

建设单位：绥阳县汇丰旅游投资发展有限责任公司

木栈道效果图

电瓶车道效果图

自行车道效果图

设计说明

项目位于贵州省遵义市绥阳县，北至风华镇，南临207省道，东至山体公园，用地约200公顷，地处洋川河与洛水河两条河流交汇处，多个自然村落聚集地散布在项目园区内。凭借场地所处的地理优势，以农业产业观光、生态农业为主，打造红豆杉养生天堂，百花园生态长廊，百鸟园观鸟圣地。

全园共分为海棠花溪、花果林、彩叶林、紫薇园、梅园、柿子林、木槿园、红豆杉自行车道八大植物主题区。流线设计：项目内部由三级主路网构成，分别为电瓶车道、自行车道、滨河木栈道。该路网串联项目南北两岸的自然村落、景点服务驿站、滨河生态景点等。由于场地内部3条河流贯穿其间，故结合地形地貌和景点规划，共设有7座景观桥梁，其中3座为车行桥梁（包括原址重建二座危桥），4座为各具特色的人行景观桥梁（分别为拱桥、风雨廊桥、吊桥、石桥）。项目园区内部共设10个游客服务驿站：分别为4个一级驿站、6个二级驿站。每个一级驿站平均占地面积约1公顷，主要包括餐饮、超市、茶室、纪念品售卖、文化设施、公厕等综合功能；每个二级驿站平均占地面积约0.4公顷，主要包括休闲、小吃、自行车租赁、公厕等辅助配套功能。

项目从环保、景观、交通、农业产业、旅游开发5个方面开展规划设计，以“打造全景流域水系，将洛安流域建成生态文明先行示范区，”从而促进城乡一体化建设，实现生态、经济、社会和谐发展。

鸟瞰图

1 号驿站生态文明展示中心

3 号驿站诗乡文化

接待中心正立面效果图

1 号驿站文化大礼堂

2 号驿站影视院

接待中心背立面效果图

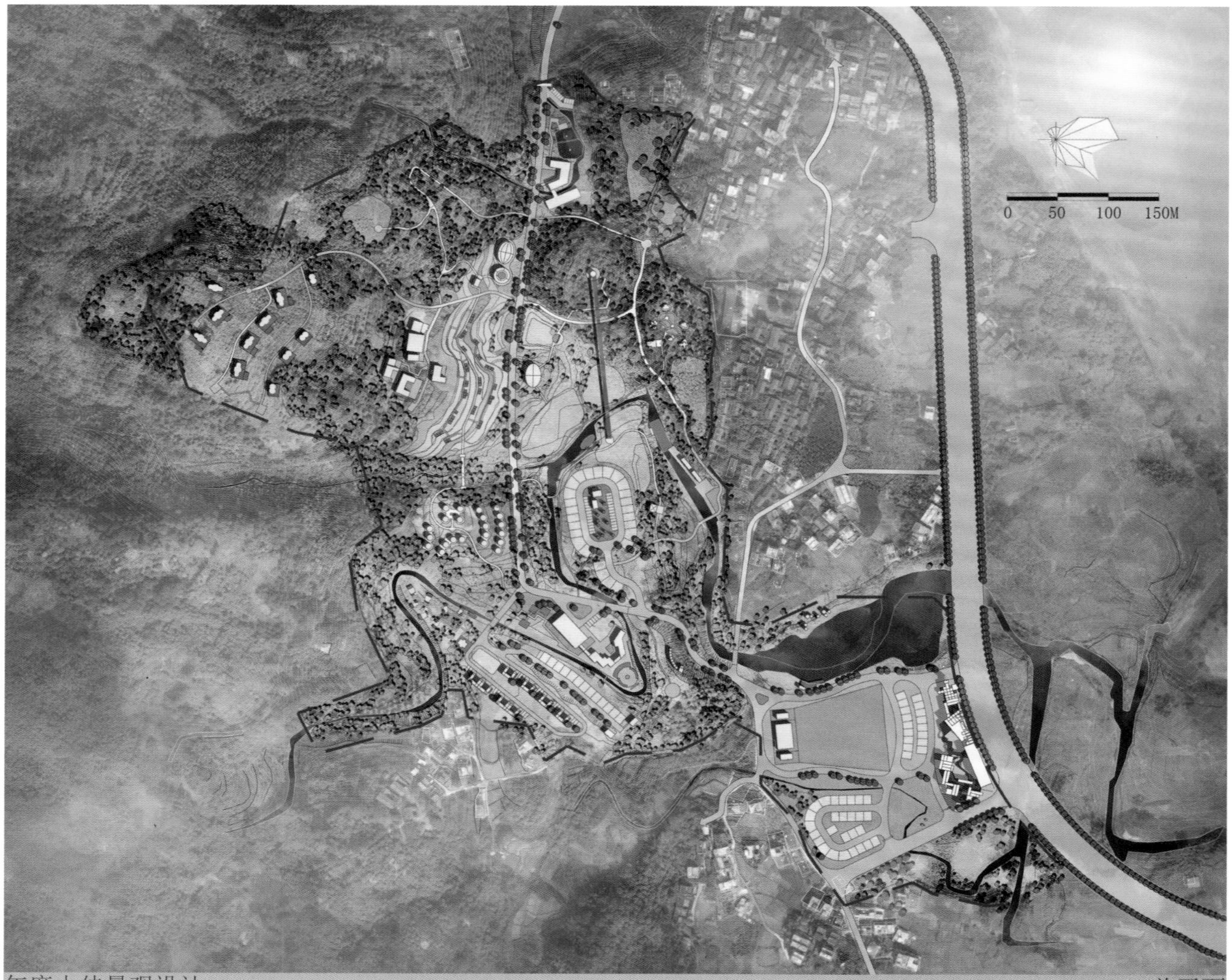

0 50 100 150M

年度十佳景观设计

总平面

广西桂平汽车房车露营基地景观规划

LANDSCAPE PLANNING OF GUANGXI GUIPING AUTO RV CAMPING BASE

设计单位：北京清尚建筑设计研究院有限公司　　主创姓名：徐楠　　成员姓名：关键、张俊超、郭映琪、梁思佳、徐文军
设计时间：2017 年　　项目地点：广西 桂平　　项目规模：32.4 公顷　　项目类别：旅游区规划
委托单位：北京国奥中健体育发展有限公司

集中营房

主会场舞台

皮划艇水面

设计说明

项目位于广西桂平市，黔江西侧，是第四届中国汽车（房车）露营大会开发建设项目。规划面积约32.4公顷，主要依靠郁江、黔江风景区为自然基础，以福地桂平为依托，深度结合项目山势地貌，融汇当地文化，建设成集汽车文化、综合露营、户外运动，度假休闲、研学教育为一体的五星标杆露营地。

设计分为五大功能片区：主会场营地、综合露营区、教育拓展活动营地、综合住宿营区、后勤服务营区。流线设计：园区有两个入口，东侧为游客出入的主入口，北侧为后勤出入口。在流线上，园区主流线串联园区的各个项目，滨水观光体验线以及水上游戏互动线是丰富活动体验的体验流线。

项目作为大会的配套营地将以五星级汽车（房车）自驾运动营地的标准进行建设，会后形成常态化运营。项目将成为桂平旅游的引爆点与突破点，提升区域价值，成为桂平旅游的核心动力。让营地不止于营地，让旅行不止于旅行，实现资源的跨界整合，多元产业导入打造旅游扶贫新模式，跨界资源整合，实现与周边旅游资源的联动。

鸟瞰图

入口游客中心

野奢帐篷

汽车旅馆

自然学校

内游客中心

溪谷木屋

年度十佳景观设计

总平面

万达嘉华酒店、铂尔曼酒店

WANDA REALM / PULLMAN HEFEI

设计单位：浙江安道设计股份有限公司　主创姓名：夏芬芬、刘晓龙　成员姓名：毛恩平、余友贤、周克洋、夏聊、钱书叶、黄晓雯、盛正义、葛伟伟
设计时间：2015 年　项目地点：安徽 合肥　项目规模：13 公顷　项目类别：旅游区规划
委托单位：万达集团

鸟瞰图

酒店后场

酒店走廊

设计说明

本案将以山水情怀作为设计的灵感来源，以写意安徽为设计主题，把对安徽的山水印象抽象、提炼，化作多样而独特的景观形态，辐射到场地中。

通过景观的再造不仅赋予酒店外环境异彩纷呈的视觉感受和美妙体验，更是把写意安徽的情怀渲染其中，使酒店群更符合大区气质，更具鲜明的地标性。把山作为景观元素用到基地内，并非是模式或形态的堆砌，而是抽象提炼成与时代相匹配的景观空间，以现代人的审美需求打造富有传统意味的事物，通过微地形、枯山水等营造，构建一个诗意盎然的酒店户外空间。

入口水景

滨水走廊

酒店休闲中心

酒店入口

入口水景

滨湖景观

休憩庭院

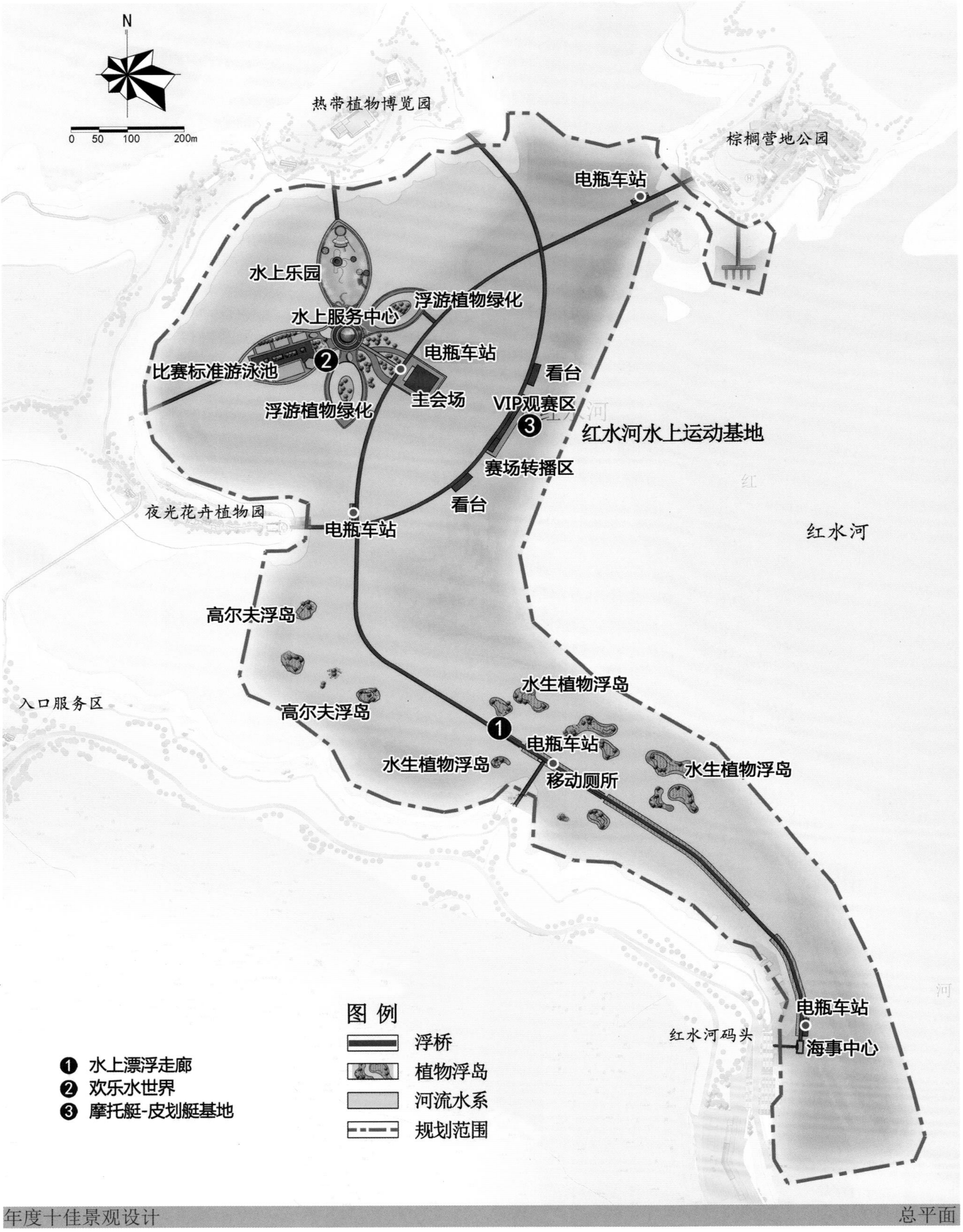

N
0 50 100 200m
热带植物博览园
棕榈营地公园
电瓶车站
水上乐园
浮游植物绿化
水上服务中心
电瓶车站
比赛标准游泳池
看台
主会场
VIP观赛区
浮游植物绿化
红水河水上运动基地
赛场转播区
看台
夜光花卉植物园
电瓶车站
红水河
高尔夫浮岛
水生植物浮岛
入口服务区
高尔夫浮岛
电瓶车站
水生植物浮岛
水生植物浮岛
移动厕所
电瓶车站
红水河码头
海事中心

❶ 水上漂浮走廊
❷ 欢乐水世界
❸ 摩托艇-皮划艇基地

图 例
浮桥
植物浮岛
河流水系
规划范围

年度十佳景观设计

总平面

红水河景区水上漂浮走道规划设计

PLANNING AND DESIGN OF FLOATINGWALKWAY IN RED RIVER SCENIC AREA

设计单位：成都来也旅游发展股份有限公司　主创姓名：刘鹏翩　成员姓名：刘思翔、张采薇、王焕焕、杨晓清

设计时间：2016 年　项目地点：贵州 罗甸　项目规模：450 公顷　项目类别：旅游区规划

委托单位：罗甸县旅游文化开发投资有限责任公司

浮桥核心区日景鸟瞰图

浮桥核心区夜景鸟瞰图

设计说明

红水河景区位于贵州省罗甸县红水河镇，是黔南自治州第十届旅游产业发展大会的主会场之一。其中，作为景区核心吸引物的水上漂浮走道是全世界最长和面积最大的水上漂浮走道，平均宽度 6 米，总长度 5.13 千米，总面积 5.4 公顷。使用了 222500 个包括红、黄、蓝、绿、咖啡四种不同色彩的高分子高密度专用抗老化专利浮筒，另外还包括一座综合使用面积达 10 公顷的水上乐园、水上泳池、水上植物漂浮岛、水上综合服务中心、水上会场及水上运动基地等设施。

建成后的红水河景区漂浮走道荣获“世界最长和面积最大的漂浮路径”两项吉尼斯世界纪录称号。

规划尊重周边山水格局，在不破坏山、水、岛唯美图案的大关系下，构建大地艺术景观，打造景观和艺术融为一体的“蝶恋湖”。

遵循项目集中、造型优美、功能完善、形态完整、安全实用的原则，进行漂浮走道的平面及空间形态设计创作，几经易稿，不断自我否定，最终选定了花瓣造型的方案。该方案通过曲线构图，与周边山体、岛屿完美契合，满足了陆地活动空间水上延展的功能需求，空中俯瞰犹如一朵绽放的花朵，亦如一只翩翩起舞的彩蝶停落在河湾之间，美轮美奂。

在这里，您可以悠闲的散步，也可以激情的奔跑，还可以骑一辆电动车匆匆而过，带给您一次徜徉在罗甸红水河的梦幻之旅。

鸟瞰图

浮桥夜景一

浮桥夜景二

浮桥夜景三

浮桥服务设施

浮桥喷雾设施

浮桥核心区日景

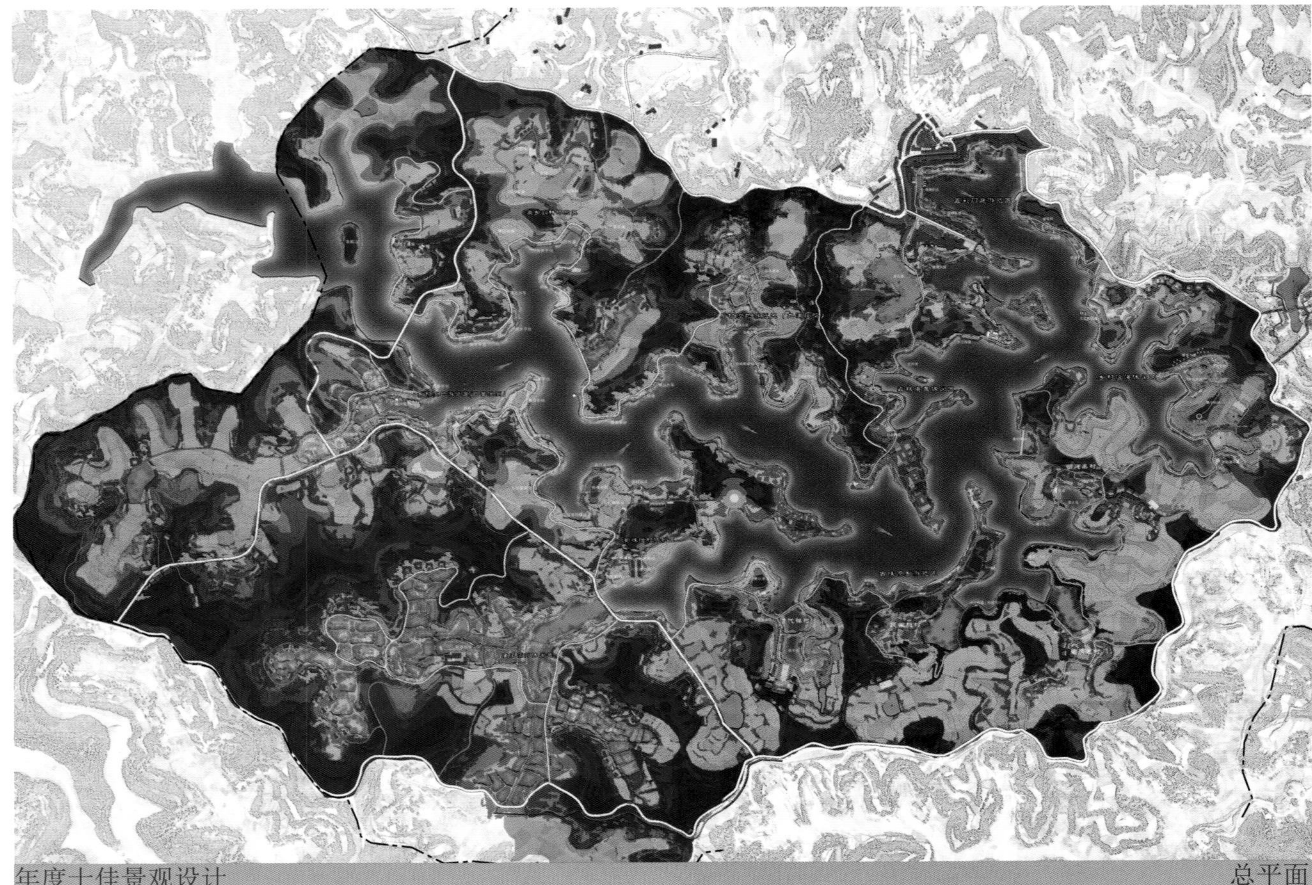
年度十佳景观设计　总平面

四川省南部县八尔湖乡村湿地、环湖绿道及徒步道旅游景观方案设计

THE LANDSCAPE DESIGN OF THE VILLAGE WETLAND AND THE RING ROAD IN THE BAER LAKE TOURIST AREA OF NANBU COUNTY, SICHUAN PROVINCE

设计单位：浙江和美风景旅游规划设计有限公司　主创姓名：戴继洲　成员姓名：李兴科、李东、吴敏丹、林利欢
设计时间：2016 年　项目地点：四川 南充　项目规模：360 公顷　项目类别：旅游区规划
委托单位：南部县人民政府

二十四节气园

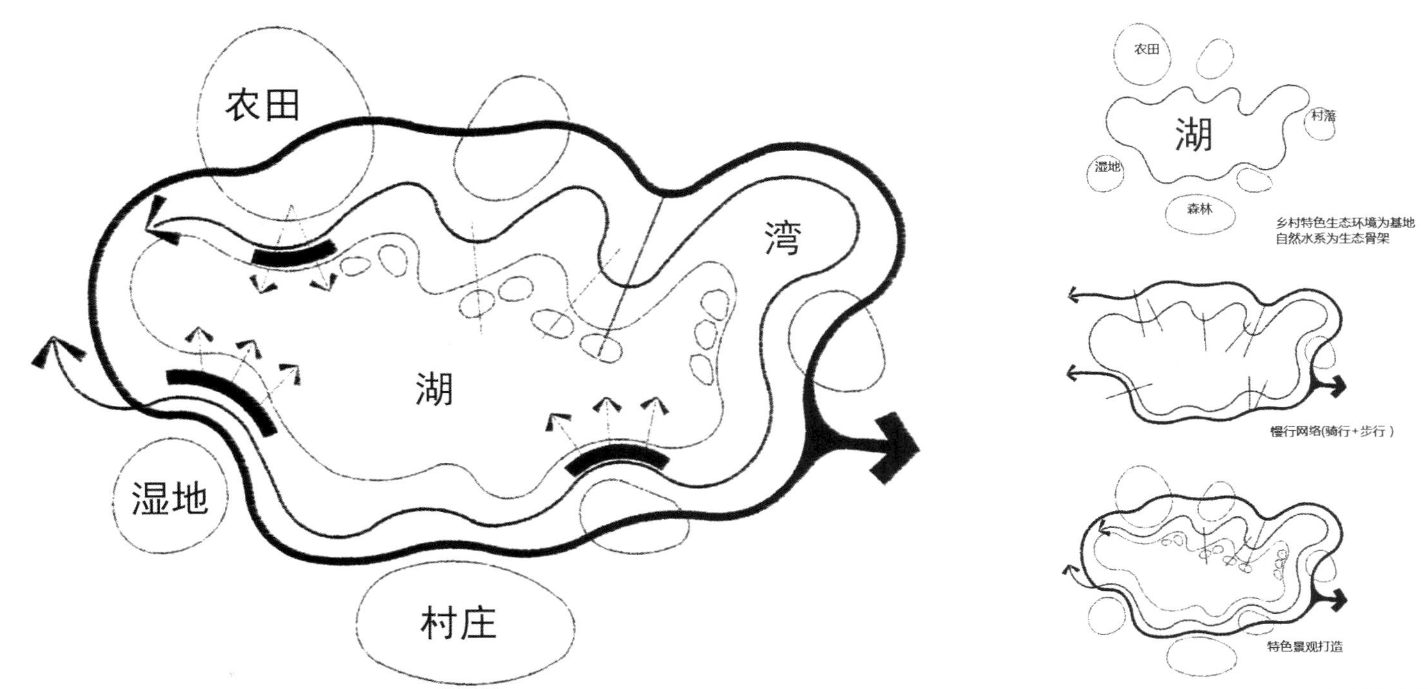

设计构思

设计说明

项目采用极致的生态理念，进行一场乡村生态文明的复兴。通过对场地梳理和文化的重塑，还原八尔湖纯真原乡的乡村湿地环境和历史文化氛围。以独具川北特色的乡村湿地生态景观及农业观光精品为代表，成为川北特色乡村湿地生态景观示范样板。项目为新乡村发展另辟蹊径，也为城市更新注入新活力，受到省市领导的高度评价。

景观设计沿环湖地段选取滨水环境较好的景段铺设沿湖徒步道，与绿道共同组成环湖徒步系统，供人们亲水休闲。步道宽 1.2 ~ 1.5 米，采用具有乡土感的防腐木、砾石作为主要铺装材料。结合产业升级、主题景观提升，凸显亲水农作物、乡村植物的应用，形成蕉香徒步道、荷塘徒步道、苇荡徒步道、慈荗徒步道、芳草徒步道五类主题景段，配置休憩平台、垂钓平台、石堆木篱、木质水车等农家景观小品，除满足游客环湖休憩功能外，进一步凸显水乡乡村风情。

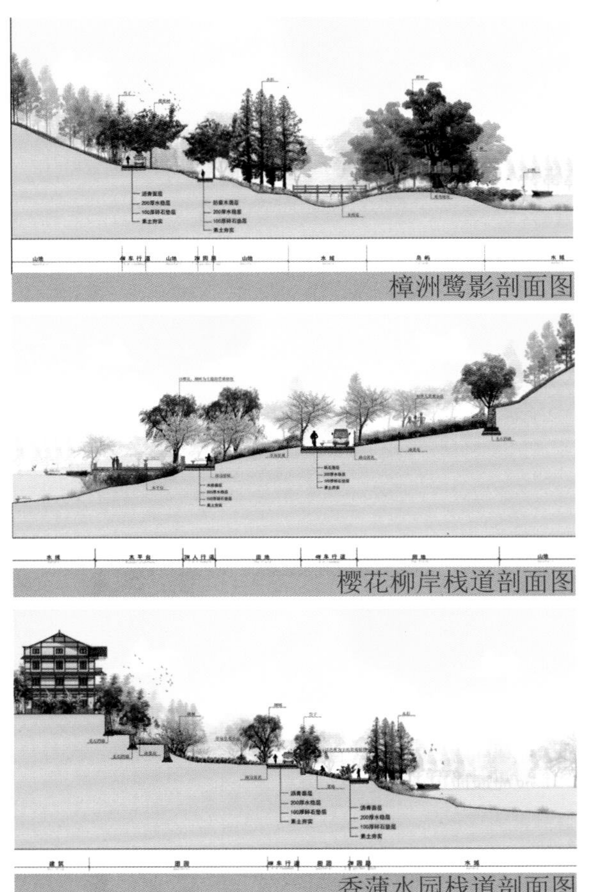

樟洲鹭影剖面图

樱花柳岸栈道剖面图

香蒲水园栈道剖面图

芦花码头

棋友茶堂

白鹭渔洲湿地 游览区

该区域以乡村湿地生态系统完整、保持生物多样性为设计原则，围绕“以鸟为本”的设计理念，以最小干扰为前提最大可能地减少游人对核心区的干扰，确保原有生态系统的完整性。设计水域形状形成岛、湾、滩为特色的湿地景观。招引鹭、雁、鸭类等水禽及其他野生动物，体现湿地景观自然野趣之貌。

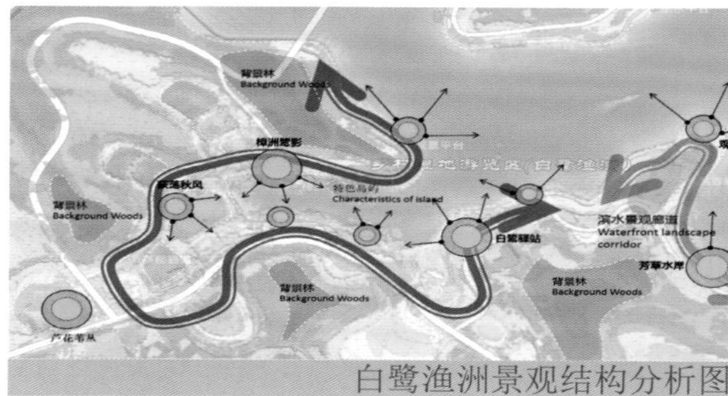

白鹭渔洲景观结构分析图

观鸟径

鹭影芳洲

湿地观鸟塔

九曲栈道

唐风荷苑 休闲区

该区域结合原有地貌，围绕荷花、莲展开，将莲相关元素运用到该片区的景观小品、标识、地面铺装之中，构建出由“泛舟、采莲、唱曲、品茗、小酌、观鱼”等元素组合的项目体系，营造莲文化的动态化和情景化。

柳岸荷风

生态绿道断面图

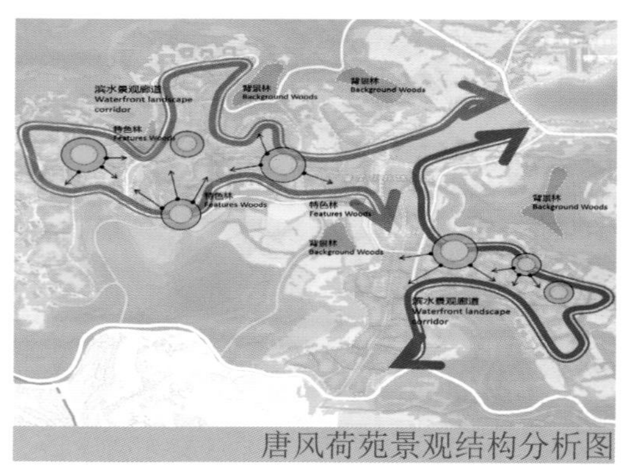

唐风荷苑景观结构分析图

施工现场照片

九浦歌鸣入口

九浦歌鸣湿地 游览区

该区域是园内最具有特色的乡村湿地观光游览区，片区以昆虫家禽为主要特色，融入稻田及湿地之中，游览线路贯穿码头、鸭声稻田、观鱼塘、青蛙塘等，同时设计湿地与昆虫互动的项目，游客可以钓龙虾，斗蛐蛐，赶鸭子、踩水车，增加游览的趣味性。同时水岸种植不同的湿生植物，构成丰富多彩的湿生植物景观。

鸭声稻田

湿地观鸟塔

九浦歌鸣

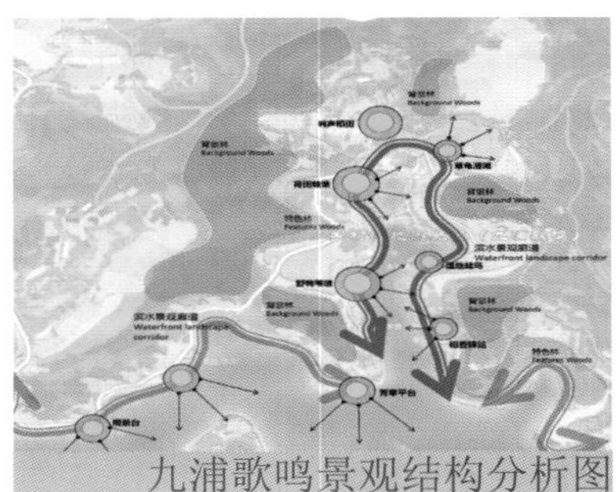
九浦歌鸣景观结构分析图

环湖绿道

结合场地地貌，打造具有乡村特色的旅游休闲空间。环湖设计绿道，共分为八段，长度共 18.8 千米。通过绿道串联起整个八尔湖，进而达到处处有景，和而不同的效果。

环湖绿道分段图

蔬香绿道

果香绿道

樱花绿道

杉林绿道

实景照片

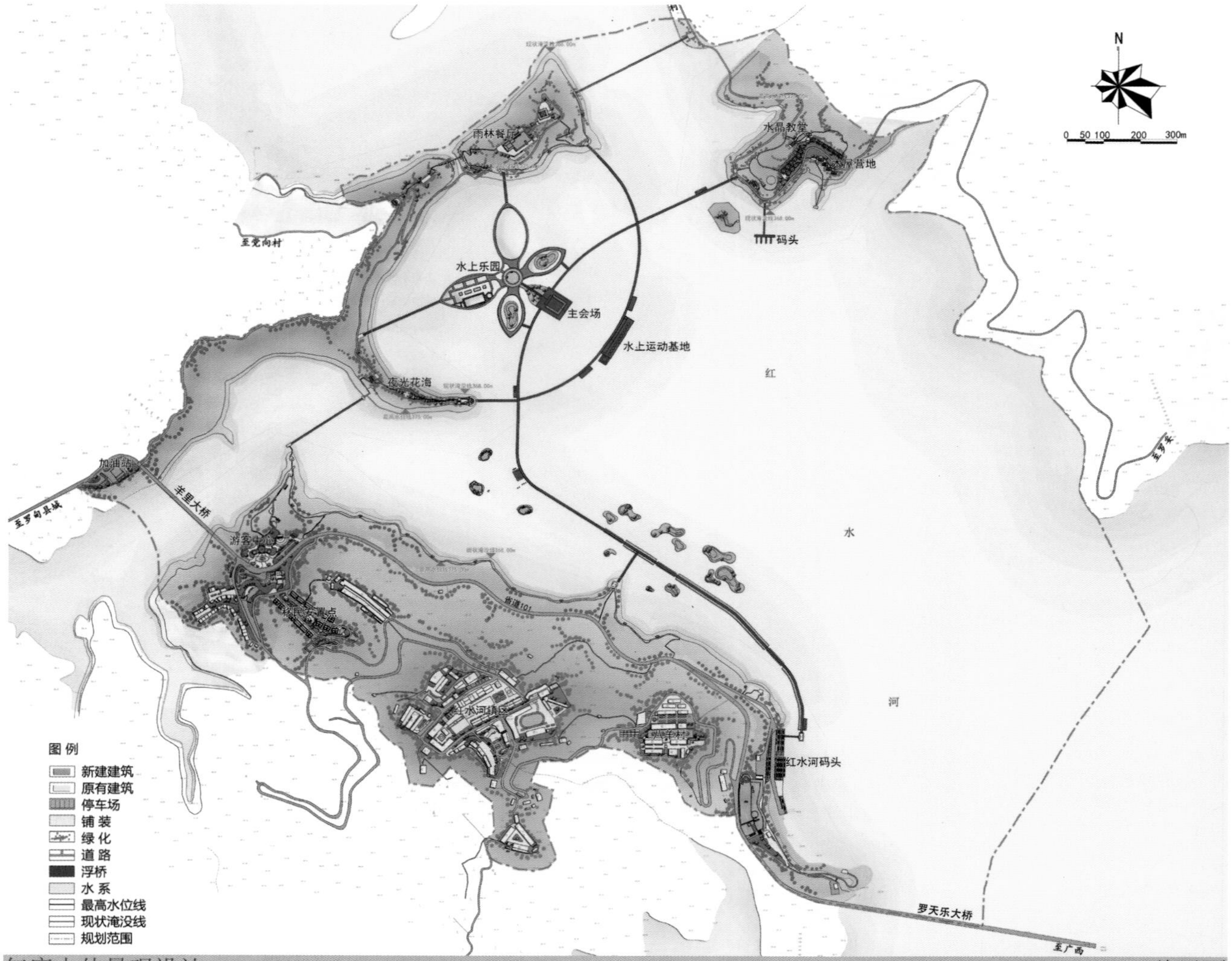

雨林餐厅
水晶教堂
露营营地
码头
至党向村
水上乐园
主会场
水上运动基地
红
水
河
星光花海
加油站
至罗甸县城
羊里大桥
红水河码头
罗天乐大桥
至广西

图例
新建建筑
原有建筑
停车场
铺装
绿化
道路
浮桥
水系
最高水位线
现状淹没线
规划范围

年度十佳景观设计　　总平面

贵州罗甸县红水河景区 入口综合服务区游客中心及景区大门设计

HONG SHUI HE SCENIC, LUO DIAN, GUIZHOU ,THE DESIGN OF VISITOR CENTER&ENTRANCE DOOR

设计单位：成都来也旅游发展股份有限公司　主创姓名：曹芳　成员姓名：刘思翔、刘鹏翮

设计时间：2016 年　项目地点：贵州 罗甸　项目规模：450 公顷　项目类别：旅游区规划

入口服务区鸟瞰图

游客中心透视图

入口大门透视图

设计说明

1. 游客中心方案设计。

设计原则：因地制宜、凸显景区热带风情的地域特色。

设计手法：采用现代仿生建筑形式，利用仙人球元素变形、组合进行创作。

设计构思：游客中心方案设计的建筑创意来源于热带植物中仙人球元素的提炼、变形，将仙人球元素融入到建筑中，既凸显了热带风情主题，又创造独特的建筑景观。建筑的构成，主体为圆形，连廊为方形，方与圆，直与曲的形态元素的运用，让人感受到的是建筑跟自然环境的相互融合。建筑材质采用质朴的木纹色调，通过周边青山绿水环境的烘托，突显了建筑的形式感，达到了建筑、人、景观环境三者之间的协调。建筑占地面积约为 600 平方米，长约 50 米，进深约 18 米，高约 14.5 米。建筑主体结构采用钢结构造型，外包复合木材装饰。

建筑功能：游客中心设置有咨询服务区，休息区，沙盘展示区，购票区，放映厅，土特产超市，厕所，医务室，景区管理中心等。

2. 景区大门方案设计。

设计原则：突出当地地域文化，创造个性特色。

设计手法：仿生，对称，元素变形、解构与重组。

设计构思：设计采用火龙果的形态元素进行解构与重组，体现建筑的个性，大门主体色调以原木褐色为主，立面局部加入当地传统的布依族纹样图案，丰富了大门的文化内涵，视觉效果突出。景区大门占地约为 80 平方米，长约 15.9 米，进深约 4.5 米，高约 8.4 米。建筑主体结构采用钢结构造型，外包复合木材装饰。

建筑功能：红水河景区的入口形象大门，同时有序地引导了人流进出，具集散功能。

鸟瞰图

入口服务区实景

游客中心实景

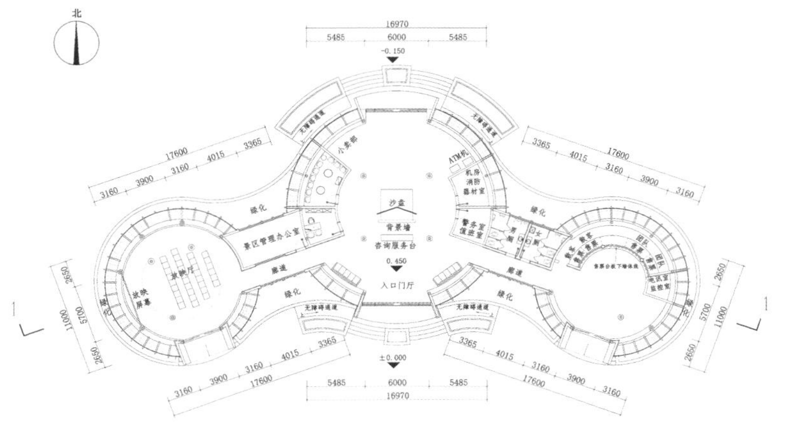

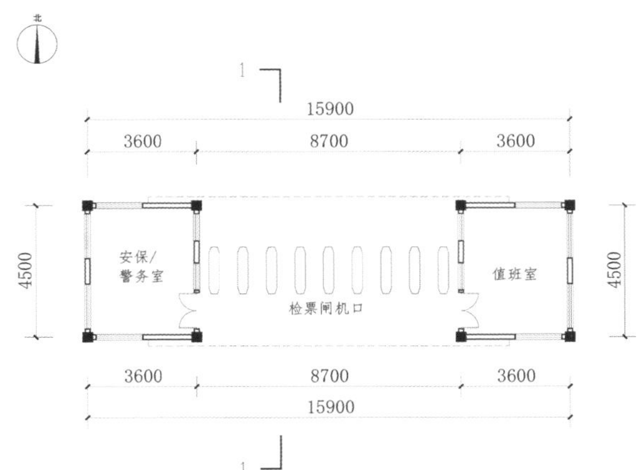

游客中心、景区大门平面图

游客中心实景

入口大门实景

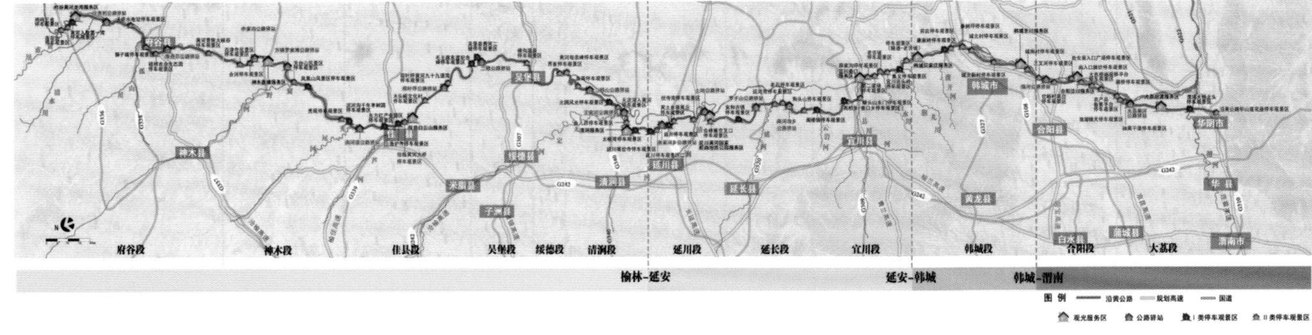

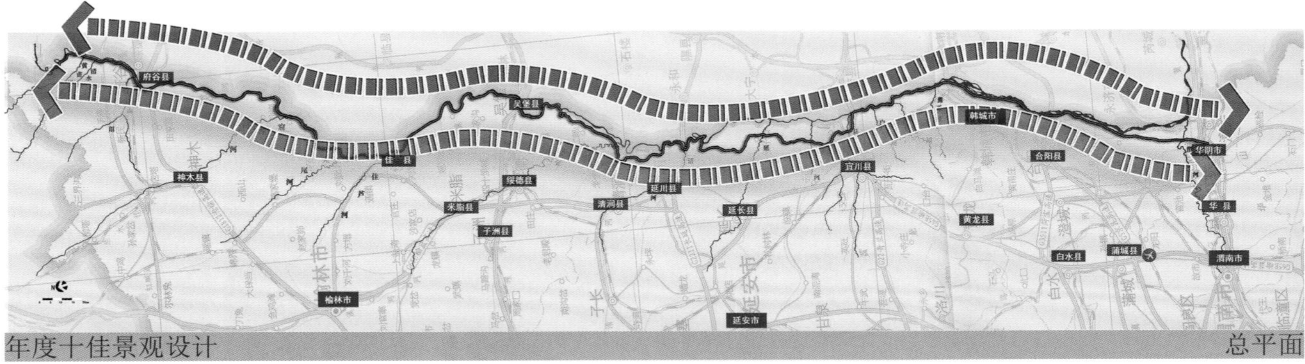

年度十佳景观设计　　总平面

陕西省沿黄观光路服务设施规划方案

PLANNING SCHENE FOR SERVICE FACILITIES ALONG THE YELLOW RIVER HIGHWAY IN SHAANXI

设计单位：中交第一公路勘察设计研究院有限公司（环境与景观规划设计）　主创姓名：史伟

成员姓名：张博、蒋伟、张品、仝晓辉、史伟、王祺、郝思嘉、商琦、石素贤

设计时间：2016 年　项目地点：陕西　项目规模：全长 828.5 千米　项目类别：旅游区规划

府谷黄河龙湾服务区鸟瞰效果图

合阳洽川服务区效果图

吴堡毛泽东东渡纪念碑停车观景区效果图

设计说明

陕西省沿黄观光路是陕西省沿黄河西岸在建的一条南北向旅游观光公路通道，是陕西省委、省政府确定的重大基础设施建设工程。项目路线全长 828.5 千米，沿途经过 4 市 12 县（其中国家扶贫开发工作重点县 8 个）72 个乡镇 1220 个村，直接受益人口达到 200 多万人，本次规划充分结合沿线资源，按照统一的规划原则和建设思路，建设服务区、停车观景区等服务设施，打造一条体现“生态旅游 + 黄河文化”的美丽干线公路，为社会提供优质的公路服务。

建设目标为打造陕西红色文化旅游的展示窗口，黄河历史文化旅游的示范导游标，精准扶贫新产业体系的链接站。在全线规划服务设施共 89 处，其中观光服务区 10 处，公路驿站 15 处，Ⅰ类停车区 19 处，Ⅱ类停车区 45 处。观光服务区除基本服务功能外，还包括观景、旅游、加油、加气、充换电、维修、地方特色展示、物流仓储、游客集散服务、养护办公等。公路驿站的功能包括养护、办公、停车、如厕、休息、应急救护、加水、加油加气充换电、购物、旅游服务等。Ⅰ类停车观景区功能包括停车、观景、休息、如厕、旅游服务等。Ⅱ类停车观景区主要功能包括停车、观景、临时休息。

服务设施布局原则为：平均每 10 ~ 15 千米要有服务设施，每 20 千米要有公厕、停车服务。对旅游景点影响范围：沿黄公路两侧 20 千米范围内景点纳入考虑。

延川伏寺湾停车观景区效果图

韩城城北村停车观景区

韩城城南村停车观景区

韩城姚家庄服务区

宜川壶口服务区

延长罗子山公路驿站

神木盘塘服务区

年度优秀景观设计　　鸟瞰图

凯里市清水江生态治理建设工程

KAILI QINGSHUIJIANG RIVER ECOLOGICAL MANAGEMENT CONSTRUCTION PROJECT

设计单位：深圳市铁汉生态环境股份有限公司　主创姓名：林家其、高杨　成员姓名：柴斐娜、林仰、刘苗璇、周昭宜、资清平、邢彦军、胡纯
设计时间：2015 年　项目地点：贵州 黔东南苗族侗族自治州 凯里市　项目规模：682 公顷　项目类别：旅游区规划
委托单位：贵州凯里开元城市投资开发有限责任公司

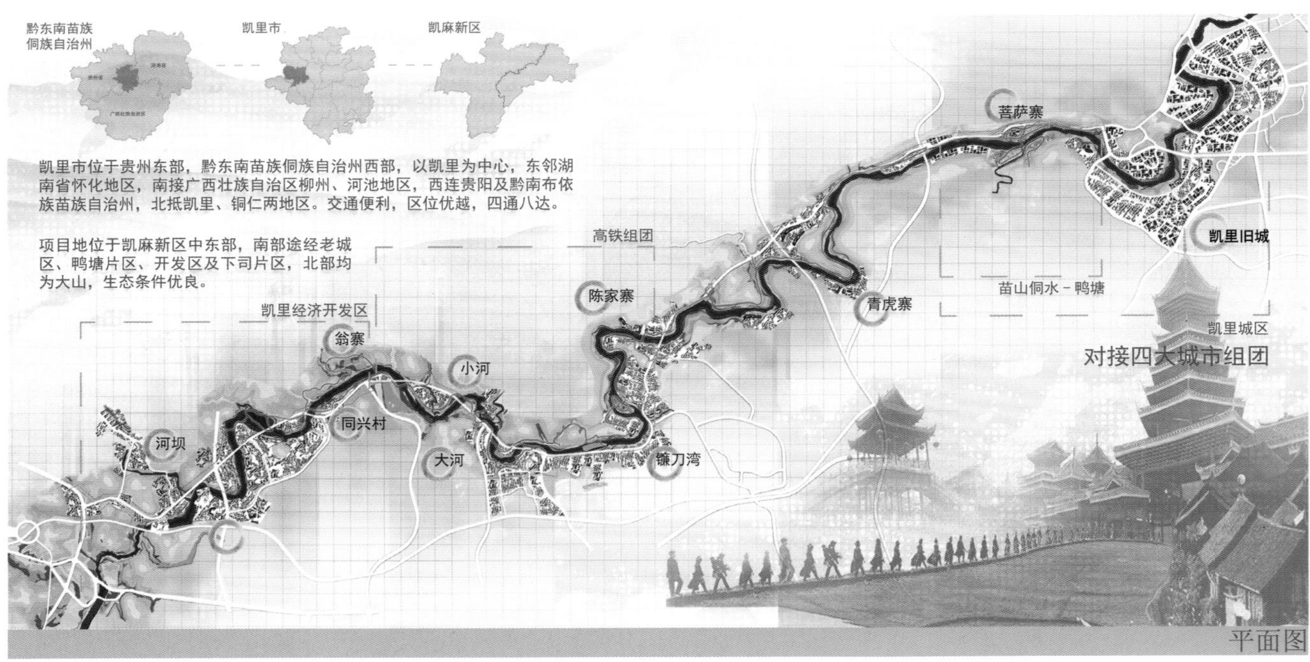

平面图

苗岭竹海效果图

九曲画廊效果图

设计说明

贵州省凯里市的城市发展正处于新旧更迭的关键阶段。由于城市不断扩张，凯里老城区的问题日益显现，诸如：城市过于拥挤，缺少地方特色，河流渠化严重，山体开挖破坏，边坡大量退化等。

2012 年贵州凯里—麻江同城化发展上升到国家战略层面。项目地清水江位于凯麻新区发展的主轴上，以其独特的自然人文资源成为激活清水江沿线的城市发展的活力引擎，未来将有利促进凯里市从山城向滨江城市转型发展。

本次设计充分研究了场地原有的自然基底、村寨特色、民族文化，以低影响开发为设计原则，打造极具凯里特色的滨江旅游产业带。本项目旨在通过村落、文化、自然风貌、连接等方面的更新，实现城市经济跨越式发展，同时，传承凯里本土特色文化。

整体规划：项目整体规划布局分为五大组团：综合旅游组团、生态景观组团、特色民俗组团、魅力田园组团、乐活健康组团。规划布局结合场地原有资源，五大组团相辅相成，打造具有地域性多元化的滨江生态旅游。

设计策略：村落更新——保留村落原有形态，在建设新区的同时保留其地域性。文化更新——保护并展示当地文化，使城市建设具有人文关怀。自然风貌更新——合理利用原有田园风貌，创造人与自然和谐互动的景观。连接更新——创造多维度交通连接系统，保护自然本底。本项目以清水江慢行系统为特色交通骨架，步道与驿站的设计尊重水位与地形变化，并根据分段主题选择树种，在保证场地安全性的同时形成季节变化的景观。

本项目是凯里城镇建设规划过程中的城市更新实践，必将成为凯里建设国际旅游城市、国家生态园林城市、国家创新型城市的典范。

慢行系统效果图

年度优秀景观设计　　总平面

鲁朗高原生态农牧主题公园景观设计

LANDSCAPE DESIGN OF ANIMAL HUSBANDRY THEME PARK IN LURANG

设计单位：重庆银桥建筑设计有限公司景观建筑分公司　　主创姓名：陈莉　　成员姓名：杨格、袁宁、夏巧、刘宇

设计时间：2017 年　　项目地点：西藏 鲁朗　　项目规模：16.67 公顷　　项目类别：援藏项目

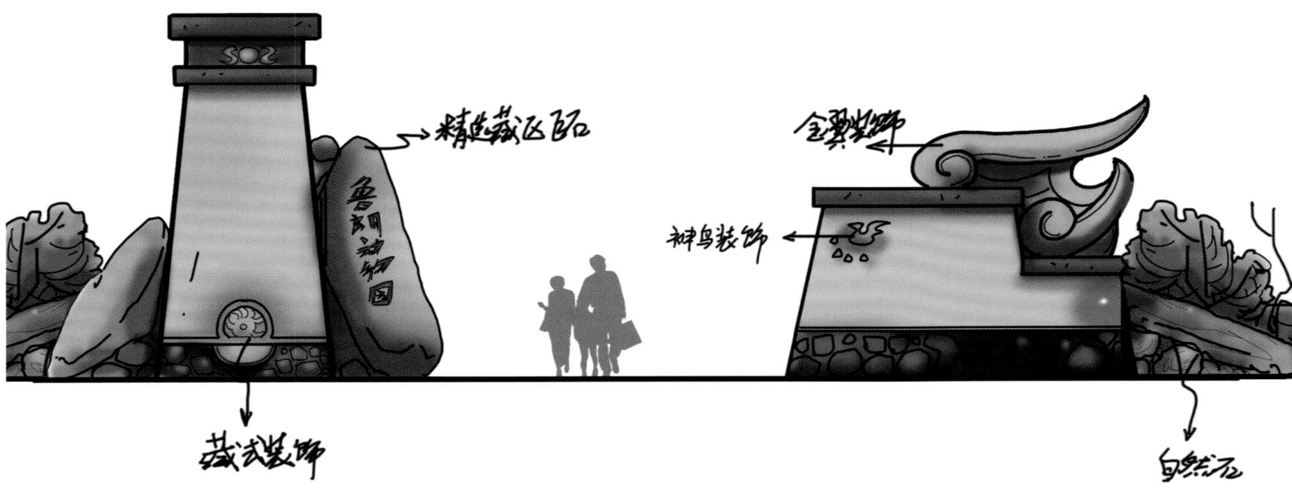

入口效果图

建成入口实景图

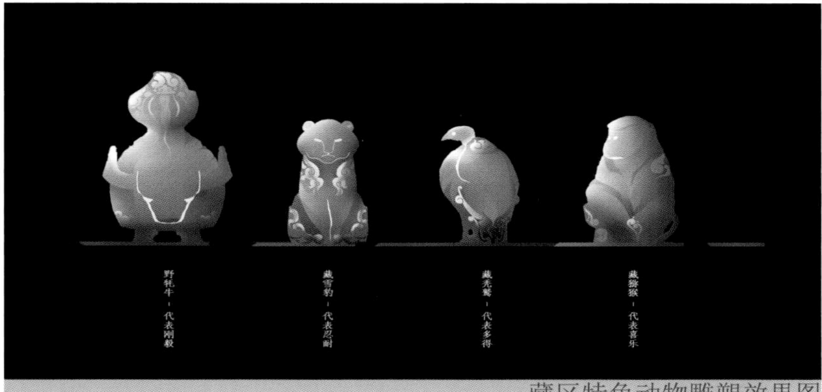

藏区特色动物雕塑效果图

现场施工实景

设计说明

主题公园位于鲁朗国际旅游小镇东南部，总投资约 8000 万元，占地面积 16.7 公顷。建设内容包括：3D 打印旅游产品，高原恒温生态养鱼，藏鸡、拉萨白鸡等高原家禽养殖，羊驼、猕猴、鸵鸟、孔雀、梅花鹿、锦鸡、鹦鹉、七彩山鸡等观赏性动物养殖以及高原牧草种植。

本项目与以往所接触的项目不同，更多的是在现场踏勘结合藏区特色资源配置景观，在宏观规划控制下一边施工一边设计，要求设计师有极强的审美和对不熟悉元素有高度的糅合能力，在具体设计中并不是靠效果图堆砌而是靠一张张手绘图做出临场的判断，在整个设计中仿佛是在完成一幅画作一样，灵感涌出马上落地，丝毫没有滞歇之感，这与以往项目设计相比可以说是独一无二的设计体验。

着重思考的课题：

1. 谁是真正的设计对象，发掘空间的性格特征。

方法：关注生命本身，空间形态和生命共鸣，把藏区动物的性格特征作为塑造空间气氛的切入点。

2. 如何做到回归自然，又如何与人为环境结合？

方法：体验系统构建，赋予每个区域一种精神代表，如藏猕猴代表喜乐、藏牦牛代表刚毅、雪豹代表隐忍。

3. 旅游商品如何做得到独一无二且又自成体系？

方法：通过对特有动物艺术品设计，用现场 3D 打印的方式。

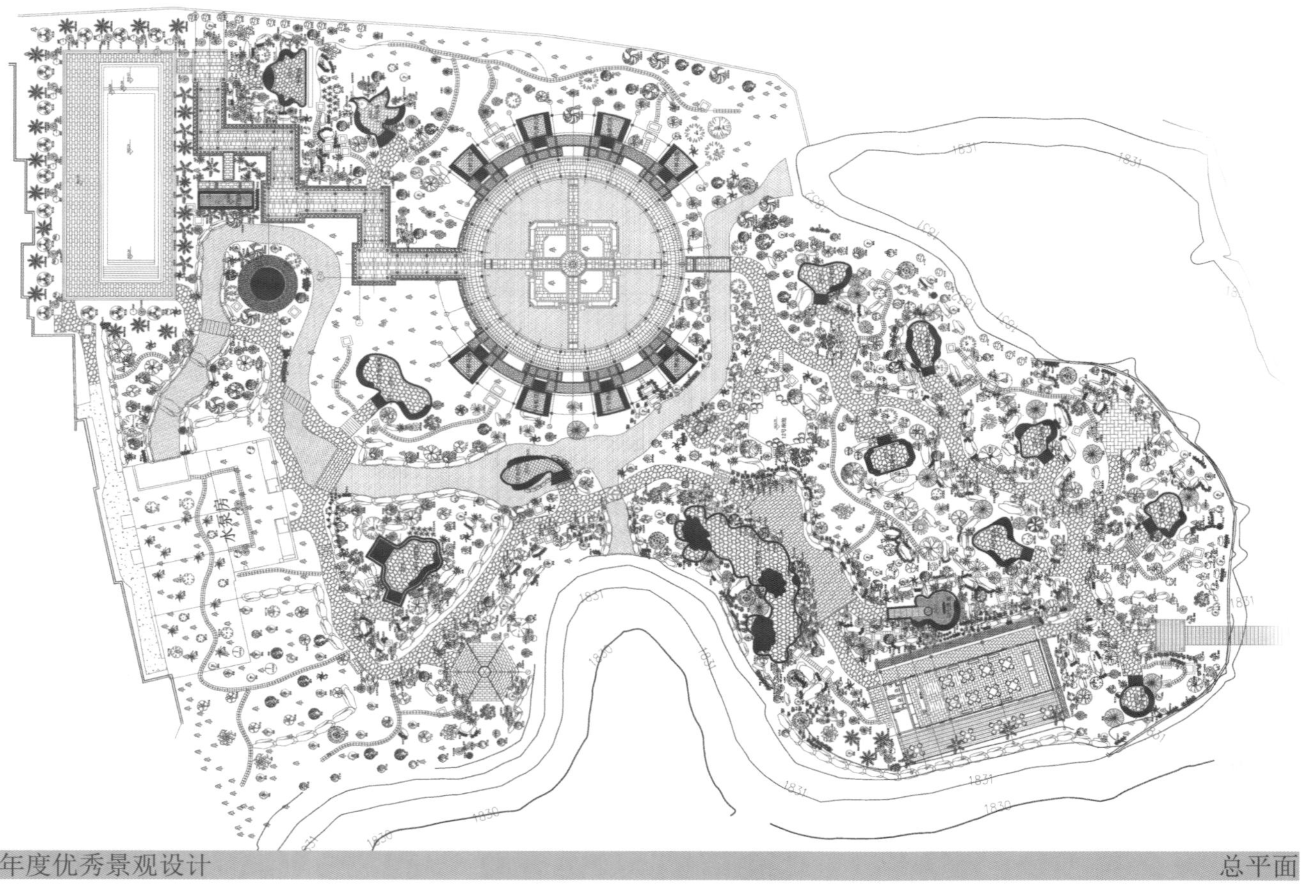

年度优秀景观设计　　总平面

安宁天下第一汤·泊温泉

THE FINEST HOTSPRING IN ALL THE LAND•BO

设计单位：云南品文建筑工程设计有限公司　主创姓名：黄文　成员姓名：刘晓樱、张德旺、字金用
设计时间：2015 年　项目地点：云南 昆明　项目规模：1.30 公顷　项目类别：旅游区规划
委托单位：重庆泊温泉酒店管理有限公司

入口服务区鸟瞰图

设计说明

一直以来，“泊”品牌坚持尊重和保护中国地域文化，维护自然生态环境的平衡，创造一种贴近自然的健康品质生活美学，为消费者提供个性化和富有文化内涵的产品和服务，将具有不同疗效的温泉剂加入温泉水中来逐步改善健康问题，通过良性循环从而达到康复疗效，引领大家在提升品质生活的同时，打造真正的健康生活。温泉养生与传统中医完美结合，提供量身定制可持续的健康养生计划。

能源利用是温泉（地热）产品开发利用过程中的核心内容，是根据温泉（地热）项目区温泉水恒温补热、特定功能设施和设备热需求，以项目区可用的常规能源和新能源为基础，充分考虑投入、运行成本后，提出的多能源结合供应所需热能的开发形式、分配形式、工艺体系，实现在满足项目区能源所需的同时，提高能源的利用效率，节约成本、实现低碳环保的可持续性发展的要求。

实景图

年度优秀景观设计

总平面

祁红特色小镇 A 区景观规划设计

A DISTRICT OF QIMEN BLACK TEA TOWN LANDSCAPE PLANNING AND DESIGN

设计单位：安徽建筑大学、安徽瀚一景观规划设计院有限公司　　主创姓名：冀凤全、汪锡超　　成员姓名：费晨亮、邓冠如、刘霞、杨溯、金丽

设计时间：2017 年　　项目地点：安徽 黄山　　项目规模：23.2 公顷　　项目类别：旅游规划区

委托单位：黄山市祁红文化旅游发展有限公司

小镇入口效果图

小镇客厅效果图

随农创意园效果图

祁红远眺效果图

设计说明

项目所在地位于安徽省黄山市祁门县平里祁红小镇 A 区，其规划面积约为 23.2 公顷。平里镇及其所属的祁门县有着浓郁的徽州文化气息并蕴含了丰富的徽州文化资源。平里作为祁门红茶的发源地，境内有一批与祁门红茶有关的人文历史遗迹与遗存。如祁红“鼻祖”胡元龙故居、茶艺、茶俗、茶歌、茶号等。

项目设计从生态保护与利用角度统筹功能配置，以更高的建设水平和更鲜明的功能特色，将祁红特色小镇 A 区定位为：中国特色旅游标杆。即从初级的农园观光、采摘、农家餐饮住宿等业态向生态度假、健康养生、文化休闲等高级阶段提升，打造一处身心放逐的轻松旅游小镇。

景观结构设计一轴、两带、三区、多点。一轴：沿 X024 县道特色小镇发展轴。两带：山地景观带、滨水景观带。三区：游客服务区、休闲体验区、滨水景观区。多点：多处特色景观节点。

设计策略以“文化 + 农业 + 民宿”的发展模式开启祁红特色小镇之旅。

1. 文化传承：利用建立在红茶文化之上的创意衍生品营造小镇文化氛围。

2. 休闲田园：以乡村独特的自然景观及劳作与生存的独特方式体验田园空间特质。

3. 乡村生活：来一场乡村生活方式与现代情感交流与融合的质朴养生之旅。

通过田园线串联随农、简居、园艺、采风、嘉礼、茶遇、野食等休闲活动，力求使游人在上述活动中可以体验感知到乡村生活、农耕文化、饮食文化、祁红文化、产业文化、地理风貌、民俗生活等文化线，从而体味到浓郁的祁红文化氛围。

鸟瞰效果图

图 例：

- 森林养生区
- 文体体验区
- 民俗部落区
- 四方街创意区
- 花花世界交流区
- 儿童娱乐区
- 基础粮食供应区
- 公共活动区
- 清林牧场区

1. 好梦 · 马场
2. 好梦养老区
3. 主入口门区
4. 花田球场
5. 好梦 · 乡村球场
6. 好梦 · 会员之家
7. 家庭美食制作
8. 自助餐厅
9. 森林营地
10. 游客服务中心
11. 自然元 · 养生活
12. 艺术展览空间
13. 巧克力民宿
14. 好梦 · 红酒吧
15. 听茶书院民宿
16. 雄鹿精酿啤酒庄园
17. 草坪展览
18. 花田喜事
19. 梦幻玫瑰园
20. 好梦花房
21. 滑行酒店
22. 无动力体验
23. 彩虹步道
24. 萌宠乐园
25. 基础粮食种植
26. 宠物赛事
27. 世界最大植物二维码
28. 好梦 · 花海
29. 清林牧场

P 停车场

年度优秀景观设计　　总平面

好梦林水创意生活微度假体验区

HAOMENGLINSHUI CREATIVE LIFE MINIATURE RESORT EXPERIENCE AREA

设计单位：天津市大易环境景观设计有限公司　主创姓名：徐欢　成员姓名：刘宇、陈欣、胡靓娴、张今后、罗伟佳

设计时间：2016 年　项目地点：河北 保定　项目规模：200 公顷　项目类别：旅游区规划

委托单位：保定市好梦林水农业科技有限公司

世界最大植物二维码

花间宿效果图

无动力体验效果图

设计说明

项目位于河北省保定市清苑县北店乡西林水村。北至京港澳高速，西至工业路，东临乐凯大街。规划总占地约 200 公顷。地理位置优越，交通便利。高铁保定东站所处位置在清苑区内。保沧高速、京港澳高速清苑出口距离项目约为 7 千米和 3 千米。省道 S231、乡道 Y312 从规划区内及周边经过，交通区位优势明显。

功能定位：打造全国首个乡村创意生活、“微度假”目的地。

形象定位：好梦林水，让生活更加美好。

规划思路：尊重原有土地风貌的基础上，引进生态休闲项目。尊重保定特色文化的基础上，寻找项目源代码（有创新活动的能人）。初期通过深度体验类项目组合吸引游客，打响知名度，为后期发展奠定基础。结合周边开发情况汇聚精英人才，结合大学生及年轻创业群体，整合各种优质资源，完善园区功能配套。园区策划传递知识创新理念，引导大众创新意识，使知识成为创新的原动力。

商业模式：好梦林水创意生活微度假体验区，以农业为基底，依托产业升级带动创客社群。以农业、文化、旅游和服务四个产业带动乡村匠人、非遗传承人和大学生三大创客群体。好梦林水的创客和匠人是爱生活、有能力、有绝活、会推广、高品质服务的人，是能变现的创客孵化平台。帮助创客对接资源提供平台，帮助他们进行创意、设计、营销，同时，通过直播平台与创客一起对外发声，让最不容易变现的群体在好梦林水变现。

鸟瞰效果图

年度十佳景观设计　　鸟瞰图

世家小镇生态廊道综合规划与景观设计

COMPREHENSIVE ECOLOGICAL CORRIDOR PLANNING AND LANGSCAPE DESIGN OF KIND FAMILY TOWN

设计单位：北京纳墨园林景观规划设计有限公司　　主创姓名：张华
成员姓名：郭鹏、王胜男、郑秀涛、孙佳胤、刘芳、王珺、鲍占宇、腾菲菲、李亚楠、卢佳莹 、程兴、聂亚丽、杨琪、李秋雨
设计时间：2017 年　　项目地点：山西 大同　　项目规模：282.57 公顷　　项目类别：公园与花园设计、居住区环境、绿地系统规划
委托单位：山西凯德世家房地产开发有限责任公司

生态区

设计说明

随着城市化进程的深入，无论是古都还是新城，大都处于现代主义美学的浸泡之下。现代主义驱动下的城市更新，逐步改善了基础功能，也打碎了城市生态格局的完整性，割裂了城市历史文脉的延续性。在城市双修的语境下，规划方法回归地脉、文脉、人脉的传统路径成为可能。

世家小镇的规划设计，从景观生态学的角度，把景观格局作为生态基础设施，以维护自然、生命和人文的连续性和完整性为前提，构建人和土地的和谐关系。在此基础上，规划以低影响、低扰动、低技术作为实施策略，并以此对开发建设进行约束，确保生态与文脉在项目发展中的核心位置。

项目提出了“生态廊道＋遗产廊道”的概念，通过对场地中不同形态生态斑块的梳理以及传统生产生活方式的活化，实施自然生态的修复与城市人文环境的修补。

规划以连贯、完整的生态基质，确保区域内生命系统的完整性。项目采取以生态治理生态的方法，进行盐碱地、湿地的治理、修复和生境营造，大面积的湿地为鸟类保留了栖息场所。规划对建设与人的活动制定了严格的边界，将人工对自然的干扰降到最低。

规划通过生态植草沟、下凹式绿地、雨水花园、绿色屋顶、地下蓄渗、透水路面等方式，实现场地雨水的原位收集、自然净化、就近利用以及地下水回补。低影响技术的运用，是对场地生态系统的尊重，也是为本地海绵城市体系的建立和实施，做出的示范和准备。

项目中大量使用了野花野草、本地石料、旧砖旧瓦以及便捷的搭建与砌筑方式，并有限地应用了混凝土、钢和玻璃等现代循环材料。项目对低技术的运用，以场所精神与文脉延续获取情感认同的同时，也构成了材料与能源的区域循环。

世家小镇以自然生态修复和城市文化修补，还原山水林田湖生命共同体的景观基底，建设生态、游憩圈层，构建宜居社区，以全域旅游思维，构建旅游＋产业圈层，形成“生态系统＋特色小镇＋田园综合体”的城市更新模式。

生态区

居住区环境

生态区

生态区

居住区环境

生态区

年度十佳景观设计

总平面

重庆悦来生态城海绵城市道路景观设计

CHONGQING YUELAI ECO-CITY SPONGE CITY ROAD LANDSCAPE DESIGN

设计单位：重庆诺亚创研规划与景观设计有限公司、重庆世博园林景观规划设计有限公司　　主创姓名：柏雪

成员姓名：李侨、王帝、蒲超、钟秀君、唐杰　　设计时间：2015 年　　项目地点：重庆　　项目规模：15.45 千米　　项目类别：道路景观设计

委托单位：重庆悦来投资集团有限公司

道路景观

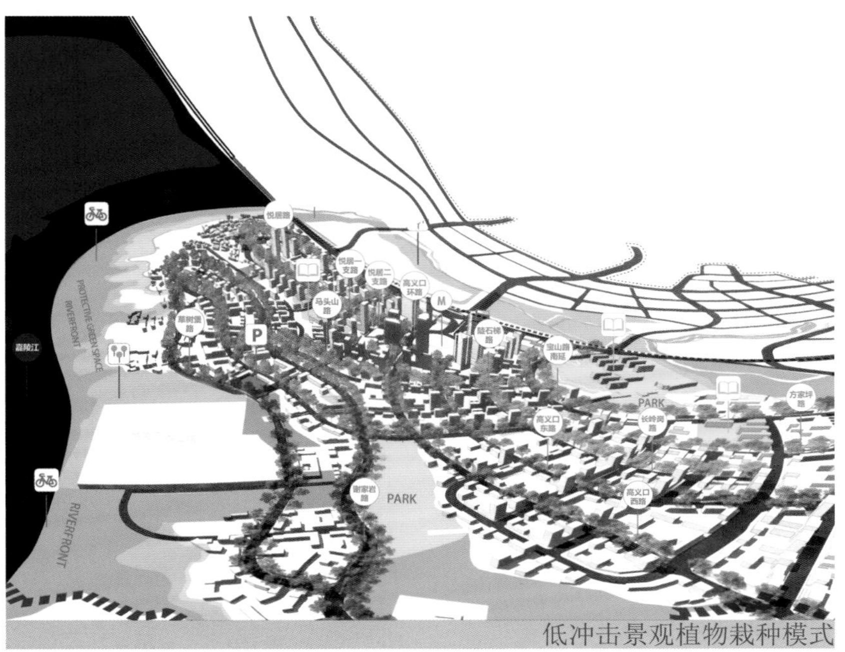

低冲击景观植物栽种模式

设计说明

项目位于重庆市悦来生态城，东临金山大道，西以嘉陵江为界，北侧为城市中环快速路一横线，南侧以自然溪谷为界。 本项目包含13条道路，共计15.45千米，主要引入“低冲击TOD”开发模式，结合小尺度街区，塑造具有重庆山地特色的景观空间层次。

道路景观出色的表现离不开行道树叶片色彩的变化和花朵的绽放，而最美的街道，往往指的是最美的行道树。回归自然的城市所拥有的行道树应该是五彩斑斓的，在每个季节都有看点和亮点。同时达到自然生态、有机连续、四季之美、雨水循环，构建生态植物群落，维持土壤平衡，植被平衡，模拟自然的生态群落式配置方式，意通过绿化种植改善微气候。

项目是全国首批海绵城市试点城区，海绵城市示范项目，在极具山地特色的层次空间及富有挑战性的场地进行建设。设计师在上述设计理念中，再结合当地文化和历史，希望能达到真正意义的生态设计，打造近自然森林城市，同时形成良好绿色生态海绵“慢生活体验街区”。

鸟瞰图

雨水花园及生态草沟废水收集

雨水花园及生态草沟——春季

雨水花园及生态草沟——秋季

部分道路施工开始，从图纸工作到落地

建成后雨水花园及生态草沟

汀步、豁水口、卵石阻隔带、雨天抗径流能力观察

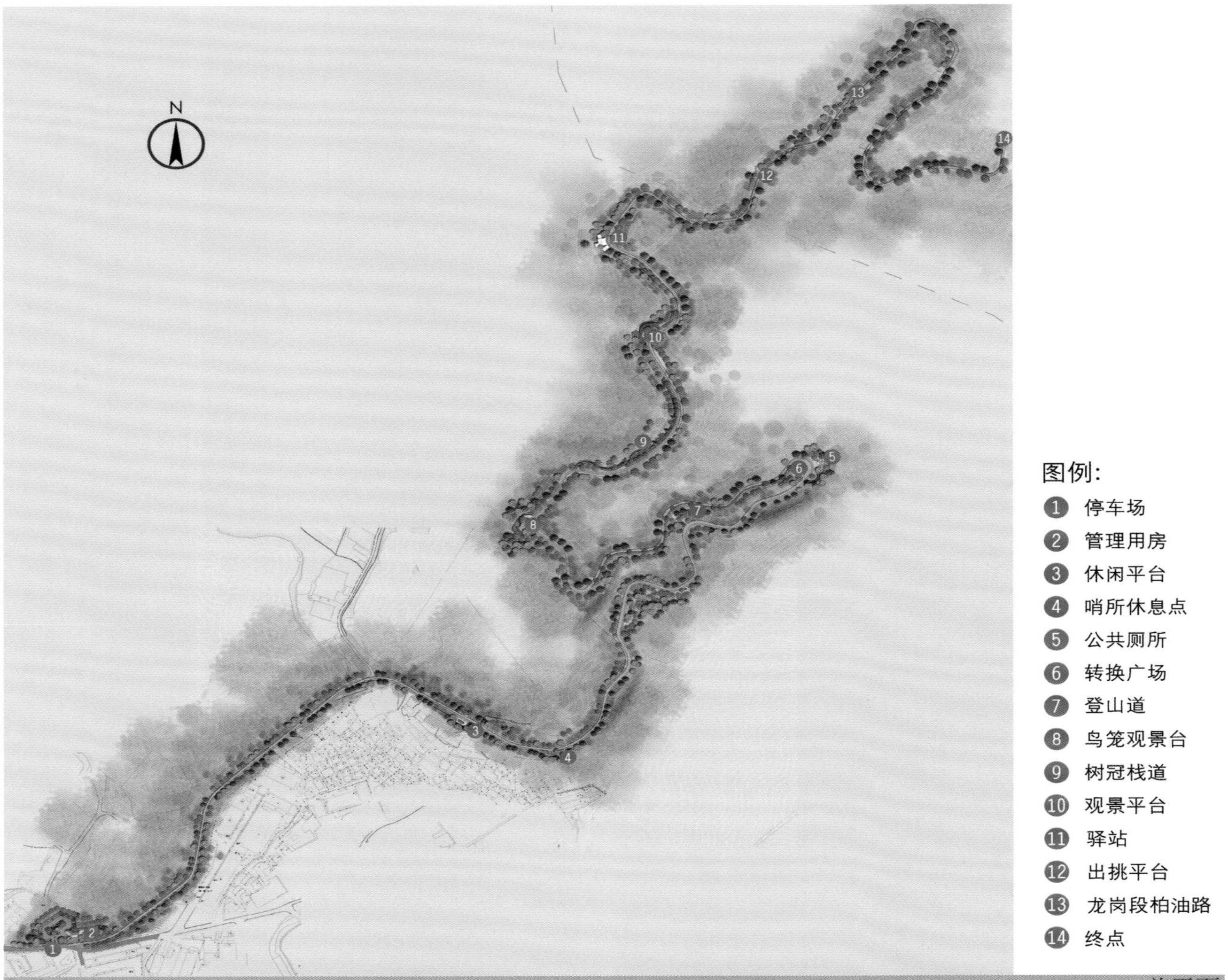

N

图例:
1 停车场
2 管理用房
3 休闲平台
4 哨所休息点
5 公共厕所
6 转换广场
7 登山道
8 鸟笼观景台
9 树冠栈道
10 观景平台
11 驿站
12 出挑平台
13 龙岗段柏油路
14 终点

年度十佳景观设计　　总平面

省绿道 2 号线（梧桐山二线巡逻路段）改建工程设计

SHENZHEN HAN SAND YANG JINGGUAN PLANNING AND DESIGN CO LTD

设计单位：深圳市汉沙杨景观规划设计有限公司　　主创姓名：王锋　　成员姓名：徐抖、姜超、李明、黄剑锋
设计时间：2016 年　　项目地点：广东 深圳　项目规模：4.1 千米　　项目类别：公共建设
委托单位：深圳市罗湖区城管局

岗哨结合亭廊效果一

岗哨结合亭廊效果二

岗哨结合亭廊效果三

设计说明

项目建设地点位于深圳市罗湖区东湖街道，起点位于梧桐山股份有限公司，经梧桐山边防二线巡逻路，终点与龙岗绿道相接。本次设计尊重原始生态条件，以自然风光为设计背景，保护传承文化底蕴，体现城市精神内涵。充分利用现有山林植被，以保护为主，改留结合，维持稳定的森林生态系统。坚持生态优先原则，形成完整的景观体系和生态网络格局。融合自然，坚持人与自然和谐共生的价值取向和生态导向，提高绿道的舒适性，利用线性空间打造具有教育意义的活动空间，将历史文化、游憩旅游、生态景观、自然保护充分的结合起来，最终形成一条综合性的生态绿道。注重整条绿道的感官体验，最终为市民提供一个亲近自然、交流休闲、户外运动、生态健康并且能感受深圳历史变迁的体验式综合性绿色通廊空间。

树冠栈道

观景平台效果图

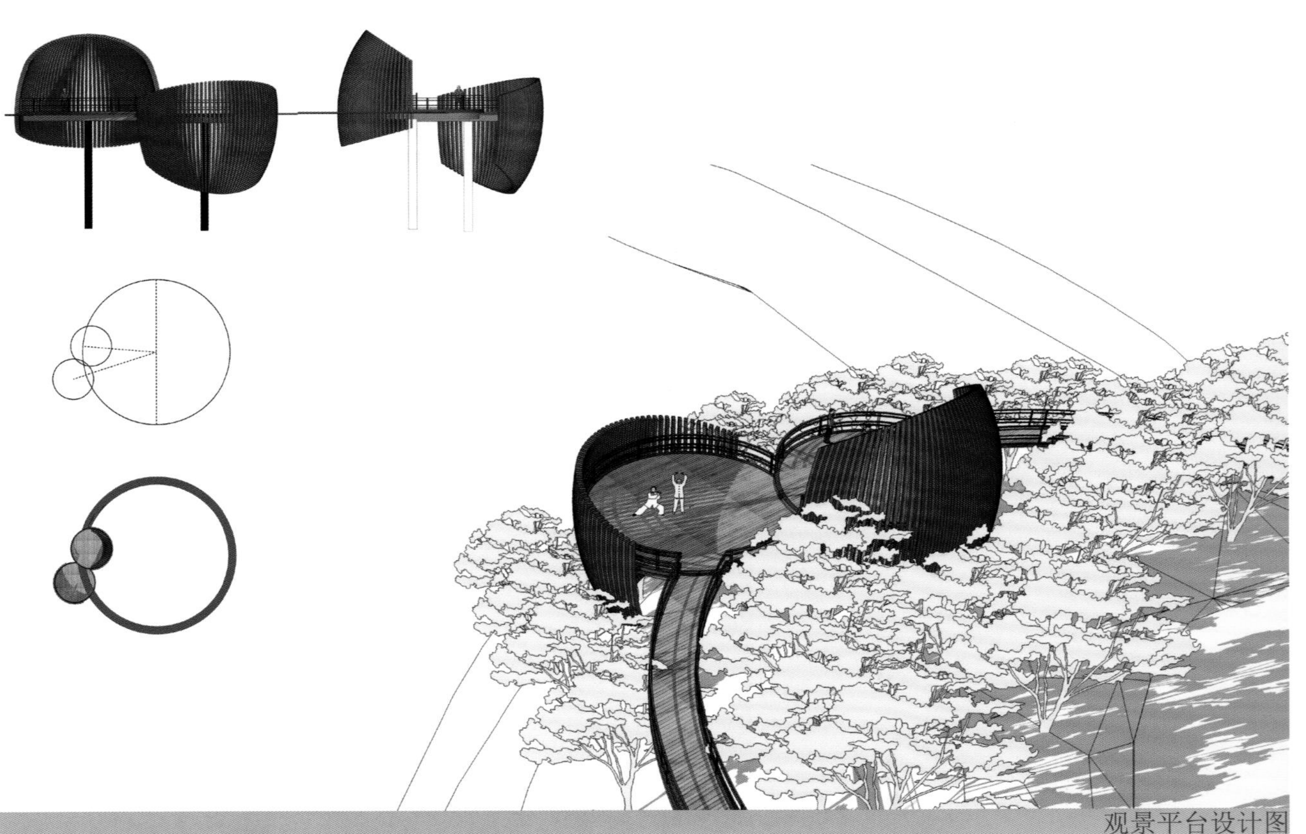
观景平台设计图

综合服务中心

项目建设地点位于深圳市罗湖区东湖街道，改造段位于梧桐山段，梧桐山是国内少有的邻近市区以滨海、山地和自然植被为景观主体的城市郊野型自然风景区，景观以其“稀”、“秀”、“幽”、“旷”为显著特征。这样得天独厚的地理环境，也成为该段绿道的一大优势。项目改造的绿道便是以原深圳边防二线巡逻道为依托，连接深圳市罗湖区与龙岗区，现状路面主要为原二线关的石板巡逻道，具有独特的人文历史背景。

绿道驿站

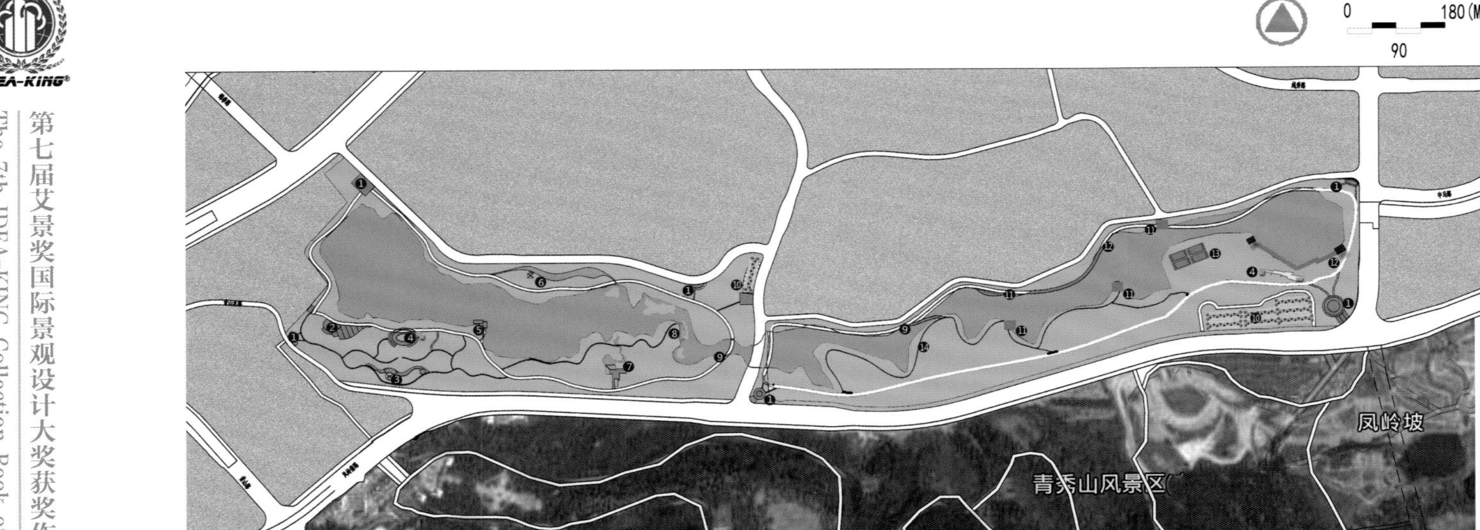

年度十佳景观设计　　总平面图

南宁青秀湖公园绿道规划提升方案

NANNING CITY GREEN LAKE PARK GREENWAY PLANNING UPGRADE CONCEPT PROPOSAL

设计单位：广西艺术学院　主创姓名：徐楠　成员姓名：关键、张俊超、郭映琪、梁思佳、徐文军

设计时间：2017 年　项目地点：广西 桂平　项目规模：32.16 公顷　项目类别：旅游区规划

委托单位：北京国奥中健体育发展有限公司

绿道效果图

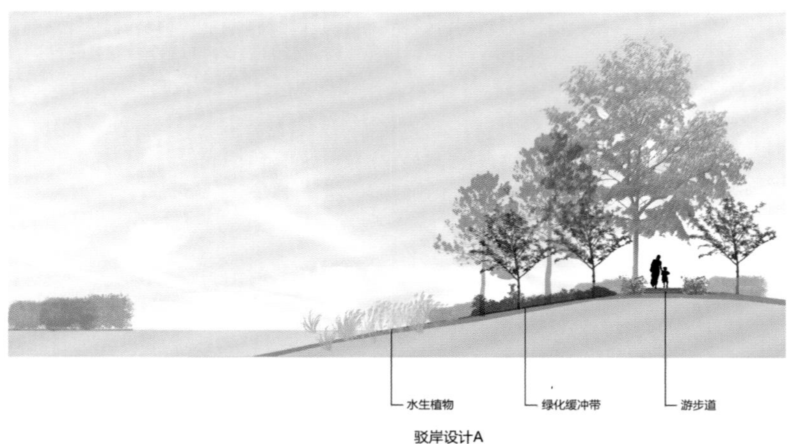

驳岸设计 A

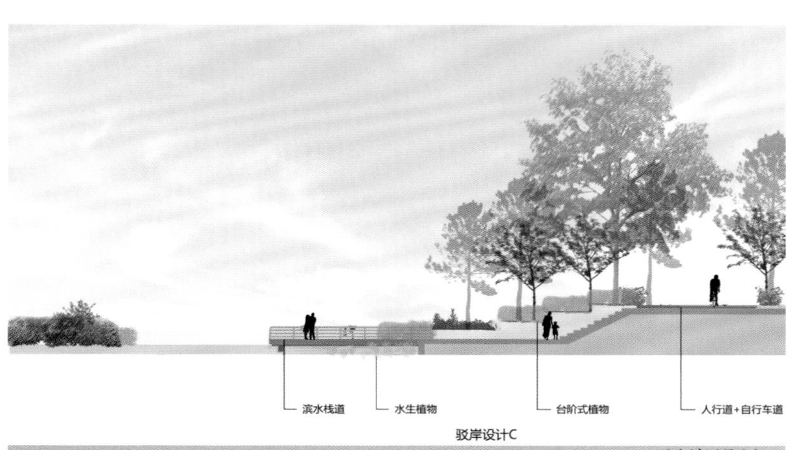

驳岸设计 B

设计说明

交通方式和交通工具的改变所带来的交通总量压力不断膨胀，建立多种交通方式并存、优势互补的城市综合交通系统体系，是城市交通建设理念从“局部建设”向“系统建设”转变。

在此前提下，设计师提出青秀湖公园提升计划方案，计划在青秀湖公园建立一个绿道系统，为一种线型绿色敞开空间，考虑到游人和自行车骑行者的合理景观线路，连接青秀山公园和青秀湖片区。

1. 规划思路：慢行系统提升计划 + 运动公园。

（1）规划完整的自行车道。

（2）规划沿湖慢跑与散步道，同时接壤青秀山生态游规划路线。

（3）增加参与性活动，使市民更近距离的接触风景区。

2. 具体规划内容。

（1）绿道总长约 12 千米，生态绿道约 9 千米，游憩绿道约 3 千米。

（2）两个主题：生态湿地体验绿道、游憩景观休闲绿道。

（3）两种绿道类型：生态型绿道（青秀湖西段—青秀山风景区）、游憩型绿道（青秀湖东段）。

（4）8 个绿道景观节点、2 个大型驿站、3 个服务点。

绿道驿站

湿地栈道

儿童乐园

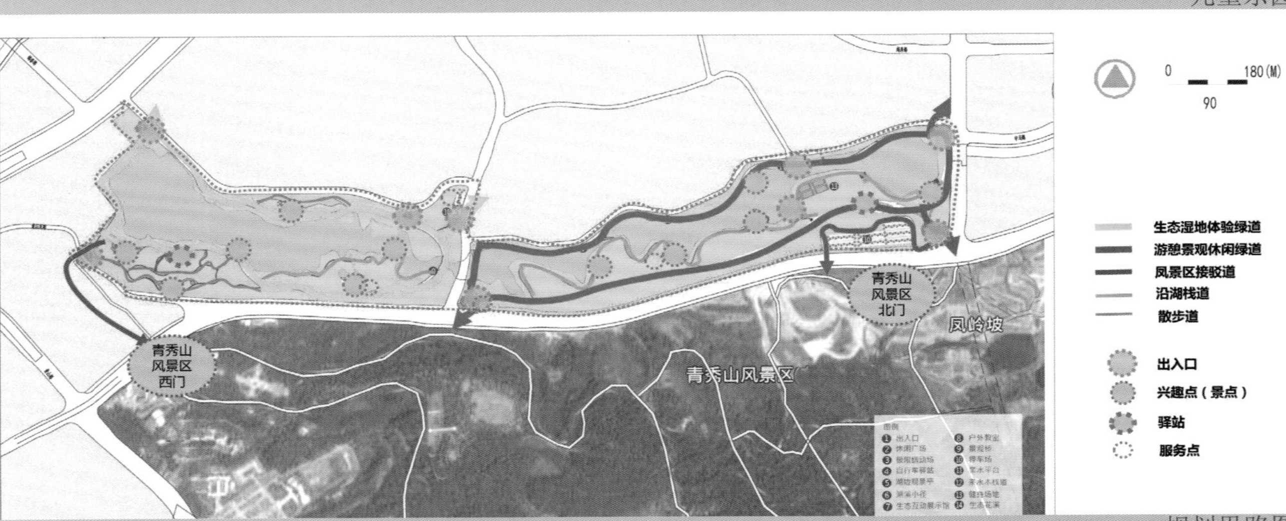

规划思路图

综合游步道
驿站、服务点
新增出入口

凤岭坡
青秀山风景区

图例
1 出入口
2 休闲广场
3 极限运动场
4 自行车驿站
5 湖边观景亭
6 溪涧小径
7 生态互动展示馆
8 户外教室
9 景观桥
10 停车场
11 亲水平台
12 亲水木栈道
13 健身场地
14 生态花溪

第一期分期规划图（2017-2019）

综合游步道
驿站、服务点
新增出入口

凤岭坡
青秀山风景区

图例
1 出入口
2 休闲广场
3 极限运动场
4 自行车驿站
5 湖边观景亭
6 溪涧小径
7 生态互动展示馆
8 户外教室
9 景观桥
10 停车场
11 亲水平台
12 亲水木栈道
13 健身场地
14 生态花溪

第二期分期规划图（2019-2021）

综合游步道
连接青秀山段绿道
地铁站

凤岭坡
青秀山风景区

第三期分期规划图（2021-2022）

年度十佳景观设计

总平面

峨眉山九宾湿地景观规划

LANDSCAPE PLANNING OF JIUBIN WETLAND IN EMEI MOUNTAIN

设计单位：贝尔高林国际（香港）有限公司　主创姓名：许大绚　成员姓名：温颜洁、华欣、黄摄秒
设计时间：2013 年　项目地点：四川 乐山　项目规模：11.3 公顷　项目类别：园区景观设计
委托单位：四川申阳置业有限公司

主入口

田园风光带

田园风光带

设计说明

峨眉山九宾湿地设计手法为师法自然，尽可能保留原始植被及自然风貌，并力求将住宅项目转化为周末度假休闲胜地。中式的建筑与场地的和谐融洽让人感觉好像它已经存在多年。设计中极为注重原生态湿地与园林景观相结合。选种香樟、银杏、樱花等植物，更有九宾湿地稀有特色植物桫椤、珙桐等。全天然景观绿化吸引白鹭、天鹅、西伯利燕鸥等动物在此繁衍生息，将美景融入生活、居家之中。巧妙的园林布局，移步异景的园林效果，于此栖身，常伴鸟语花香，闲暇之时，漫步园区体验悠然慢生活。繁华之畔，享自然深处的宁静与优雅。浪漫的田园风光带、静谧的高尔夫球场、旖旎的峨眉河以及融于自然的建筑让住户和进入此处的游客充分而舒适的沉浸在九宾湿地的美景之中！

高尔夫湿地

高尔夫湿地

高尔夫会所

旱溪

旱溪

中庭水景

北广场

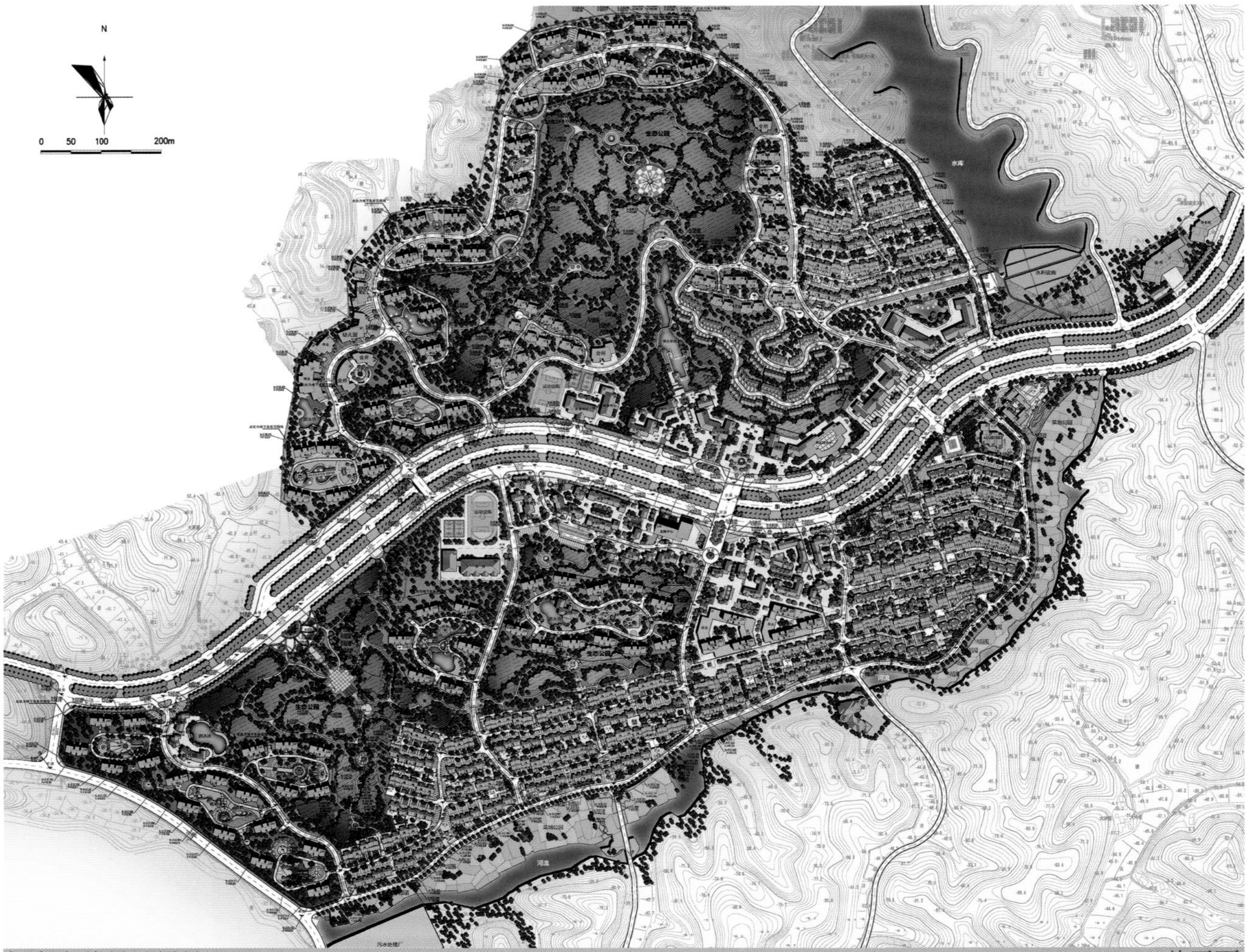

年度十佳景观设计

总平面

长沙浔龙河绿野童真儿童主题产业园

CHANG SHA XUNLONGHE LVYETONGZHEN CHILDREN'S PARK

设计单位：棕榈设计有限公司　主创姓名：黄文烨　成员姓名：汪耀宏、梁丽玲、何铭谦、苏树文

设计时间：2015 年　项目地点：湖南 长沙　项目规模：28.4 公顷　项目类别：园区景观设计

委托单位：湖南棕榈浔龙河生态农业开发有限公司

童勋营营地北段剖面

童勋营拓展营区与平桥

设计说明

童勋营：因地制宜的亲子乐园，尊重原地形地貌，做有趣的公共景观，激活乡村的里山空间。在童勋营的设计过程中，设计师查阅资料，赴香港向童军组织取经，学习了童子军军训课程的设计，成为童勋营主题功能分区、多活动游线策划、活动空间营造等设计要点的参考依据。此外，为满足少年儿童的使用需要，对场地尺度、植物品种、规格及颜色的搭配等均甚为考究。

云田谷：就地取材造清新田园，恢复梯田耕地资源，回归乡村生活方式，巧用天然生态廊道缝合城镇与自然。为了满足回迁农户的务农需要和都市游客的游赏体验需求，设计师们力求重塑乡村生活方式，使用当地毛石材料砌墙处理高差，打造梯田式台地菜园，防止新的水土流失，恢复被破坏农田，延续原场地肌理。同时，设计保留了北部水塘和山脚水渠，用以恢复山体径流汇水，为各种生物栖息提供了良好条件。在此基础之上，大面积种植开花草本植物，形成七彩花田，置入欢乐的农耕主题，务求建立一个集务农、游赏、保育等功能为一体的综合主题谷地，让人们畅游其中而能有丰富而有趣的乡野体验。

牧歌山：物尽其用绘山野胜景，利用回填土方重塑地形，恢复自然生境，创造乡村里的开放空间。牧歌山属于浔龙河绿野童真项目的牧场营地游乐主题地块，面积 9.8 公顷。项目开发初期，由于人为的开山挖土，原本山川生态地势遭到改变，满目疮痍。为了恢复生境和打造符合开发要求的主题乐园，设计师从梳理大地基底出发，利用回填土方重塑地形，形成自北向南急坡到平缓地的变化。起伏的北部山坡种植大波斯菊等观赏草花形成自然花海；平坦的中部大草坪用作汽车营地和单独的露营区，也为户外活动提供各种可能性；在南部区域置入小型马场和射箭场，满足游客的体验需求。

童勋营木栈道设计结合活动设施

童勋营吊索桥与服务中心

童勋营营地南段剖面

云田谷鸟瞰图

云田谷效果图

云田谷谷底花海

云田谷效果图

云田谷全貌

生态局部

牧歌山鸟瞰图

年度十佳景观设计　　鸟瞰图

苏州泰山九号展示区景观设计

SUZHOU MOUNT TAI NO.9 EXHIBITION AREA

设计单位：深圳市喜喜仕景观设计有限公司　主创姓名：陈雪晴　成员姓名：温涛、徐超、韩霜
设计时间：2017 年　项目地点：江苏 苏州　项目规模：6.86 公顷　项目类别：滨水康养社区
委托单位：苏州鲁能广宇置地有限公司

滨湖

公共空间夜景

镜花水月

设计说明

本案与沈公堤相邻，结合当地文化及场地特色，注入吴文化精髓，结合滨湖水岸，在规划路南北两侧预留用地建构文化休闲空间，功能更综合，融合的健康概念，嫁接鲁能健康和体育资源，实现养生居住、家庭度假、运动休闲、亲子游乐等功能，打造长三角片区旅养目的地，生态全龄健康、养生地产之典范。“望天，赏湖，增寿，轻生活”“居、养、医、护、康、乐、学”的齐全配套，适合全龄群体居住。

衣食住行、文体娱乐、养生保健、医疗健康、抱团居住、融汇绿色生态、人文活力的大健康社区。让小孩生活得快乐，让年轻人生活得轻松，让老年人生活得有尊严。

设计缘起：本案毗邻沈周主持修建的沈公堤，沈周晚年于盛泽湖边颐养天年。由此挖掘吴门画派宗师沈周以及吴门画派的文化内涵，探索沈周与盛泽湖的历史渊源，研究其书画作品与风格。

营造以吴门画派为主题的“诗画游居”的景观意境。选取沈周诗画代表作《烟江叠嶂图》，提炼经典元素，以现代的设计手法融入到景观中来。打造一个充满历史文化底蕴，又满足各类人群需求的多功能、复合型滨水康养社区。

水景长廊

入口

休闲区

长廊

入口草阶

冥想花园

长廊休闲区

年度十佳景观设计　　总平面图

中建·锦绣天地

ZHONGJIAN · JINXIU TIANDI

设计单位：上海中建八局投资发展有限公司、上海朗道景观规划设计有限公司　　主创姓名：孙红宁、薛问睿　　成员姓名：梁铭、孙红宁、薛问睿、臧年春

设计时间：2016.12-2017.4　　项目地点：上海市青浦区蟠中东路　　项目规模：3.67 公顷　　项目类别：园区景观设计

委托单位：上海中建八局投资发展有限公司

售楼处正立面效果图

售楼处正立面实景图

建筑立面与静水面实景图

步梯与水景石实景图

入口景观区透视图

入口景观区透视图

设计说明

中建西虹桥锦绣天地项目位于上海市青浦区，蟠龙路道以东，诸光路以西，毗邻地铁 2 号线、上海虹桥枢纽，交通便捷。中建在上海虹桥综合区城市更新兼具环境生态、智慧城市、多元活力的目标下，以现代生活空间需求融合浓郁的地域文化气质，配合现代风格并营造出具有前瞻性理念的 SMART（Space / Measure / Art / Recycle / Technology）现代产业园区版块。本项目为中建地产在上海西虹桥开发区的壹号作品。

景观设计的发展在尊重现代设计潮流下，还应项目的特点运用以下思路来进行各个细节环境空间感受的营造。

传承文化的宜人尺度

建筑内外前场、入口、中庭、外院，通过细节元素的把握，用现代的手法去演绎温润的优雅。

触动心灵的感受序列

将自然的雅致与缔造的精致融于这一方小天地，内秀其中，前场向内层层递进的空间感受，从阵列的仪式灯光到精心挑选的自然乔木，再到现代雅致的建筑入口，金属的肌理质感在水波涟漪中的斑驳树影相映成画。

露山藏水的优雅景致

建筑如高山，横条的遮阳玻璃百叶，遮阳透光，为室内空间提供了怡人的光线和空气流动，精致的水中景观与廊下空间一静一动，小园可见大景，用建筑诉说背景，用水景赞美光影，用细节缔造故事。

入口景观区鸟瞰图

中心景观区鸟瞰图

南侧道路轴线透视图

代建市政景观区透视图

商业景观区透视图

南侧道路轴线东西向长剖面图

南侧道路南北向长剖面图

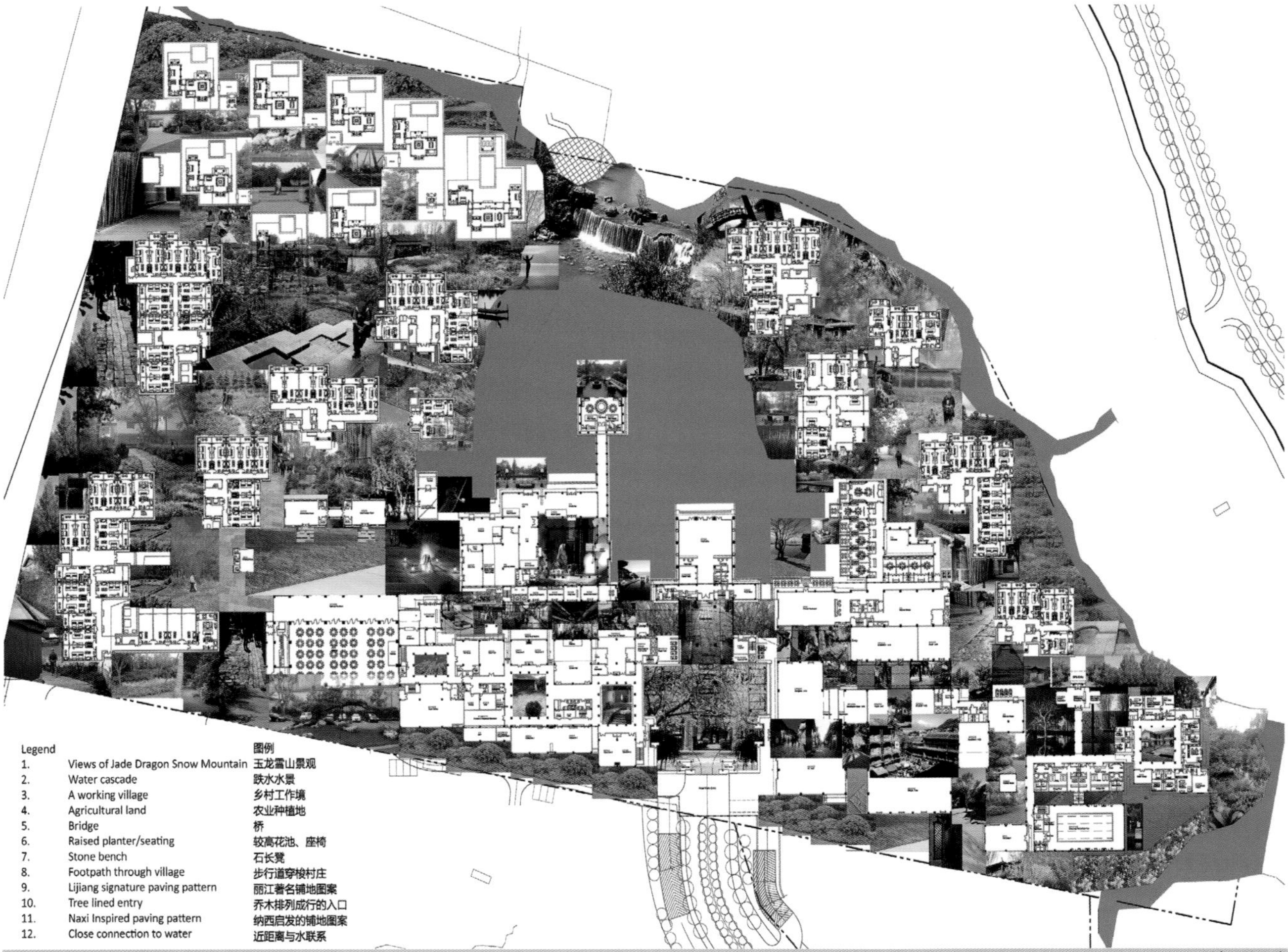

Legend		图例
1.	Views of Jade Dragon Snow Mountain	玉龙雪山景观
2.	Water cascade	跌水水景
3.	A working village	乡村工作境
4.	Agricultural land	农业种植地
5.	Bridge	桥
6.	Raised planter/seating	较高花池、座椅
7.	Stone bench	石长凳
8.	Footpath through village	步行道穿梭村庄
9.	Lijiang signature paving pattern	丽江著名铺地图案
10.	Tree lined entry	乔木排列成行的入口
11.	Naxi Inspired paving pattern	纳西启发的铺地图案
12.	Close connection to water	近距离与水联系

年度十佳景观设计

总平面

云南金茂丽江城区君悦酒店园林景观和小市政工程

GARDEN LANDSCAPE AND SMALL MUNICIPAL WORKS OF GRAND HYATT HOTEL IN JINMAO LIJIANG CITY, YUNNAN

设计单位：重庆渝西园林集团有限公司 新加坡 BuregaFarnell 景观设计公司　主创姓名：韩德文　成员姓名：刘金模、严灿伦

设计时间：2012 年　项目地点：云南 丽江　项目规模：8.20 公顷　项目类别：园区景观设计

委托单位：金茂（丽江）酒店投资有限公司

主入口门户

抵达庭院

接待大厅露台

设计说明

本工程位于云南省丽江市，景观规划占地面积为 8.20 公顷，设计内容主要由硬景铺装、软景乔灌木、地被栽植、景观照明和景观水系五部分构成。其中硬质铺装材料以象征马帮文化的五花石为主，辅以锈石黄、大理石、鹅卵石等，构成园路、广场铺装景观；植物方面选用适合高原生长条件、在紫外线照射强地区长势好的滇朴、云南樱花、高原杜鹃等本地植被，加以紫薇桩头、罗汉松为点缀，紧密结合本地地理生态，力争构建与自然融为一体的景观绿廊；景观照明在满足照明功能的同时，营造酒店客人居住舒适为目标选择布点位置和方式。1.20 公顷的人工北湖作为该工程核心景观打造，设计水深 60 厘米，根据玉龙雪山的对景位置修建，形成一片较为开阔的区域，从大堂到中心湖区的公共空间以分散式的布局错落分布。湖心区的茶室“玉水轩”则作为公共空间的焦点，形成以社交和餐饮为事件的主题空间。在相对私密的客房区域，每间客房都根据树木植被和雪山的遮挡关系进行了微妙的调整，当宾客略带旅途疲惫地进入客房，推窗的一刹那，玉龙雪山仿佛近在咫尺，心情也随之荡漾。可以说，丽江君悦的每一位入住者，都可以体会到一段关于雪山和古村的故事。

鸟瞰图

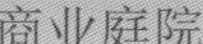

商业庭院

全日餐饮庭院

水疗及健身中心

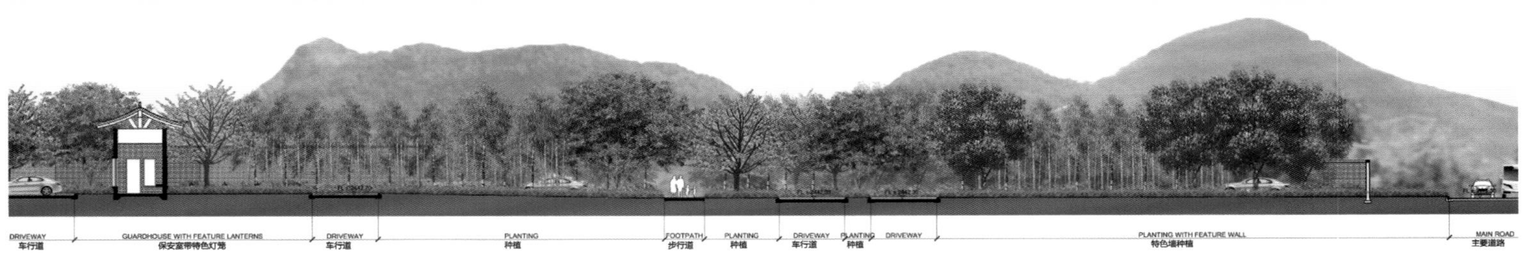

入口道路

功能区

村庄农业种植区道路

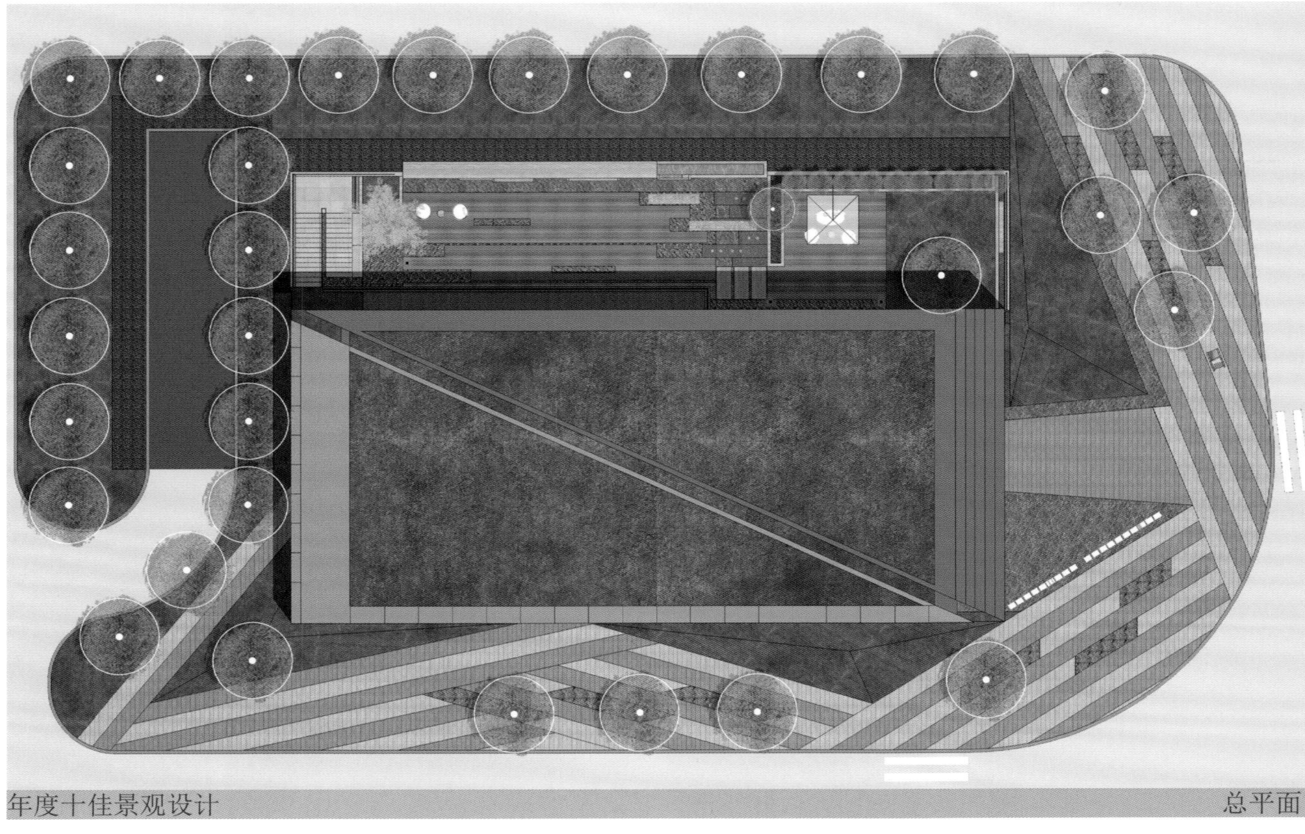

年度十佳景观设计　　总平面

北京海淀绿地中央广场

CENTRAL SQUARE OF HAIDIAN GREEN LAND, BEIJING

设计单位：上海墨刻景观工程有限公司　　主创姓名：张晓磊　　成员姓名：阮东、陈晓悦
设计时间：2015 年　　项目地点：北京 海淀　　项目规模：0.17 公顷　　项目类别：示范区设计
委托单位：绿地集团京津事业部

主入口空间

镜面水池中的 LED 光纤灯阵

镜面小鹿小品

设计说明

项目位于北京市海淀北部生态科技新区及北部高科技研发带，是绿地集团京津事业部开发建设项目，规划面积约 0.17 公顷。为打造海淀办公新高度，将花园办公、智慧办公、商务魔方的理念融入其中。售楼处展示期间，如何从这不足两千平方米的空间中体会到整个园区的大智慧？

设计分为“外”空间和“内”空间。对“外”——城市界面，运用沿街大小渐变、微微翘起的三角形穿孔板建筑元素，设计斜向铺装线条、几何岛状地形、三角形镜面池。各种形体交织、穿插，简洁、纯粹，反衬出建筑立面新颖奇特的细节。

对“内”——下沉空间，下沉空间紧邻园区，结合地下洽谈、展示功能，将洽谈空间向户外拓展，打造一种稳重内敛的庭院空间。

内部下沉庭院

洽谈会客空间

条形置石

高低错落的喷泉

景墙设置高低错落的跌水

朦胧的月亮窗意境悠悠

年度十佳景观设计

总体鸟瞰图

海南万宁石梅半岛

LANDSCAPE PLANNING OF HAINAN SHIMEIBANDAO

设计单位：上海市贝伦汉斯景观建筑设计工程有限公司　主创姓名：陈佐文、李凤燕　成员姓名：刘辉、温斌、刘贝贝、阎敏、孙敦豪、丁冬果

设计时间：2016 年　项目地点：海南 万宁　项目规模：48 公顷　项目类别：旅游度假、星级酒店

委托单位：万宁凯德投资有限公司

售楼处鸟瞰图

主入口水景

体验中心

设计说明

本案因其独特的地理位置和用地形态，具备良好的度假条件和生态环境。基地呈半岛形状，深入水库之中，形成了良好的生态环境和景观特点，如何充分利用并挖掘出良好景观资源成为本案的重点。

设计师设计了一条环岛慢行系统，并把这条慢行系统进行了精心的安排，当人们被引导进入这个慢行系统中，环岛一周会领悟到本岛所有的天然优质景观资料。丰富自然的热带雨林，优美轻松的滨水沙滩，静谧生动的自然湿地，色彩斑斓的花径花海，琳琅满目的果树林木，观岛听蝉的木屋廊架，远眺湖景的空中走廊，使得人们完全沉浸在大自然之中，身心得到最大的放松。

整个项目中，设计师把度假酒店安排在全岛的最尖端，这里是观海的最佳视点，结合度假酒店的功能，把有氧的健身运动场所（羽毛球，篮球，高尔夫练习场）集中在一侧，把中心各类泳池安排在主轴线区域，在酒店大堂就能感受到水天一色的壮丽景观。同时，把儿童的谐趣园和认知园安排在一起，形成全岛最集中的儿童天地，照顾了酒店的功能又满足岛上居民的亲子活动需求。同时在这里把全岛原有的海南特色的果树、花卉、各类丰富的原生植物移植过来，让儿童在这里更深入地感受到海南本土的文化和环境特色，把娱乐和教育紧密地结合在一起。

希望通过设计，能够把这枚掩埋在沙中的珍珠重新打造成一只璀璨的明珠，让人们在这里与大自然亲密接触，与小动物们和平共处，成为天人合一的世外桃源。

希尔顿逸林滨湖度假酒店鸟瞰图

别墅庭院

儿童娱乐区

体验中心

酒店综合泳池区

酒店成人泳池区

酒店落客区

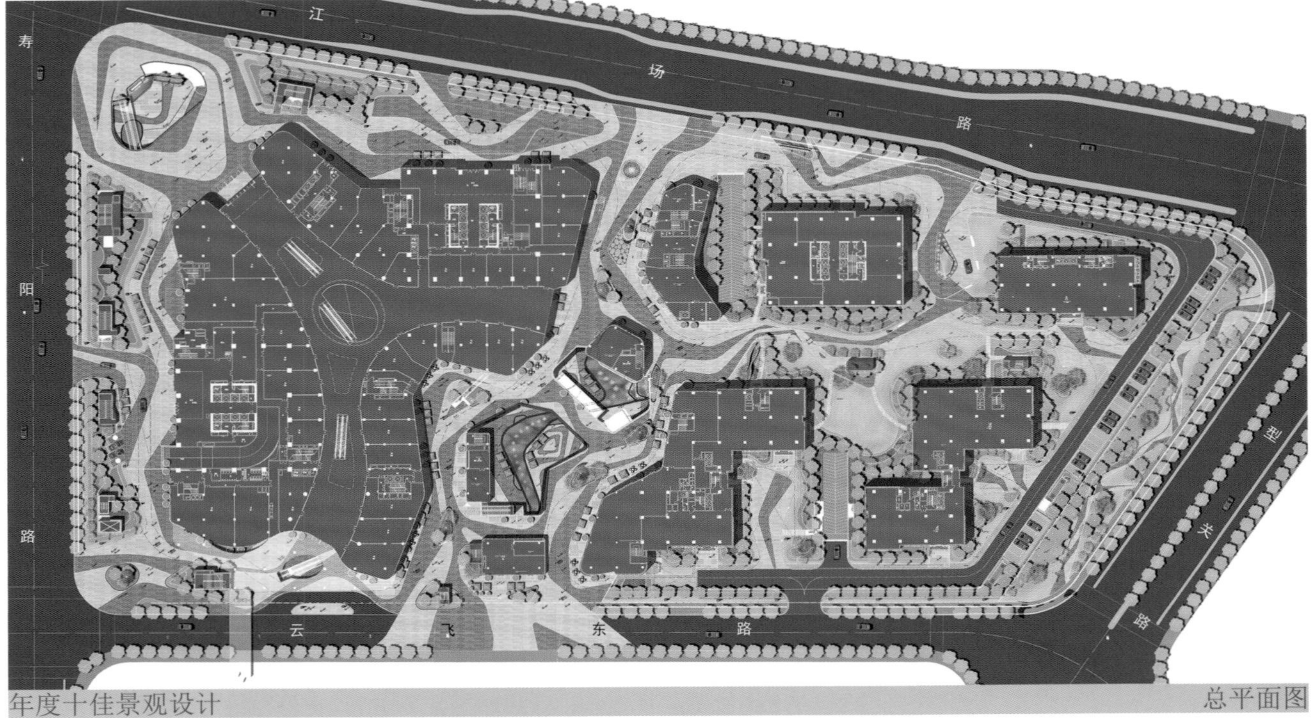

年度十佳景观设计

总平面图

上海市北高新技术服务区 7 号地块项目——协信星光广场

SHANGHAI NORTH HIGH AND NEW TECHNOLOGY SERVICE AREA 7 PLOT PROJECT - XIEXIN XINGGUANG SQUARE

设计单位：棕榈设计有限公司　主创姓名：李惠芸　成员姓名：许华林、雷刚、李惠芸、吴锡娟、姚冬杰
设计时间：2013 年　项目地点：上海　项目规模：5.3 公顷　项目类别：园区景观设计
委托单位：上海远运投资管理有限公司

整体鸟瞰实景

一层景观绿化效果

下沉商业街效果

设计说明

本项目基地为上海市北高新集团 7 号地块，基地紧邻在建的 13 号地块，与 13 号地块地上地下联通，东至平型关路，南至园区内规划三路，西至寿阳路，北至江场路。

设计愿景：“绿洲·生态溪谷”，蕴含山水文化的办公综合体。

山水精神已是东方人千年来追求人与自然合一的至高境界，但现实的社会图景淹没了古代“山水”诗意的追寻，为了重拾这份千年的文化精髓，很多现代园林景观作品以“山水文化”为缩影大胆创新，协信星光广场景观设计正是以此为设计灵感，把“山水”概念很好地融入到现代的城市综合体环境设计之中。

项目位于上海闸北区市北高新技术服务业园区。市北高新技术园区周边主要为居住区和商业办公用地，项目位置的中心效应，可满足大量的居民平时购物及节假日家庭生活购物的需求。

地块面积为 5.61 公顷，东面毗邻公共绿地面积约 0.2 公顷。建筑布局：本项目地上部分由 3 幢 20 层以上的高层办公楼、5 幢独栋办公楼、底层裙房大型商业及构成。

景观延续整体建筑“绿洲 · 生态溪谷”的规划理念，体现景观与建筑的高度融合性，实现景观、建筑、规划一脉相承的一体化设计，并在溪谷的概念上结合景观各元素进行概念阐述。建筑体如山谷巍巍，景观体似溪流潺潺，游客徜徉于其中，如一叶扁舟驶过万重山，自有一番诗情意味蕴含其间。

B1 层空间断面

B1 层景观

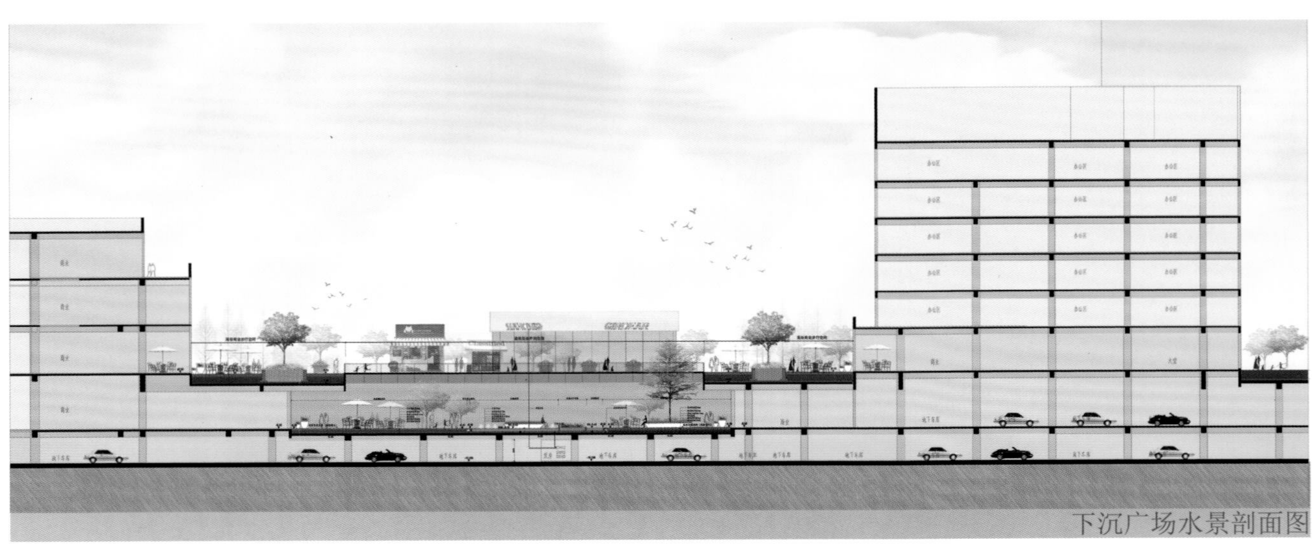

下沉广场水景剖面图

商业街景效果

夜景效果

现代“溪谷”效果

下沉商业街效果

年度十佳景观设计
酒家桥效果图

绍兴酒家桥景观加固改造工程

SHAOXING JIUJIA BRIDGE REINFORCEMENT AND LANDSCAPE RECONSTRUCTION PROJECT

设计单位：浙江无限元组合结构桥梁设计有限公司　主创姓名：鲍朝晖　成员姓名：陈伟、汤红华、张悦
设计时间：2016 年 7 月　项目地点：浙江 绍兴　项目类别：园区景观设计
委托单位：绍兴黄酒文化园旅游有限公司

酒家桥实景图

酒家桥命名石刻实景图

酒家桥桥侧近景图

旧桥栏杆实景图

酒家桥桥面实景图

设计说明

绍兴酒家桥项目位于绍兴古越龙山酒股份有限公司旧酿酒厂门口。原桥建于20世纪80年代，设计荷载标准较低，出现诸多隐患。随着城市区块新的发展需要，酒厂原址将被改建成文化创意产业园区。原桥已不能满足新的功能需求，需对其进行进一步的改造提升。一方面需要从结构方面进行加固满足新荷载要求，同时需要提升景观品质以与新的城市环境和谐统一。桥梁需要有较高的艺术观赏性，可观、可游，成为文化创意产业园区建筑的有机组成部分。

设计考虑到桥下通航净空等限制要素，尽量多地依靠原有结构作为施工过程中的结构。采用钢混组合结构形式巧妙实现桥梁功能大幅提升。外包的钢结构使桥梁显得更加轻盈、简洁，现代感也与新规划的创意产业园的功能相呼应。对于桥梁的景观化改造，选定中国红为主色调与周边白色的建筑相映衬，可突显桥梁，改变色系单一的状况，又可以增加活泼喜悦的气氛。主桁架拱下缘线采用光滑的抛物线拟合，更具动感和张力，能很好地契合文化创意园区“创新、活力”的总主题。新桥栏杆是将原桥精致的文化石刻部分完整切下嵌与钢栏杆之中，保留原桥的文化古韵，也是文脉的继承和延续。为了满足桥梁夜间景观照明的需要，设计借助悬挑结构侧向埋设景观灯饰和灯带。夜幕降临之时，华灯初上，碧波荡漾，相映生辉。

在越来越多的城市更新工程中，如何处理原有功能退化的桥梁是一个重要的课题。本次设计是城市更新中桥梁功能强化及景观化提升结合的一次有意义的探索。可为今后类似工程提供宝贵的借鉴。

酒家桥河道一侧长廊实景图

酒家桥桥侧连接走廊楼梯实景图

年度优秀景观设计 鸟瞰图

安徽新华学院校园园林景观提升改造工程设计

CAMPUS LANDSCAPE UPGRADING AND RECONSTRUCTION PROJECT DESIGN OF ANHUI XINHUA UNIVERSITY

设计单位：华艺生态园林股份有限公司　主创姓名：许俊　成员姓名：刘慧、潘会玲、宋晓雪、孟涛、蔡倩、廖晓娇、程志、荀海东、郭传创
设计时间：2016 年　项目地点：安徽 合肥　项目规模：32.43 公顷　项目类别：园区景观设计
委托单位：安徽新华学院

主入口效果图

东轴景观效果

设计说明

设计思路：简洁、庄重、素雅。

设计对策：为达到简洁、庄重、素雅的校园环境，对整个校园景观做“减法与互补性设计”，以达到感官上的环境简化，视觉上的空间丰富。做到减而不“凡”，增而不“繁”的规划理念。

设计主题：儒林杏海、逐梦扬帆。

结合新华学院“厚德、求真、博学、创新”的校训精神，以校园内众多的古银杏树为文化基底，将银杏伟岸挺拔、雅若图卷的形象美与新华学院的景观结合在一起，力图打造“春葱夏荫秋意烂漫”的美丽校园景观，同时营造“儒林杏海、逐梦扬帆”的校园精神文化场所。将新华学院的办学理念与校园景观文化紧密结合，为把新华学院努力建成教育教学质量高、特色鲜明、综合办学实力强的应用型普通本科高校助力。

中央景观区实景

中央景观区节点

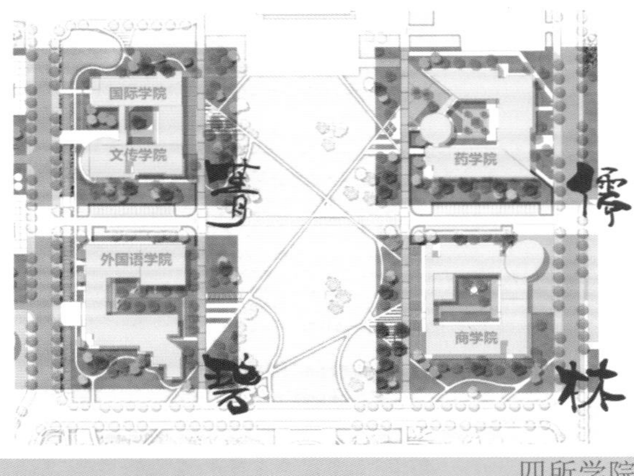

四所学院

四所学院中庭及周边景观提升秉承了实用、简洁及美观的原则，依托“儒、林、菁、碧”的设计主题，将四所学院不同的专业形式融入景观表现之中，打造四种不同的设计语言与园境。

商学院中庭

药学院中庭

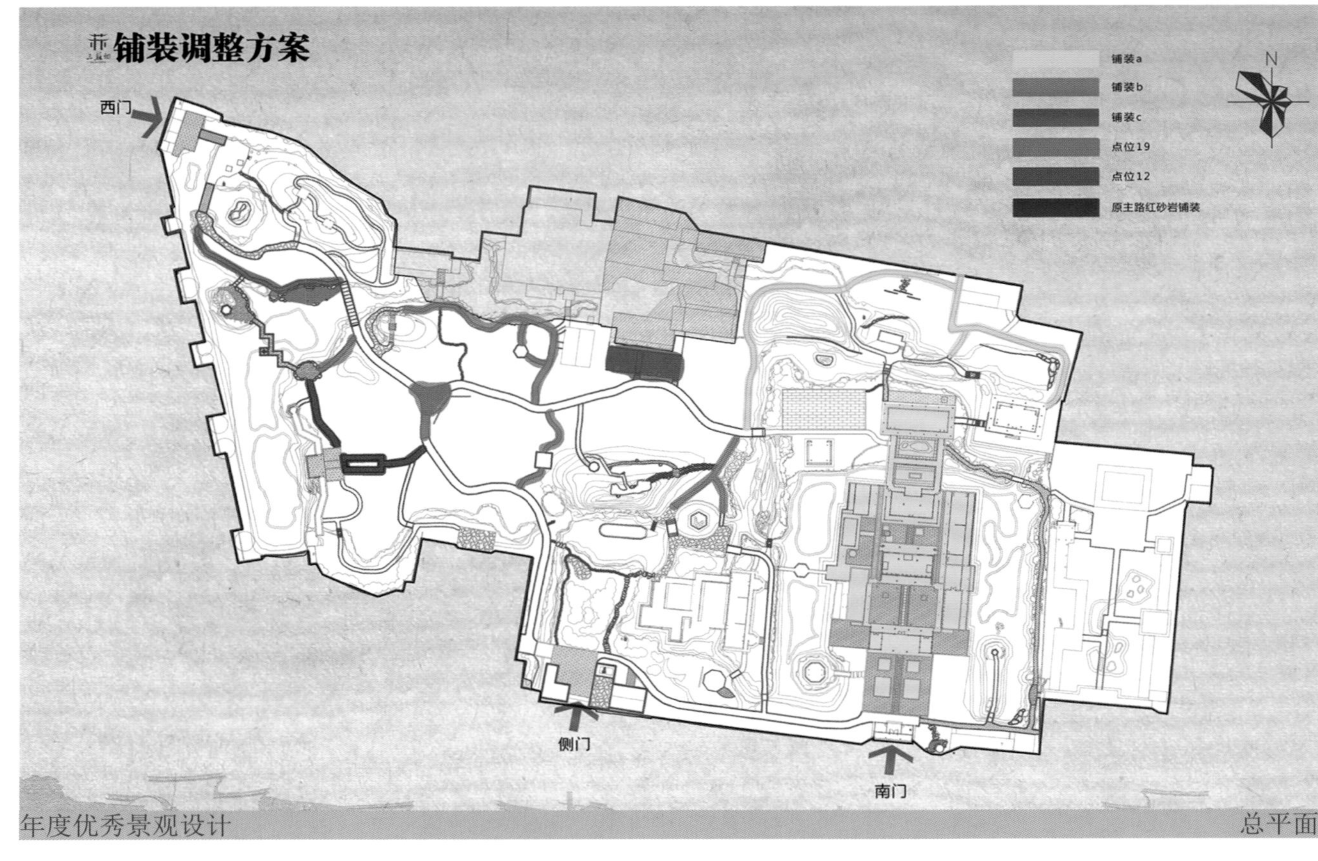

三苏祠景观维护提升

SAN SU SHRINE UPGRADE MAINTENANCE LANDSCAPE DESIGN

设计单位：成都市雅凡达文化艺术有限责任公司　主创姓名：彭小柯　成员姓名：韩庆、王琳
设计时间：2017 年　项目地点：四川 眉山　项目规模：5.68 公顷　项目类别：园区景观设计
委托单位：眉山三苏祠博物馆

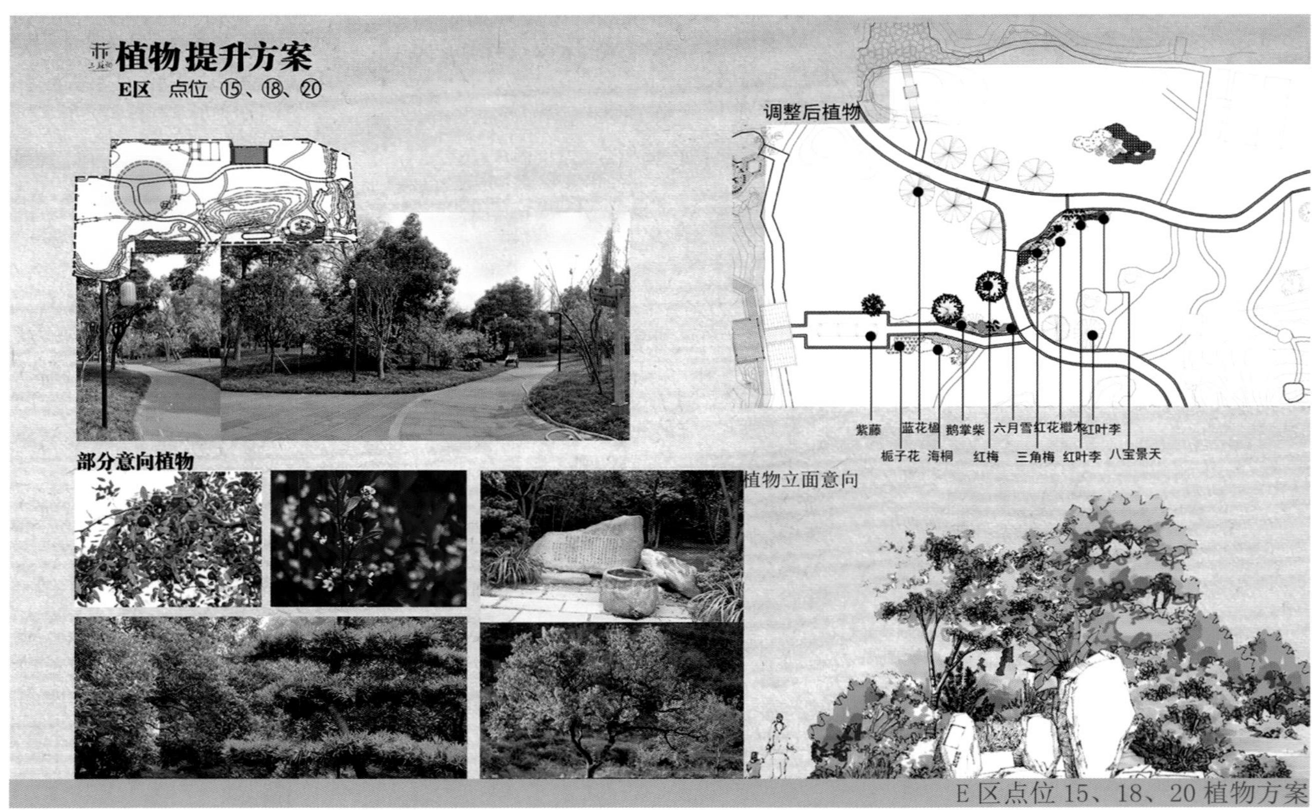

式苏轩

玉堂亭

设计说明

本案侧重运用景石、铺地纹样和景观小品来体现，同时在植物配置的调整中也做了映衬，使园林意境和三苏祠的文学意境相结合。本案运用一系列设计手法创造了人与空间的情感关系，给予人的观感和体验是独特的。内与外的关系、景观空间与自然的关系、传统与当代的关系随处体现着三苏祠的空间叙事性和场景感。

植物设计中调整区域植物全部选自苏轼诗词中的植物，配合景观建筑的匾额与景石上的诗词雕刻，使文学意境与园林意境高度统一。

本案运用移步换景的方式，唤起通感的体验，通过寓教于“游”，传承“三苏”。提炼苏轼的人生轨迹，通过不同的铺装设计，反应苏轼跌宕起伏的人生境遇与艺术成就。在设计上运用文学意境与文学相融合，通过环境的暗示使观者产生联想，然后感知、得到共鸣。

植物提升方案

D区 点位 ⑪

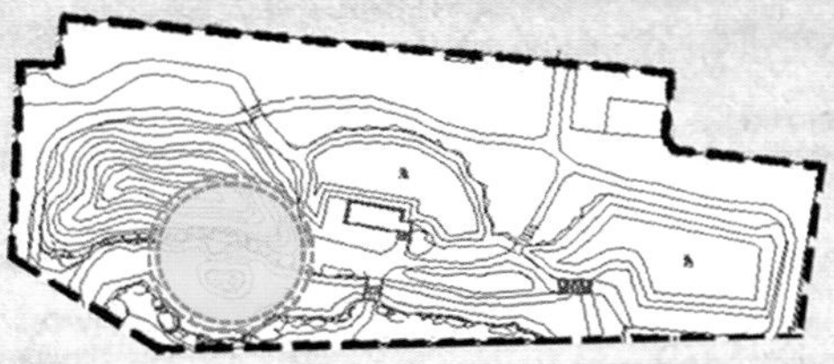

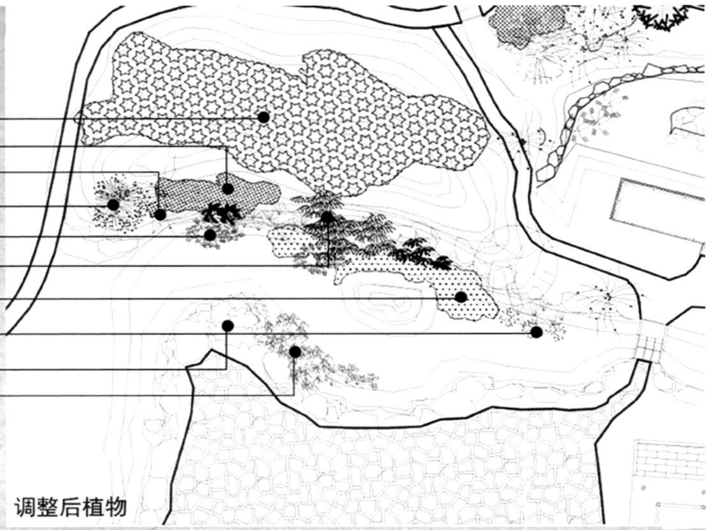

竹
苔草
迎春
失羽芒
荇菜
花叶芦竹
金鱼藻
水鳖
石榴
再力花

调整后植物

部分意向植物

D区点位11植物方案

年度优秀景观设计

总平面

淇水湾捌号展示区景观设计

QISHUIBAY NO.8 EXHIBITON AREA

设计单位：深圳市喜喜仕景观设计有限公司　主创姓名：朱崇文　成员姓名：谭美琴、肖海莲、唐娟、李溢、刘子慧
设计时间：2017 年　项目地点：海南 文昌　项目规模：3.60 公顷　项目类别：园区景观设计
委托单位：鲁能集团

小飞虹效果图

主入口效果图

设计说明

展示区展示系统以客户体验为主，融入文化、运动、生活、娱乐等主题。充分借助地形、植被等优质资源，凸显海景、湿地、古树、天然巨石等稀缺景观，保护原生态资源，利用这些资源打造生态的社区，将原生榕树、天然巨石、湿地景观等重要节点纳入整个湿地参观动线之中，打造茶室、书屋、咖啡厅等休闲体验区域，弱化销售功能，增强客户体验感。

景观设计项目立足文昌本地文化，融合江南山水景观格局，把基地的肌理进行梳理，提炼，以追求在海边幻化出一座叠山，理水，花木建筑完美结合的中国热带情景的山水画卷。营造一个多元融合，心境合一，生态养生的山水庭院。

主入口夜景效果图

鸟瞰效果图

年度优秀景观设计　　总平面

南宁万达嘉华度假酒店

WANDA REALM RESORT NANNING

设计单位：万达文化旅游规划研究院、PCDI 湃登国际　　主创姓名：高振江、牟晓榆　　成员姓名：主佳、王蓉菲、于斐、曲仁圣、李莹、宋文新、钱黎君

设计时间：2015—2017 年　　项目地点：广西 南宁　　项目规模：3.80 公顷

委托单位：万达集团——南宁万达茂投资有限公司

大堂落客区实景图

SPA 休憩区

酒店外景

设计说明

景观设计特色——邕州八景。

南宁首家高星级度假酒店，结合南宁山水和文化特色，将“侗族鼓楼、悠悠铜鼓、斑斓壮锦、祥瑞蚂拐”等元素融入酒店设计之中，以寻找“邕州八景”的手法，宾客移步换景间便能领略到壮丽的南宁山水风景和浓郁的民族风情。

1. 铜鼓声响——中国少数民族先民智慧的象征。

2. 邕州绿道——南宁满城皆绿，四季常青，素有“绿城”的美誉。

3. 花山壁画——壮族先民骆越人生动而丰富的社会生活融合在一起所显示的独特性格的文化记录。

4. 壮乡婚庆——壮族的婚庆方式有抛绣球、打木槽和对歌等习俗。

5. 马退远眺——出自明张岳《登马退山望邕州》。从酒店大堂望向邕江，诗里详尽描述的南宁山水的美尽收眼底。

6. 象岭烟岚——五象象征南宁邕州的财和福，当地进士周培懋云：十里烟岚浮象岭。

7. 弘仁晚钟——小小的邕城中，大钟在夕阳中唱响，伴着常绿的植物、清澈的邕水，在彩霞中飞翔的鹰雀，听到晚钟，犹如听到上天给予的浑厚赐福。

8. 花洲月夜——花洲清碧，塘边垂柳绿蕉，尤其月夜良辰，故有“十五花洲寻夜月”。

酒店外景

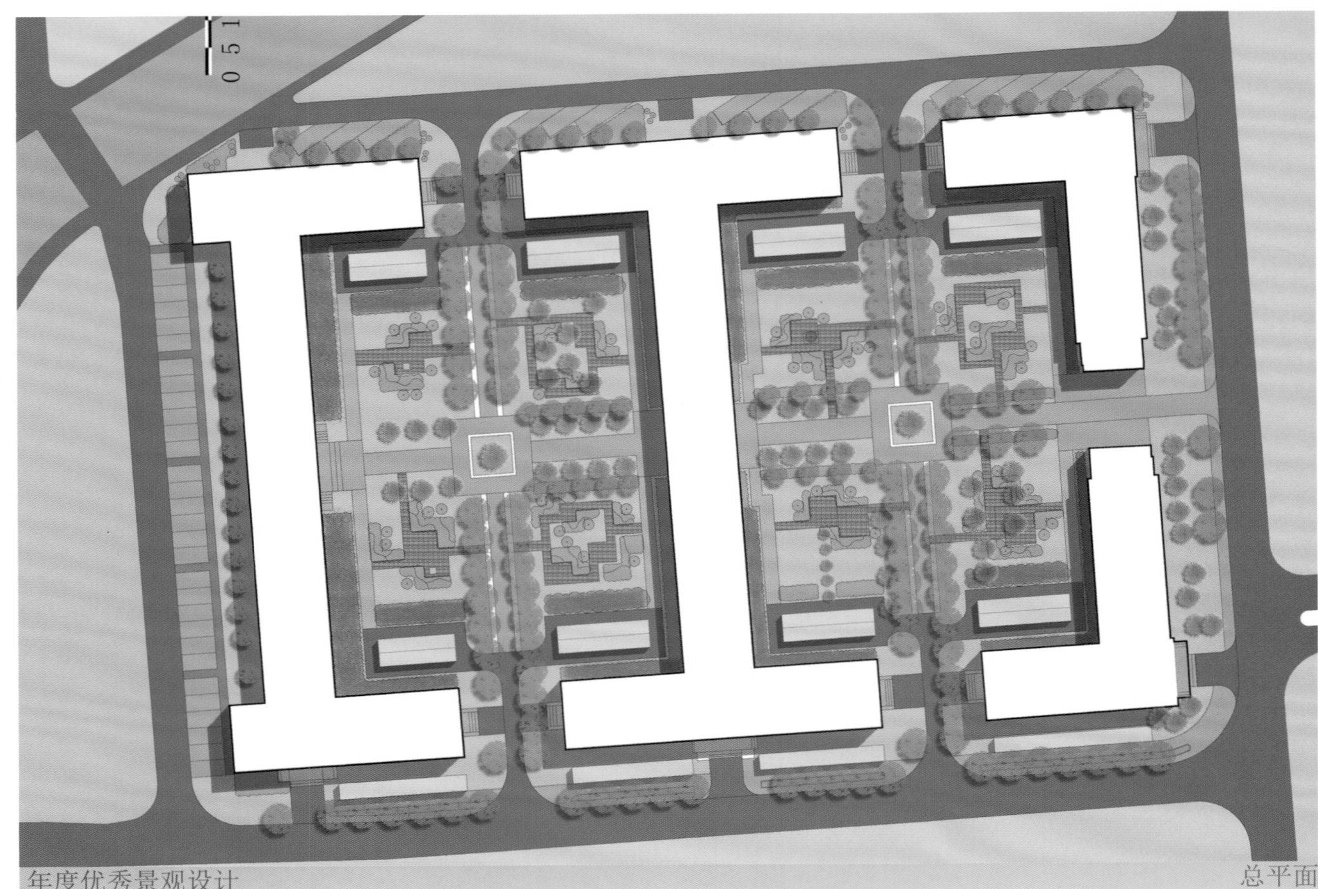

年度优秀景观设计
总平面

清华大学 1-4 号宿舍楼景观设计

THE LANDSCAPE DESIGN OF DORMITORY BUILDING 1-4 TSINGHUA UNIVERSITY

设计单位：北京清尚建筑设计研究院有限公司　主创姓名：关键　成员姓名：张俊超、郭映琪、钱捷、徐楠
设计时间：2017 年　项目地点：北京　项目规模：2.35 公顷　项目类别：园区景观设计
委托单位：清华大学修缮校园管理中心

鸟瞰图

局部效果图

设计说明

灵感来源于卢梭的梦境花园，设计师要营造一个简单的、纯洁的、和谐的、安静的、欣欣向荣的美丽花园。

设计概念：美丽花园。通过梦境的展开，营造充满不同故事感的空间，一层一层并列、重合。几何学的布局，结合艺术品、人和动物栖息处、层次丰富的种植，将故事感、艺术感、几何感、自然、这些元素重叠在一起，达到平衡。

改造手段：

1. 有管理的机动车道和停车位：建议将机动车停车位规划到宿舍区临街外侧，形成外侧机动车环线。不再占用内部景观道路及景观空间。

2. 有管理的自行车道和停车棚：将自行车棚安排在景观庭院靠近庭院入口的一侧，并以景观绿化围合停车棚。建筑正入口改为人行流线。

3. 去除围合的绿篱，使人容易进入场地。

4. 与人流动线有机结合的活动场地。

5. 有趣的、吸引人的活动场地。

6. 以绿篱或密植灌木丛的方式，起到规范交通流线、约束停车区域的目的。

7. 以片植地被宿根花卉，点植开花灌木的方式，丰富空间层次，丰富季相观赏的目的。

本方案在充分尊重梁思成先生设计的历史建筑基础上，进行景观的还原及提升，具体表现在铺装、构筑、种植，在材料、工艺、氛围营造上的进一步深化及推敲。以石元素体现历史厚重感 、自然厚重感及人文厚重感。

旱喷广场效果图

局部效果图

和苑南路
翠林北路

年度优秀景观设计

总平面

南京栖霞鲁能公馆景观设计

LANDSCAPE DESIGN OF NANJING QIXIA LUNENG MANSION

设计单位：深圳市喜喜仕景观设计有限公司　主创姓名：崔永顺　成员姓名：温涛、梁淑娴、梁楚少、韩霜
设计时间：2017 年　项目地点：江苏 南京　项目规模：2.10 公顷　项目类别：居住区环境设计
委托单位：南京鲁能广宇置地有限公司

主入口效果图

中庭鸟瞰效果图

竹林禅语效果图

设计说明

府院之内，感受茶音禅语，话雨听风。

曲廊观苑，光影斑驳。

兰亭茶叙，看镜水莲语，听竹林禅语。

峰回路转后，忆玲珑石刻；茶歇密语，妙亭抚琴。

本案以“兰亭茶叙，栖霞流丹”为主题，将文人雅趣与栖霞当地特色结合，加入“茶禅一味，和清正雅”的生活理念。提倡儒家之正气、道家之清气、佛家之和气、茶人之雅气的生活方式。

造景中汲取传统古典园林“开合收放”的礼制思维，借鉴府院礼序的空间构成。加入江南园林山水文化，在游览园林的过程中，给予人置身画境，如游画中的感受。同时提取南京栖霞当地文化“红叶”“禅茶”等理念。

将传统意境和现代宜居相结合，共同营造一个雅致清和、尊贵宜居的社区氛围。

儿童乐园效果图

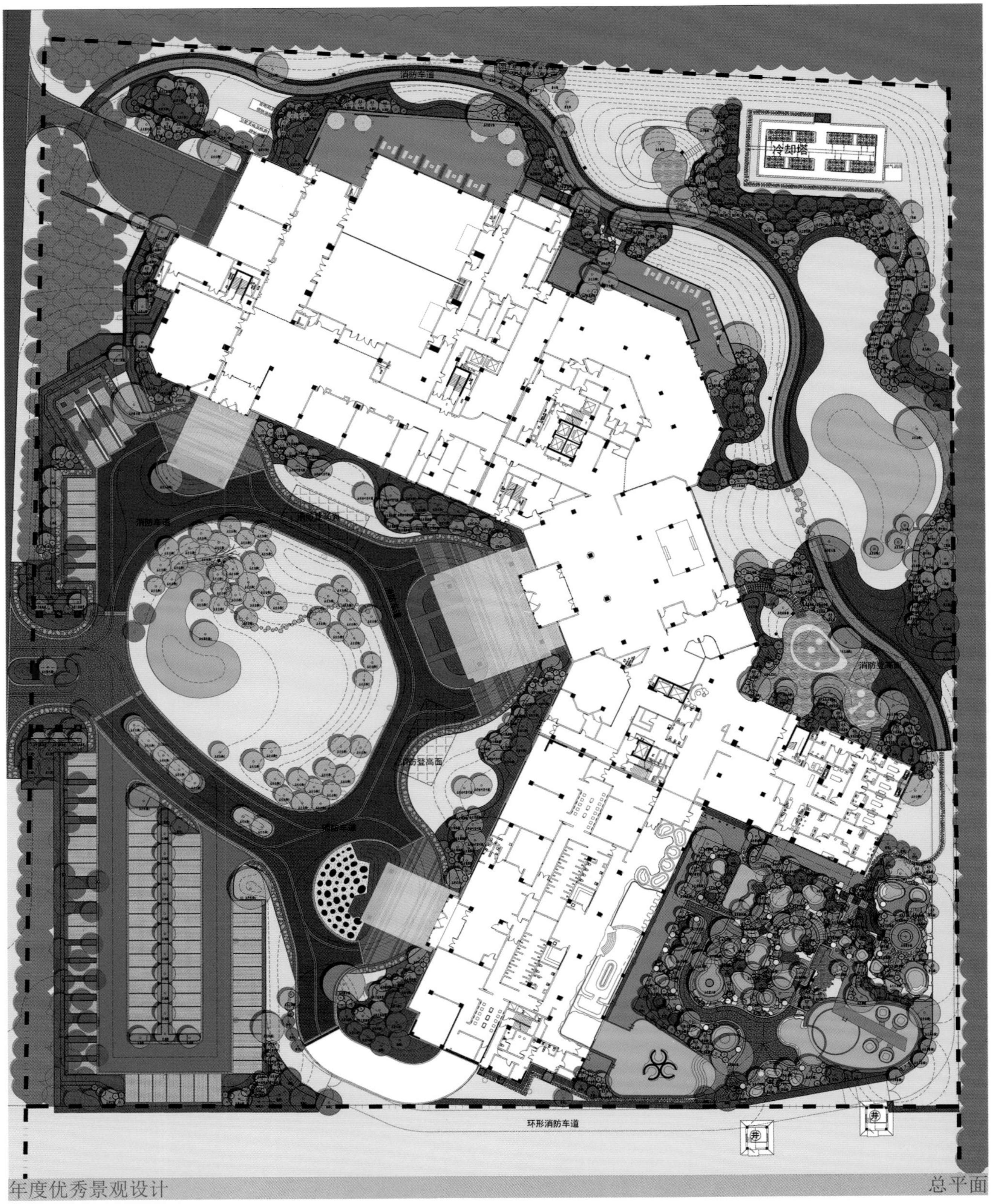

年度优秀景观设计

总平面

长白山皇冠假日酒店

CROWNE PLAZA CHANGBAISHAN

设计单位：北京东方易地景观设计有限公司　主创姓名：李建伟、黄智慧、武建华、王毅兵　成员姓名：钟恺、施琳、侯鑫鑫

设计时间：2014 年　项目地点：吉林 白山　项目规模：3.5 公顷　项目类别：园区景观设计

委托单位：长白山旅游股份有限公司

花园实景图一

设计说明

长白山温泉皇冠假日酒店位于国家 AAAAA 级景区长白山风景区内，坐拥长白山原始森林，遥望天池，畅享天然温泉，着力打造以“温泉养生”为体验的顶级度假酒店。设计师提出了森林的主题概念，充分结合场地的竖向变化，将当地突出的森林景观贯穿整个场地，使酒店生长于森林当中，从白雪、冰、白桦林、松果等当地特色景物中提炼出设计元素，运用进景观设计当中，创造出具有地方特色和文化传承的酒店建筑区域环境。

项目场地不大，用于景观发挥的面积有限，相对完整的空间主要分为三块：酒店前场、酒店大堂外的主景空间、SPA 区的户外区域。酒店前场在不大的空间里理顺交通和停车，并挤出最大的景观面，以纯净的白桦林和倒影树林的水塘，再现雨后长白山的场景。对酒店大堂外的主景空间，设计师用森林来作画，在后场的植物空间、层次、色彩、季相、林冠线上反复推敲，在现状树林中小心仔细地补缺增色，还原自然。SPA 区的户外区域是一个全身心融入自然的体验空间，以长白山的“高山、森林、天池”特色为题，通过微地形的塑造，形成了山坡、林间，天池落瀑等大小不同规格、不同景观风貌的温泉，功能上充分考虑冬季运营管理以及不同客人的动线，在看似自然散落的温泉背后实现服务管理的细致周到。

花园实景图二

SPA 实景图

鸟瞰实景图

年度优秀景观设计

现状航拍图

三宝国际瓷谷园林工程及水系改造工程设计

THE LANDSCAPE DESIGN OF SANBAO INTERNATIONAL PORCELAIN VALLEY

设计单位：浙江省风景园林设计院有限公司　主创姓名：周兆莹　成员姓名：章梨梨、宋晓敏、王发、王杰、吴自强、陈建安、林洁

设计时间：2017 年　项目地点：江西 景德镇　项目规模：27 公顷　项目类别：城市更新

休息廊架效果图

夜景效果图

绿道入口效果图

设计说明

本案通过开合有致的景观序列，点缀璀璨夺目的文化元素，融合变幻多元的设计语言，形成三宝国际瓷谷园林工程及水系改造工程设计的主题立意“陶瓷文化标志，生态景观绿廊”。

通过对现场多次实地考察及场地景观价值分析，结合游人使用功能的需求以及骑行绿道功能分析，在满足骑行与人行通达性的基础上将基地分为生活街区段、文化创意段及十里花溪三大功能分区，合理组织居住区、农田、山地与河道的关系，满足景观人性化及多样性的需求。

根据市政道路与水系的关系，在遵循生态优先原则的前提下，局部河道根据交通和景观需求进行梳理改造，并通过对现状植物群落的调研规划，补植开花乔木及开花水生植物，沿溪贯穿曲径通幽的慢行园路及生态栈道沟通骑行绿道，沿途布置景观廊亭等休息节点，保留原生态局部落差较大的跌水面，对沿途荒废破损的水碓进行景观修复，旨在营造一个山重水复疑无路、柳暗花明又一村的三季有花四季可赏的十里花溪景观效果。

三宝国际瓷谷园林工程及水系改造工程设计依托于三宝瓷谷得天独厚的场地特征及生态环境，以景观水系为脉，以提升景德镇三宝国际瓷谷形象为出发点、助力三宝国际瓷谷打造成为国家 5A 级景区为最终目标，设计遵循生态优先、景观引导、文化传承、空间协调四项原则，坚持艺术创新，弘扬中国陶瓷文化、打造城市旅游品牌、展现城市形象、保护生态环境，最终形成一处诠释陶瓷人文景观，释放都市情怀的综合休闲绿道，最终实现“世界的瓷都，中国的世外桃源”的美好愿景。

休息广场鸟瞰效果图

年度设计机构

AWARD DESIGN INSTITUTE

深圳文科园林股份有限公司

公司简介

深圳文科园林股份有限公司是 1996 年在深圳市注册成立的园林环保综合性企业，是深圳证券交易所中小板 A 股上市公司，股票代码：002775。公司拥有风景园林设计专项甲级资质、城市园林绿化一级资质、城乡规划编制乙级资质、市政公用工程施工总承包二级资质，是广东省 500 强企业、中国城市园林绿化综合竞争力 10 强企业、广东省环境保护骨干企业和国家高新技术企业。2014 年获评为清科中国最具投资价值企业 50 强之一。公司在全国各地设有 20 多家子公司及分支机构，业务遍布全国 31 个省、自治区、直辖市。

文科园林专注环境事业 20 年，现主要从事风景园林规划设计、旅游景区规划设计、城乡规划编制设计、生态环保技术研发、景观及市政工程施工、生态环境综合治理、文化旅游项目投资开发、PPP 项目投资及运营等业务。公司现有五大事业部：设计研发事业部、景观及工程事业部、生态环保事业部、PPP 投资事业部、文化旅游事业部。公司以质量作为企业发展的核心竞争力，已通过 GB/T19001-2008、GB/T24001-2004 及 GB/T28001-2011 认证。公司长期注重产品品质，已获广东省著名商标认证，并已成为中国园林行业的知名品牌。

“文化建园，科学造林”。文科园林以“践行生态文明，建设美丽中国”为宗旨，为我国生态文明建设和美丽中国的伟大事业做出新的贡献。

主要项目（五年内）

遵义市绥阳县洛安江流域生态文明区建设项目（贵州）
遵义市南部新区百草园建设项目（贵州）
黄山齐云山小镇（安徽）
阜阳欧苏文化园（安徽）
深圳轨道 9 号线绿化永久恢复工程（广东）
豹子溪河道景观工程（湖北）
大连普湾新区滨海景观带工程（辽宁）
万达主题乐园（广东）
南方科技大学校园景观设计（广东）
方正医药研究院建设项目（北京）
呼和浩特永泰城（内蒙古）
长寿美丽泽京（重庆）
国际金融中心建设项目（山西）

所获荣誉

清科中国最具投资价值企业 50 强
全国园林绿化企业 50 强
广东省企业 500 强
中国房地产产品要素品牌企业
中国房地产园林领先品牌
房地产行业市场占有率领先企业
国家高新技术企业
广东省著名商标
广东省环境保护骨干企业
2009-2016 年连续八年获评广东省诚信示范企业
2008-2015 年连续八年获评广东省“守合同重信用企业”
广东省 20 强园林企业
广东省优秀园林企业
广东省最具核心竞争力企业
广东省园林绿化行业诚信评价 5A 等级企业
深圳市 10 强园林企业
深圳质量百强企业
AAA 资信等级企业

华艺生态园林股份有限公司

公司简介

华艺生态园林股份有限公司（股票简称：华艺园林，股票代码：430459）创始于 1997 年，2014 年 1 月 24 日在北京全国中小企业股份转让系统挂牌上市，成为中国新三版园林行业挂牌企业。2016 年 6 月 24 日，华艺园林凭借综合实力荣升中国新三版创新层园林行业挂牌企业。

公司注册资金 10800 万元，现有正式员工 600 余人。经过 20 年来的稳健发展，华艺园林在产品与技术创新、社会公益事业、企业文化建设等方面具有卓越优势，2016 年在全国 IPO 和新三板 108 家园林企业中营业收入排 18 位，先后荣获国家级高新技术企业、中国园林绿化综合竞争力 20 强、全国城市园林绿化企业 50 强、全球十大徽商最具成长力品牌、银行 3A 信用等级、A 级纳税信用等级和安徽省守合同重信用单位等诸多荣誉，已经跻身全国生态文明建设优质企业前列，版图迅速遍及全国，全面构建立足安徽、依托华东、做大全国、走向世界的宏伟蓝图。

公司凭着坚定的理想、执着的信念、强劲的团队、规范的管理、创新的发展，已成长为集国土绿化、风景园林、生态修复、城镇建设、生态维护、智慧管家、环境治理、文化旅游、生态健康的创意规划设计、营造建设、养护管理、投资开发、科研技术、咨询培训、苗木资材生产贸易等于一体的智慧绿色化生态健康型企业。华艺园林全面奏起智慧 - 绿色 - 生态 - 大健康的智慧经济主旋律，唱起创意 - 创新 - 创造 - 创业的智慧时代变奏曲，吹起更新 - 更高 - 更好 - 更快的智慧绿色生态健康发展进军号，全面建设增量生态健康、维护存量生态健康、提升生态环境健康、构建生态复绿系统、健全智慧绿色生态健康产业，引领智慧生态健康文化美好生活！

主要项目（五年内）

郑州航空港经济综合实验区梅河综合治理工程（河南）
滨江广场项目（东城一号）（贵州）
濮阳市海绵城市公园绿地建设（河南）
域泰·城南·泰和苑（陕西）
淮北市桓谭公园廉洁文化主题园（安徽）临泉戴桥鹭鸟湿地保护区（安徽）
安徽新华学院校园园林景观提升改造（安徽）
灵璧县新汴河景观（安徽）
董大水库溢洪道绿化景观（安徽）
南陵县 2017 年绿化提升工程（安徽）

所获荣誉

2017 年安徽新华学院校园园林景观提升改造工程设计荣获第七届艾景奖国际景观设计大奖年度优秀景观设计奖
2017 年灵璧县钟灵广场延续段（南段）景观工程设计获 2017 年度安徽省优秀工程勘察设计行业奖“园林和景观工程”一等奖
2017 年“春晓”花境荣获 2017 年首届中国花境竞赛金奖
2016 年怀远县 S307 道路园林景观工程设计荣获 2016 年度园冶杯市政园林奖（设计类）金奖
2016 年“一滴雨水的旅行”荣获 2016 年唐山世界园艺博览会国际花境景观竞赛花境景观综合奖金奖
2015 年安徽名人馆室内庭院景观设计荣获第五届艾景奖国际景观设计大奖年度十佳景观设计奖
2017 年华艺生态园林股份有限公司荣获第七届艾景奖国际景观设计大奖年度十佳景观设计机构奖
2016 年华艺生态园林股份有限公司荣获第六届艾景奖国际景观设计大奖年度十佳景观设计机构奖
2015 年华艺生态园林股份有限公司荣获第五届艾景奖国际景观设计大奖年度十佳景观设计机构奖

成都赛肯思创享生活景观设计股份有限公司

公司简介

成都赛肯思创享生活景观设计股份有限公司（以下简称“赛肯思”）是一家集项目策划、规划、景观设计、软装美陈、交互式景观产品研发、项目运营等为一体的综合服务商和文创产业的品牌运营商。

公司拥有风景园林工程设计专项甲级资质，成立于 2009 年 3 月，并于 2016 年 11 月成功挂牌新三板（股票代码：839806）。

多年来，赛肯思在住宅、商业、市政、文旅、城市更新等方面提供的服务自成体系，与一线房企、各级政府建立深度合作关系，已跻身景观设计专业细分领域一线品牌。

主要项目（五年内）

铂悦犀湖（苏州）
阳光城檀府（成都）
建发央玺（厦门）
太公湖（宝鸡）
拈花湾（无锡）
绿博园（银川）
铂悦澜庭（重庆）
御璟江山（合肥）
碧桂园天玺（重庆）
高科紫微堂（南京）
黄元坝湿地公园（重庆）
马楚公园（长沙）
李白诗歌小镇（江油）
铂悦府（苏州）
中海央墅（合肥）
安居古城（重庆）
五柳芳庭（杭州）
雪山艺术小镇（丽江）

所获荣誉

2017 年第七届艾景奖国际景观设计大奖年度十佳景观设计机构奖
2017 年第七届艾景奖国际景观设计大奖年度优秀景观设计奖（重庆铂悦澜庭项目）
2017 年第七届艾景奖国际景观设计大奖年度优秀景观设计奖（重庆安居古城滨江路景观改造项目）
2016 年园冶杯年度优秀园林设计机构
2016 年园冶杯地产园林奖金奖（苏州铂悦犀湖项目 ）
2016 年亚洲园林协会 - 亚洲宜居住区奖（苏州铂悦犀湖项目 ）
2016 年第六届艾景奖国际景观设计大奖年度十佳景观设计机构奖
2016 年第六届艾景奖国际景观设计大奖年度十佳景观设计奖（苏州铂悦府项目）
2015 年久诺第十届金盘奖别墅类网络人气奖（四川自贡中港桑海森林盐卤浴温泉酒店项目）

UDA 优地联合 United Design Associates

优地联合（北京）建筑景观设计咨询有限公司

公司简介

优地联合（北京）建筑景观设计咨询有限公司（以下简称“优地联合”）是由美国UDA景观设计公司于2003年投资成立的，现公司50余人，设立住宅事业部和公共事业部，专注于服务国内明确提出“景观升级”需求的客户。运用先进的国际化管理模式和历年积累的国内设计经验，优地联合赢得了“好创意、善落地”的美誉。

优地联合的核心价值：真诚、平等、积极、协作。

优地联合的企业愿景：忠实于可持续发展的核心理念，通过不断积累完善的技术经验，追求最精准理性的分析、最务实的客户服务、最严谨的项目管理，关注细节、关注每位客户的个性需求，让每个作品成为精品！

优地联合的座右铭“好事做好！”

优地联合的景观“好事”标准：“生态环保、最终用户导向、经济高效”。

优地联合北京公司成立15年以来，一直坚持“服务第一，精品导向”的设计原则和低调务实的工作态度，与越来越多的著名房地产企业成为长期稳固的战略合作伙伴。优地联合还帮助越来越多的房地产开发企业通过景观产品升级而迅速跃升成为行业内的知名领跑者。

主要项目（五年内）

龙湖景粼原著（北京）
中骏雍景府（天津）
懋源钓云台（北京）
龙湖天璞（北京）
鸿坤金融谷（北京）
远洋琨庭（天津）
龙湖葡醍海湾（烟台）
融创中新国际城（济南）
鸿坤理想尔湾（涿州）
电建金地华宸（北京）
鸿坤原乡半岛（天津）
中赫万柳书院（北京）
首创禧瑞墅（北京）
葛洲坝虹桥紫郡公馆（上海）
海坨度假小镇（北京）
上苑拾柒山房（北京）
鑫苑汤泉世家（天津）

所获荣誉

2017年第七届艾景奖国际景观设计大奖年度十佳景观设计机构奖
2016年第六届艾景奖国际景观设计大奖年度十佳景观设计机构奖
2015年园冶杯年度优秀园林设计机构
2015年园冶杯年度优秀造园景观设计机构
2014年中国景观园林绿化协会年度全国优秀园林景观规划设计单位

宁夏宁苗生态园林（集团）股份有限公司

公司简介

宁夏宁苗生态园林（集团）股份有限公司（以下简称宁苗生态），成立于 2003 年，经过 15 年发展，如今已成为西北区域最具竞争力的综合性生态产业集团。公司以生态城镇建设为发展方向，目前下辖生态园林、生态修复、生态规划设计、生态养护、生态苗木、林业勘察、花卉市场七大业务板块，通过持续的资源整合与能力塑造，以西北区域为起点辐射全国，最终致力于将公司打造成为“生态城镇综合服务商”，为我国的城镇化、生态化发展做出贡献。

宁苗生态，以改善西北区域城镇生态环境为出发点，已经搭建起西北生态研究院，重点在西北植物生态、西北水生态、西北土壤与肥料三大领域展开系统性研究与实践，具体在抗旱、克碱、节水等技术上实现突破，从而形成水、土、植物三者良性循环的生态体系，为生态城镇建设提供重要支撑。

宁苗生态，通过宁苗人多年的努力与实践，已经在各业务领域构建出一套标准化、具备西北特色的生态建设理论、技术与应用体系，先后荣获宁夏著名商标、宁夏十大林业产业突出贡献龙头企业、中国园林绿化企业综合实力 100 强等荣誉称号，逐步赢得客户和社会的广泛认可。未来，在国家“十三五”规划生态战略的指引下，我们将进一步快速拓展、精耕细作，引领西北区域生态产业发展。

主要项目（五年内）

额济纳旗城市道路及景观节点建设 PPP 项目（内蒙古）
惠农区园艺镇生态环境治理项目（宁夏）
青铜峡市七彩园景观绿化工程（宁夏）
隆德县清凉河生态景观长廊建设项目（宁夏）
阿拉善右旗沙漠生态植物园工程（内蒙古）
隆德县渝河县城段生态景观长廊建设项目（宁夏）

所获荣誉

第七届艾景奖国际园林景划设计大会奖度十佳景观设计机构奖
第七届艾景奖国际园林景划设计大奖年度十佳景观设计奖
第四届艾景奖国际园林景划设计大奖年度优秀景观设计奖
第八届中国花卉博览会室外展园设计布置银奖
第七届园林花卉博览会室内、室外展银奖
2017 年全国十佳优秀园林企业
2014 年青岛世界园艺博览会室外展园竞赛特等奖
2011 年中国园林绿化企业综合实力 100 强
2010 年宁夏回族自治区优秀城乡规划工程勘察设计三等奖

北京昂众同行建筑设计顾问有限责任公司

公司简介

北京昂众同行建筑设计顾问有限责任公司，简称昂众设计（ANG ATELIER），是一家专注于建筑、景观与规划设计的国际事务所，现有北京、广州和洛杉矶三个工作室。昂众设计（北京）目前以景观及规划类项目为主。公司组织框架清晰，核心人员稳定，共同经历公司初期发展的10余年，形成高效明晰的公司管理制度。团队核心骨干均曾就职于国际著名景观及建筑规划设计公司，包括国家一级注册建筑师、注册规划师、海归设计师等精英，主创设计师拥有多年的专业工作背景，实践经验丰富。团队成员，由城市规划、建筑、园林、环境艺术、平面设计、土木工程等多学科多专业的设计精英组成，在实践中强调和注重学科间的协调互动。项目管理与运营体制规范，项目实践经验丰富，致力于由前期概念规划、方案设计、施工图设计、施工配合、竣工回访的全程设计服务，保证项目真正落到实处。

业务类型涵盖地产类、市政公共类、商务办公类、概念规划类共计四大类景观项目。自成立至今，稳扎稳打，在国内及海外已完成各类型园林景观的建成项目500余公顷，项目管理与实践经验丰富，由概念方案到建设实施全程跟进，保证各类型项目真正落到实处。在多年的设计实践中，对多个景观科研课题进行系统研究，理论与实践相结合。

现阶段北京公司以景观设计为主，景观项目类型主要包含：

（1）地产类——居住区景观、别墅庭院、花园。

（2）市政公共类——城市公园、广场、河道景观、道路绿带。

（3）商业办公类——商业街、商务办公、酒店、疗养、产业园。

（4）规划类——风景区、旅游度假区、居住区修规、城市设计。

主要项目（五年内）

金茂丰台金茂广场（北京）
金茂亦庄金茂府（北京）
金茂亦庄逸墅（北京）
金茂天津上东金茂府（天津）
金茂青岛金茂悦（青岛）
融创中央学府（天津）
融创盛世滨江（上海）
融创无锡熙园（无锡）
融创无锡亚美利加（无锡）
融创宜兴氿园别墅（宜兴）
融创烟台迩海（烟台）
北京梅兰芳大剧院景观（北京）
北京二七剧场景观（北京）
北京PICC总部景观（北京）
黄骅南海公园（黄骅）
佳木斯沿江公园（佳木斯）
学府四道街带状公园（哈尔滨）
中国原子能科学院景观（北京）

所获荣誉

哈尔滨学府四道街景观方案设计荣获“中国营造”2011全国环境艺术设计大赛铜奖（专业奖景观设计类）

第七届艾景奖国际景观设计大奖年度十佳景观设计机构奖

烟台融科迩海景观设计荣获第七届艾景奖国际景观设计大奖年度十佳景观设计奖

天津融创中央学府景观设计荣获第七届艾景奖国际景观设计大奖年度十佳景观设计奖

天津融创中央学府景观设计荣获2017中国最具特色规划及建筑景观设计大会中国最具特色十佳项目作品

Guoyipark 深圳市国艺园林建设有限公司

公司简介

深圳市国艺园林建设有限公司是于 1999 年由深圳市工商行政管理局核准设立的独立法人公司，注册资金 1.38 亿元。2015 年被认定为国家高新技术企业；经中华人民共和国建设部核定为风景园林工程设计专项甲级资质、市政公用工程施工总承包叁级资质、建筑装修装饰工程专业承包贰级资质、建筑装饰工程设计专项乙级资质以及造林施工乙级资质、造林设计、监理丙级资质。被评为 2015-2016 年度"广东省二十强优秀园林企业"、2010-2013 年度深圳市"十强园林和林业企业"、2008-2016 年度广东省"守合同重信用企业"、"中国园林绿化 AAA 级信用企业"、2011-2016 年度"全国城市园林绿化企业 50 强"，2017 年广东企业 500 强。

追求卓越，不断进取。公司经过几年的开拓发展，已经形成了立足深圳、面向广东、拓展全国的格局。公司在中山、广州、惠州、四川、北京、贵州、湖南、海南、安徽等地设立了分公司，在湖北、江西、山东、云南、浙江、甘肃等省设有业务办事处。

以服务为手段，视质量为生命。公司近年来所设计、施工和养护的每一项目，都是匠心独具的成功之作，所完成的项目都得到社会各界的一致好评，具有良好的社会信誉。

建设精品项目，服务业主单位，营造绿色环境，回报社会大众。深圳市国艺园林建设有限公司愿以一流的管理、优质的服务、先进的技术，在园林绿化建设方面做出更大的贡献！

主要项目（五年内）

大鹏雕塑广场等 6 个景观提升工程设计施工总承包

第十一届中国（郑州）国际园林博览会园博园项目国际展园（捷克—玛利亚温泉）设计

汕尾市新凯商业广场商业综合体前期周边绿化设计项目

深圳市黄金山公园二期建设工程设计

昆明古滇项目新太阳养生苑西区（小高层住宅）景观设计

昆明古滇项目北 F 区新太阳养生苑住宅景观设计

江西九江体育中心园林景观方案设计项目

钦州皇庭体育公园景观绿化设计

云南省大理木莲花园景观绿化景观设计

泵站环境绿化总体规划项目技术服务

康达尔九年一贯学校景观设计

三亚市崖州区 H-27 号花岗岩废弃矿山生态修复工程设计博鳌千舟湾（海南）

香格里拉饭店（北京）

保利皇冠假日酒店（四川）

衡阳横江湿地（衡阳）

昆玉河生态水景走廊（北京）

所获荣誉

全国十佳园林设计施工一体化企业

中国园林绿化行业优秀企业

中国园林综合竞争力百强企业

全国城市园林绿化企业 50 强

中国风景园林学会奖—优秀管理奖

广东省二十强优秀园林企业

园林绿化企业信用等级 AAAAA 企业

广东省守合同重信用企业

浙江和美风景旅游规划设计有限公司

公司简介

浙江和美风景旅游规划设计有限公司（以下简称和美智业机构）总部位于长三角重要文化基地——浙江省宁波市创新 128 企业园区。作为国内旅游规划设计行业领军企业和国内旅游投资发展新锐企业，和美智业机构致力于打造中国最具创新力的规划设计平台、最具影响力的旅游传媒平台、最具价值力的旅游实业平台。

和美智业机构以浙江和美文化旅游发展有限公司为母公司，坚持专业化、品牌化、多元化发展思路，旗下拥有浙江和美风景旅游规划设计有限公司、浙江和美旅游景观设计有限公司、浙江麟德旅游规划设计有限公司、浙江中和建筑设计有限公司、新疆和美中晨文化旅游建设有限公司、上海经纬建筑规划设计研究院股份有限公司宁波分院等直属和成员企业。企业拥有国家旅游规划设计甲级资质、国家城乡规划编制甲级资质、风景园林工程设计甲级资质、国家建筑工程设计甲级资质，面向社会发行《和美风景》旅游学术季刊、《和美年鉴》旅游研究专著。

秉承“和天下、美世界”的使命，与天地对话、为自然梳妆，以极致的工匠精神精心打造卓越的旅游产品。企业集合业内资深专家与精英团队，开展“区域旅游发展战略规划、旅游景区（城镇）规划设计、旅游景观与建筑规划设计、旅游文化传媒与智慧旅游、旅游实业投资与运营管理”五大业务服务模块，专职专业为各级政府和海内外企业提供从“策划、规划到景观、建筑施工设计再到营销、运营及投资”的全产业、一站式旅游发展综合服务。

主要项目（五年内）

伊犁天鹅泉生态旅游风景区（新疆）
云梯关旅游区遗址公园片区（江苏）
八尔湖旅游区乡村湿地环湖绿道及徒步道（四川）
三明市大田高山茶湿地（福建）
双山岛旅游度假区森林活水源片区（江苏）
八尔湖旅游区环湖车行道（四川）
酒埠江景区入口服务区（湖南）
敬亭山中华诗词文化博览园（安徽）
四川省八尔湖旅游区环湖乡村湿地（四川）
云梯关旅游区黄河故道文化生态走廊（江苏）
建宁县高峰乡村旅游区（福建）
建宁县西门莲塘（福建）
酒埠江景区环湖绿道（湖南）
建宁县修竹荷苑景区（福建）

所获荣誉

国家甲级旅游规划设计单位
国家乙级园林景观设计单位
中国最具竞争力专业旅游规划设计机构 20 强
中国策划（旅游业）十大机构
2016 设计影响中国——十大设计影响力企业
中国未来研究会旅游分会常务理事单位
中国民族建筑研究会常务理事单位
中国旅游协会会员单位
浙江省旅游联合会会员单位
2016 中国年度最佳雇主
历年国家金桥奖九项
历年国家“七个一”工程奖两项
中国人居典范最佳设计方案金奖
中国人居典范景观设计方案金奖

广东中绿园林集团有限公司

公司简介

广东中绿园林集团有限公司成立于 2002 年，原系深圳市公园协会直属单位。为适应城市建设需要，公司于 2006 年成功进行了转制，经过十多年的经营，现已发展成为一家注册资金 20144 万元的大型综合性集团化园林企业。至今，公司拥有城市园林绿化一级、风景园林工程设计甲级、造林工程施工乙级、园林古建筑工程专业承包三级、城市及道路照明工程专业承包三级、市政公用工程施工总承包三级、有害生物防治服务机构 A 级、清洁服务乙级、白蚁防治服务乙级、除虫灭鼠防治服务乙级共 10 个资质证书，目前已通过 ISO9001、ISO14001、OHSAS18001 三大体系认证。经营范围包括：水土保持、生态修复、园林绿化工程施工及养护、风景园林工程设计、造林工程施工、建筑工程施工、市政工程及市政附属配套工程施工；清洁卫生；物业管理；环保产品的技术开发；植物栽培；园林花木的购销；信息咨询；有害生物防治、白蚁防治、红火蚁及薇甘菊相关虫害防治。

主要项目（五年内）

前海深港设计创意产业园区景观提升项目（唐山）
南湖项目（河北）
荔湖公园项目（设计）（二次）
深圳观澜版画基地工程
深圳平湖广场改造工程设计
坪山生态风景林工程设计
湛江经济开发区平乐再生水厂工程
坪山生态风景林工程设计
唐山南湖项目（河北）
港珠澳大桥珠海口岸景观绿化工程施工
深圳机场公共景观绿化提升工程
珠海志中大红袍饮料华南生产基地
深圳坪山河滩湿地公园工程设计

所获荣誉

中国园林绿化 AAA 级信用企业（2013.12.12-2015.12.12）
2010 年度全国园林绿化企业 50 强
2015 年中国园林绿化 AAA 级信用企业

四川省科源园林工程有限公司

公司简介

四川省科源园林工程有限公司是以绿化、市政、建筑工程施工为主的企业。拥有城市园林绿化壹级、风景园林设计专项乙级、市政公用工程施工总承包贰级、房屋建筑工程施工总承包贰级、消防设施工程专业承包贰级、防水防腐保温工程专业承包贰级、钢结构工程专业承包贰级、建筑装饰装修专业承包贰级、建筑幕墙工程专业承包贰级、古建筑工程专业承包贰级、城市及照明工程专业承包贰级、环保工程专业承包贰级、建筑机电安装工程专业承包贰级、生态修复甲级、水污染治理乙级等资质。

公司注册资金 3.2 亿元，各项软硬件设施齐全，企业资金、技术实力雄厚并通过 ISO9001 质量认证，是被相关评审单位认定的重合同守信用企业、AAA 级信用企业。

主要项目（五年内）

泸州“公园里 • 锦庐”项目
中和片区 5 条道路周边绿化工程施工三标段
红原县梭磨河流域林草植被恢复项目
四川雅安至康定高速公路项目绿化工程施工 LH3 标段
招商银行金融后台服务中心（一期）项目
雍湖工程
泸县牛滩滨河雅园总平绿化及配套工程施工
四川巴中南龛文化产业园项目园林景观、绿化工程
沙河堡成都市新客站片区基础设施建设（第一、二期工程）
2013 年度石渠县沙化土地治理项目施工
泸县兆雅镇农贸市场景观绿化及附属工程
泸县牛滩滨河雅园房建工程施工
泸县华夏龙窖白酒产业园景观节点工程
泸州市龙马潭区胡市镇富生花园三期景观绿化工程
古蔺县鹅公坝、保安路廉租房绿化景观及附属设施工程
兴泸居泰 • 玉带花园定向限价房景观绿化及附属工程一标段
成都市锦江区海棠路地块保障性住房项目景观绿化工程
朱家沟绿化带绿化及相关附属设施工程—C 区施工
江都花园二期景观绿化工程

所获荣誉

成都市 2017 年度先进企业
2017 年中国人居环境美丽乡村建设十佳品牌承建商
2017 年第七届艾景奖国际景观设计大奖年度杰出景观设计机构奖
2016 年第六届艾景奖国际景观设计大奖年度优秀景观设计机构奖
四川省 2016 年度重合同、守信誉诚信经营示范单位
2016 年文明消费宣传活动重文明、守信誉诚信经营示范单位
2015 年度省级守合同重信用企业
四川省 2013 年度优秀企业
泸州市 2011 年度抗旱救灾扶贫工作先进单位
泸州市 2011 年度建筑企业先进单位
泸州市 2011 年度对外开拓先进单位

山东艺林市政园林建设集团有限公司

公司简介

山东艺林市政园林建设集团有限公司是集园林规划设计、景观绿化工程、市政公用工程、绿地养护、苗木发展基地于一体的综合性集团公司。中国风景园林学会会员单位、省园林协会会员单位，青岛苗木协会副会长单位，山东省守合同重信用企业。

中华人民共和国住房和城乡建设部批准的园林绿化施工一级资质，市政公用工程总承包三级资质，风景园林规划设计专项乙级资质。全面通过 ISO9001：2008 国际质量体系认证， ISO14001：2004 环境管理体系认证，GB/T28001-2001 职业安全健康管理体系认证。 通过独特的管理模式，持续关注和提升景观产品与服务的品质，再设计、工程、苗木发展等重点方面不断实践“高品质”，用站在行业发展最前沿的姿态、视角和专业能力大胆赋予景观产业新的价值，积极推动行业发展的演进历程，在改变园林产业面貌的同时促进精神理念的改革，为城市绿地建设和人们的生活环境的提升提供更多的可能。

主要项目（五年内）

青岛中铁西海岸博览城（青岛）
绿城青岛理想之城（青岛）
印象济南（济南）
青岛市凯德 mall（青岛）
青岛绿城理想之城（青岛）
保利华庭（济南）
温泉陆地公园

青岛鸿泰锦园（青岛）
山东省第 23 届运动会媒体中心（济宁）
济南鲁能领秀城（济南）
大乳山风景区“情人湾”（威海）
青岛世园会 艺林园（青岛）
平度市林业局大沽河绿化（青岛）
青岛德馨珑湖（青岛）

所获荣誉

2017 年荣获 ASLA 年度十佳景观设计机构奖
2016 年荣获第六届艾景奖国际景观设计大奖年度优秀景观设计机构奖
荣获山东省城市建设管理协会山东省园林绿化示范工程
2014 年荣获青岛世界园艺博览会优秀展园金奖
荣获国际园艺生产者协会、2014 青岛园艺博览会执行委员会世界园艺博览会先进单位
荣获山东省十大优秀苗圃
2011 年荣获枣庄市人民政府 2010 年度工程建设先进单位
2008 年荣获山东省优秀园林工程奖

深圳市汉沙杨景观规划设计有限公司

公司简介

深圳市汉沙杨景观规划设计有限公司是郁金香（英国）国际设计集团在国内设立的全资子公司，具有中国风景园林设计甲级资质。

十多年来，公司在城市设计、景观设计、公园规划、旅游规划、城市环境提升等领域综合发展。集团有员工 150 人，在深圳文化创意园拥有2100平方米的办公空间。公司核心成员是具有多年专业经验的中国及海外知名城市规划师、建筑师、景观设计师、室内设计师及其他专业人才，多年来，主持参与了中国及海外多个城市规划及建筑、风景园林规划和设计、室内设计项目，许多项目在业内具有一定影响力。凭借强有力的学术和技术背景，带来创新思维和国际视野。致力将最高水准的专业知识和工作经验凝聚成符合市场需要的一个个设计精品，提供高品质服务。

汉沙杨景观是国内为数不多的具有国际化设计人才，又真正将设计服务放在首要位置并务实笃行的公司之一。目前，为国内外地产界、政府等提供的服务项目约 300 个，建筑面积超过 1000 公顷，中标、获奖项目 100 多项，设计成果申请专利 30 多项，获得评审机构、业主、市场的肯定。

主要项目（代表性）

大运会城市改造（深圳）
天津贻港城二期（天津）
天津贻港城三期（天津）
福荣都市绿道（深圳）
龙女湖国际旅游度假区（四川）
新一代技术信息产业园（深圳）
福田区第四人民医院（深圳）
上梅林城中村整治（深圳）
下梅林城中村整治（深圳）
沙嘴城中村整治（深圳）
新洲城中村整治（深圳）
上沙城中村整治（深圳）
下沙城中村整治（深圳）
当代万国城二期（长沙）
当代万国城三期（长沙）
珠海横琴区艺术水都（珠海）

所获荣誉

2017 年荣获第七届艾景奖国际景观设计大奖年度杰出景观设计机构奖

2017 年福田区城中村环境综合整治提升工程荣获第七届艾景奖国际景观设计大奖年度优秀景观设计奖

2013 年获得中国土木工程詹天佑奖优秀住宅小区金奖

2013 年荣获“园艺杯”优秀景观设计企业奖称号

2011 年深圳市大运会城市建筑与环境整治提升项目获得深圳市政府先进集体奖

2011 年成为中国风景园林学会会员单位

2011 年荣获深圳市福田区人民政府嘉奖令

普禾国景 ZENITH GROUP 成都普禾国景景观设计有限公司

公司简介

成都普禾国景景观设计有限公司位于成都高新区天府二街蜀都中心，办公面积约 800 平方米，是风景园林专项乙级设计企业。公司一直致力于改善人类生存环境、提高人类生活品质的规划设计工作，业务涉及城市设计、环境规划、旅游规划设计、农业产业园规划、酒店景观规划设计、居住区景观规划设计、公园及开放空间规划设计、商业中心景观设计。公司秉承“设计源于生活，科技回归人性，文化融入自然”的设计理念，并将“弘扬本土文化，探索面向未来的风景、基础设施和人类”作为事业追求的目标和宗旨。

成都普禾国景景观设计有限公司拥有一支高学历、跨专业、跨学科的设计团队，坚持实践与研究并重的经营方针，运用前沿的设计理论和创新的设计手法，从尊重客户、尊重项目所处的自然与人文环境角度，把杰出的项目和经济可行性结合起来，将深入、系统和完善的国际化设计作品呈现给客户、呈现给社会。

主要项目（五年内）

河南鹤壁故县湿地及陈家湾景观设计
四川资阳市国道 321 南延线道路建设工程设计
四川成都天府新区引水入城方案设计
福建泉州市中心城区内沟河综合治理整体方案
四川安岳滴水岩城市绿心公园
四川成都人居・锦城世家
四川江油明月岛都汇水街
江苏常州溧阳燕山国际教育休闲文化综合体规划
四川自贡南岸科技新区孵化园景观设计
四川郫县 4A 级风景区友爱镇农科村海棠花基地景观设计
四川资阳九曲河滨河景观设计

所获荣誉

2017 年第七届艾景奖国际景观设计大奖年度优秀景观设计机构奖
2017 年中国林学会园林分会常务理事单位

造作建筑工作室
ZAOZUO ARCHITECTURE STUDIO

杭州造作建筑设计有限公司

公司简介

杭州造作建筑设计有限公司（造作建筑工作室）由一群年轻且充满活力的建筑师、景观规划师、室内设计师组成。秉持对专业的热爱，我们坚持设计的原创性、实验性与独立性。

团队聚焦乡村，通过持续且大量的田野调研，寻找并发掘那些最纯朴及自然的建构逻辑，同时努力恢复与转化那些具有地域性的传统营造技术。

另一方面，团队关注城市问题，讨论并探索人与人、人与城市的共生关系，同时通过设计，试图创造生活与工作的多种可能性，将自然而然的空间融入人为塑造的边界中

主要项目（五年内）

上凤休闲农业观光园（浙江）
东乡榜书文化公园（浙江）
大悦农庄酒店（浙江）
西白山美丽区块留王村规划（浙江）
吾乡禅悦酒店（四川）
雁南山居乡村民宿（广东）
藤潭岗乡村创客群落（浙江）
美丽乡村培训学校（广东）
富春江美丽乡村培训学院（浙江）
屈子文化园乡村民居聚落（湖南）
阳明茶馆（浙江）
红岭山畔坞乡村综合体（浙江）

所获荣誉

2014 年浙江省“美丽宜居”优秀村居优秀作品奖
2014 年猫舍国际公益设计大赛第二名

广州森筑景观建筑有限公司

公司简介

广州森筑景观建筑有限公司成立于 2016 年，主要从事景观规划设计服务。从勘察地形，到规划设计，最后到施工现场服务，每一位成员都秉持负责和专业的态度去完成，每一步都渗透着我们的汗水和心意。勇者攀峰，智者践行，亘古不变的信念与锲而不舍的坚毅，为前进带来持续不断的力量。

主要项目（五年内）

星海汇园林景观设计（广州）
基盛广场园林景观设计（广州）
紫云汇中心湖园林景观设计（肇庆）
紫云汇花园风情小镇商业街园林景观设计（肇庆）
紫云汇水上乐园园林景观设计（肇庆）
嘉葆润小区园林景观设计（河源）

所获荣誉

第七届艾景奖国际景划设计大奖年度优秀景观设计机构奖

北京彼岸景观规划设计有限公司

公司简介

北京彼岸景观规划设计有限公司，是以园林景观规划设计为主的专业性设计公司，初创于2008年，注册资本金5000万元，具有建设部颁发的风景园林专项设计乙级资质。公司以“理性、创新、超越、和谐”为设计理念，综合多学科专业人才，组成了一支富有战斗力的工作团队。

彼岸景观一直秉承用“心”服务的设计精神，坚持“以自然为师尊，以创意为动力”的设计理念，服务于客户，服务于自然。注重研究项目所在地的文化、风俗、自然环境、人文环境，注重深度了解业主的思路与诉求，注重项目品质与成本控制，努力为客户提供从规划、方案设计、工程设计到现场指导的全程化服务。

服务范围包括城市规划设计、居住区景观设计、城市公共空间设计、别墅区景观设计、公园景观设计、城市综合体景观设计、旅游度假区规划设计、农业灌溉设计、风景区规划设计、建筑设计等。自2008年公司成立以来，彼岸景观遵从承诺，本着客户至上的原则，得到了业主的广泛认可和信任，经过近十年的耕耘，实现了发展的大跨越。

主要项目（五年内）

迁安市壹號公馆（唐山）
剑桥港湾（天津）
中铁家园体验中心（北京）
八达岭孔雀城4期（怀来）
远洋·万和公馆（北京）
东润国际新城住宅区（山西）
中加博悦住宅区（北京）
丽江国际艺术村（丽江）
经略天则创意广场（北京）
丽江复华度假世界（丽江）
西安秦汉唐文化广场（西安）
定兴植物园（保定）
东北大学（沈阳）
临汾旺角金座商业街（临汾）
孔雀城青城示范区（廊坊）
北辰福第V中心商业（北京）
晨阳汽车文化园（承德）
昆玉河生态水景走廊（北京）

所获荣誉

2012年迁安市壹号公馆住宅区目项获第九届中国人居典范建筑规划设计竞赛金奖
2012第九届中国人居典范建筑规划设计竞赛年度杰出设计机构
2013-2014财年保定市定兴县植物园景观规划设计方案获表扬奖
2013年第十届中国人居典范建筑规划设计竞赛金奖
2013年“经略天则”北京·台湖·总部基地项目获第十届中国人居典范建筑规划设计竞赛金奖

AWARD DESIGNER

设计成就奖

年度杰出景观规划师

年度新锐景观规划师

董事长兼首席设计师

由杨
You Yang

现任职务
优地联合（北京）建筑景观设计咨询有限公司
董事长兼首席设计师

所在单位
优地联合（北京）建筑景观设计咨询有限公司

自2003年优地联合（北京）建筑景观设计咨询有限公司成立之初担任总经理、首席设计师，并于2005年起担任公司董事长。由杨先生的学术背景包括了建筑设计、规划设计和景观设计等三个设计领域。由杨先生对每一项作品都力求超越客户的预期，并符合优地联合“生态环保、用户导向、经济高效”的“好事做好”这一核心设计原则。在他的带领下，公司团队设计项目涉及城市景观规划、市政公园绿地设计、住宅景观设计、公共建筑景观设计等多种类型，在各个设计业务范围内均获得了良好的设计效果和客户口碑，为建造者和使用者创造了极大的经济和社会环境效益。

由杨先生参与或指导的设计作品涉及建筑设计、规划设计、景观设计、住宅产品策划等类型，并多次获奖。地产类的获奖项目包括：龙湖天璞景观设计、龙湖景粼原著示范区景观设计、龙湖西宸原著示范区景观设计、首创禧瑞墅示范区景观设计、中赫万柳书院园区景观设计、龙湖双珑原著园区景观设计、龙湖滟澜新宸园区景观设计、龙湖葡醍海湾项目园区景观设计等；市政公园和绿地类的获奖项目包括：北京燕墩遗址公园、辽宁抚顺劳动公园改造设计等；景观规划类的获奖项目包括：邯郸环城水系概念规划、北京市北中轴概念规划研究等。

主要设计项目

龙湖葡醍海湾景观设计
龙湖艳澜新宸景观设计
首开龙湖天璞景观设计
龙湖景粼原著景观设计
龙湖西宸原著景观设计
龙湖双珑原著景观设计
龙湖名景台景观设计
鸿坤金融谷景观设计
鸿坤原乡半岛景观设计
鸿坤原乡郡景观设计
鸿坤理想尔湾景观设计
电建金地华宸景观设计
远洋琨庭景观设计
懋源钓云台景观设计
中骏雍景府景观设计
首创禧瑞山景观设计
首创禧瑞墅景观设计
中赫万柳书院景观设计
富力建业尚悦居景观设计
融创中新国际城景观设计
葛洲坝虹桥紫郡公馆景观设计
海坨度假小镇景观设计
上苑拾柒山房景观设计
鑫苑汤泉世家景观设计
国锐境界景观设计
重庆光华安纳溪湖景观设计
邯郸环城水系概念规划设计
北京市北中轴概念规划研究
北京燕墩遗址公园景观设计
辽宁抚顺劳动公园改造设计

获奖情况

艾景奖第四届国际园林景观规划设计大赛资深景观规划师
科技进步二等奖

著名生态景观设计师

张华

Zhang Hua

现任职务

纳墨设计机构发起人、副总经理、设计总监

风景园林高级工程师、中国风景园林学会会员

所在单位

纳墨设计机构

张华女士曾就职于国内顶级景观规划设计公司，对项目的前期、规划、设计、品牌及运维有着独到而深入的理解。2012 年，张华女士发起创立“纳墨设计”。立足于对本土文化和行业现状的思考，张华女士一向倡导以“大设计”的格局，探索多学科、多领域的融合与创新，追求政府、开发、投资、运营、游客、住民、社区等项目相关主体的诉求实现与情感认同。

近年来，张华女士和她的“纳墨”团队，致力以“大设计”格局创新设计思维，肩负社会担当。在文化、创新与精品路径下，多次在传统村落、特色小镇、旅游风景区、生态公园、商业街区、居住区等项目中，赢得设计奖项和媒体关注，多项作品成为地方或省部级示范项目。

主要设计项目

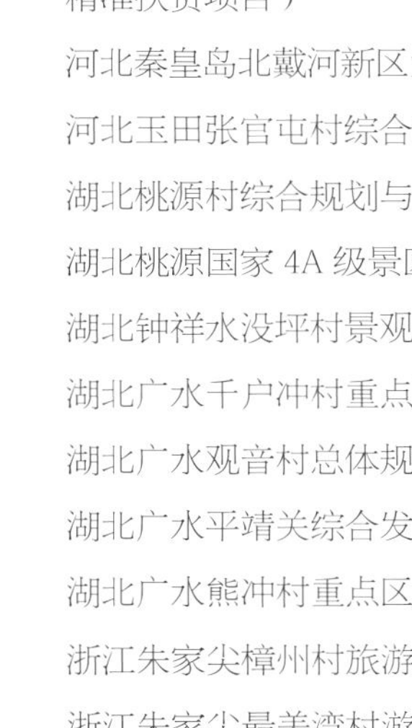

传统村落河北阜平赤瓦屋村及花塔村综合规划与建筑、景观设计（中央精准扶贫项目）

河北秦皇岛北戴河新区大七里海片区（七村）综合规划与景观设计

河北玉田张官屯村综合发展规划设计

湖北桃源村综合规划与景观设计

湖北桃源国家 4A 级景区创建规划与景观设计

湖北钟祥水没坪村景观规划设计

湖北广水千户冲村重点区域景观设计

湖北广水观音村总体规划及重点区域景观提升规划设计

湖北广水平靖关综合发展规划及景区提升规划设计

湖北广水熊冲村重点区域景观设计

浙江朱家尖樟州村旅游发展与景观提升规划设计

浙江朱家尖最美湾村游线（六村一线）系统规划设计

山西大同世家小镇生态廊道规划与景观设计

湖北广水武胜关小镇综合规划与景观设计

湖北桃源国家 4A 级景区创建规划与景观设计

湖北广水平靖关综合发展规划及景区提升规划设计

浙江朱家尖旅游风景区总体规划暨国家 5A 级旅游景区创建提升规划设计

浙江朱家尖旅游风景区环岛路景观提升规划设计

浙江朱家尖旅游风景区（自行车）慢行系统规划设计

山西大同明城墙遗址公园景观规划设计

山东滨州鲲鹏湖景观规划概念设计

山东滨州秦皇河公园房车度假营地景观规划概念设计

辽宁盘锦红海滩景观规划设计

新疆五家渠市猛进干渠生态廊道综合规划与景观设计

山西浑源一德街文化旅游特色街区规划设计

山西大同国金中心及品尚街景观设计

山西大同印象主题街区设计

山西大同凯德世家广场（尚都、百盛金街）景观规划设计

山西长治山煤·凯德世家上古文化街区景观规划设计

山西晋城金城和园景观设计

山西晋城龙湾公馆景观设计

山西大同凯德世家小区（二期）景观设计

山西大同凯德世家 soho 景观设计

山西大同山煤·凯德世家领阅社区景观设计

新疆五家渠市汇丰水郡别墅区景观设计

中国电影博物馆景观提升设计

冀中能源安监调度指挥中心景观设计

河北新绎上善颐园景观设计

山东瑞博龙园区景观规划设计

获奖情况

湖北桃源村景观规划设计获全国人居经典方案竞赛规划金奖（中国建筑学会，2015）

湖北桃源国家 4A 级景区创建旅游规划与景观设计获国际园林景观规划设计大赛风景区规划年度十佳设计奖（ILIA, 2015）

山西浑源一德街文化旅游特色街区规划设计获全国人居经典方案竞赛环境金奖（中国建筑学会，2015）、国际园林景观规划设计大赛城市公共空间年度优秀设计奖（ILIA，2015）

首席设计师

陈学似
Chen Xuesi

现任职务
福州地平线景观设计有限公司　首席设计师

所在单位
福州地平线景观设计有限公司

陈学似，1990 年毕业于华中科技大学风景园林专业，获得工学学士学位。风景园林高级规划师，国家注册建筑师。曾任福州市园林规划设计院副院长。2003 年创立福州地平线景观设计有限公司，近年来主要致力于住宅项目、高端度假酒店项目以及城市滨水景观项目的设计。

近几年主持设计的代表作品有：福州金辉淮安半岛、福州融侨旗山别墅、福州融侨宜家、福州宏汇・蝶泉湾、福州溪山温泉度假村、永安金域蓝湾、宁德德润万象广场、闽侯金岸蓝湖、福州东湖翡翠湾、福州融侨中心、湖州金晖壹号院等景观项目。

主持设计的“融侨旗山别墅一期景观”获 2012 年第二届艾景奖国际景观设计大奖金奖；“宏汇・蝶泉湾”获 2014 年第四届艾景奖国际景观设计大奖年度十佳景观设计奖，“金岸蓝湖营销中心”获 2017 年第七届艾景奖国际景观设计大奖年度优秀设计奖。

主要设计项目

福州西湖公园盆景园规划设计
福州北江滨公园锦江园规划设计
中国矿业大学南湖校区景观规划设计
福州连江一中景观设计
福州连江启明中学景观设计
福州连江华侨公园规划设计
贵阳十里河滩诗意园规划设计
福州闽侯南溪河滨水景观设计
融侨旗山别墅景观规划设计
福州华润・橡树湾景观设计
福州宏汇・蝶泉湾景观设计
福州融侨中心景观设计
湖州金晖壹号院景观设计
金辉淮安半岛景观设计
荆州日月星国际城景观设计
福州升龙汇金中心景观设计
海西金融大厦景观设计
武汉日月星城景观设计
开封浪漫之都景观设计
贵州凯里合创公园 1 号景观设计
新疆库尔勒孔雀河 1 号景观设计
沈阳城南御园景观设计
海口帝和华庭景观设计
海口枫丹白露景观设计
福州溪山温泉度假村景观规划设计
贵州思南九天温泉度假村景观规划设计
永安金域蓝湾景观设计
闽侯金岸蓝湖景观设计
宁德德润万象广场景观设计
福州东湖翡翠湾景观设计

获奖情况

2014 年中国土木工程詹天佑奖住宅小区金奖
第二届国际景观规划设计大会金奖
第四届艾景奖国际景观设计大奖年度十佳景观设计奖
第七届艾景奖国际景观设计大奖年度优秀景观设计奖
第七届艾景奖国际景观设计大奖年度杰出景观规划师

资深景观设计师

张淑霞

Zhang Shuxia

现任职务

宁夏宁苗生态园林（集团）股份有限公司　设计院院长

所在单位

宁夏宁苗生态园林（集团）股份有限公司

张淑霞，2000 年毕业于沈阳农业大学园林专业，2013 年 11 月—2013 年 12 月 在清华大学的河北清华发展研究院函授学习。

从事园林行业多年，2000 年 7 月—2004 年 2 月，担任宁夏森淼景观规划设计有限公司设计师一职。2004 年 3 月—2006 年 5 月，担任宁夏宁苗园林绿化有限公司景观设计院项目负人一职。2006 年 6 月—2008 年 7 月，担任宁夏宁苗园林绿化有限公司景观设计院设计总监一职。2008 年 8 月至今，担任宁夏宁苗生态园林（集团）股份有限公司景观设计院院长，曾任项目技术负责人、设计总监及设计院院长等职务。对工作中遇到的各种困难和问题刻苦钻研，决不放弃，锐意进取，使自身的专业知识、理论水平和实践能力都得到了极大的提高，利用自身扎实的专业知识和较强的实践能力，对设计项目的各项技术指导文件、各专业施工图制作、核查以及管理方法和制度进行了系统、全面的整理和规范，使整个设计院的设计流程体系更加健全和完善，为设计项目的管理和运行提供了先进、科学的管理方法和手段，获得了多项荣誉，并多次受到各级领导的表扬和赞誉。公开发表的论文、著作有《宿根花卉新品种在银川地区园林中的应用》《浅析园林设计在城市景观中理念创新措施》《不同季节观赏草“轻舞飞扬”的世界》等。

主要设计项目

内蒙古额济纳旗城市道路及景观节点建设 PPP 项目
第七届花卉博览会山东青州宁夏园方案设计
中国第二届绿化博览会河南郑州宁夏园方案设计
第八届花卉博览会江苏常州宁夏园方案设计
中国青岛世界园艺博览会宁夏园方案设计
第三届绿化博览会天津宁夏园方案设计
宁夏青铜峡市七彩园景观绿化工程
宁夏惠农区园艺镇生态环境治理项目
宁夏隆德县渝河县城段生态景观长廊建设项目
宁夏隆德县清凉河生态景观长廊建设项目
神华宁夏煤业集团枣泉煤矿工业广场改造项目
内蒙古阿拉善右旗沙漠生态植物园工程
宁夏同心县豫海森林公园建设项目
宁夏贺兰山国家级森林公园旅游总体规划设计
宁夏石嘴山市大武口区太西小区公园改造工程设计
宁夏石嘴山市大武口丽景公园景观规划设计
内蒙古额济纳旗居延海公园景观规划设计
宁夏青铜峡罗家河景观方案设计
宁夏宁港财富中心商务区景观工程设计
银川石油城燕鸽湖基地 1-8 区景观改造工程设计
银川长城花园南区景观改造提升工程
宁夏吴忠市湖苑名邸住宅小区景观工程设计
宁夏国际进出口贸易景观规划设计
神华宁夏煤业集团梅花井景观规划设计
宁夏吴忠市世纪大道园林景观设计
宁夏清水河三营段同心段综合治理概念方案设计
宁夏石嘴山市大武口渌园雅园规划设计
宁夏同心绿地系统规划设计
神华宁夏煤业集团石槽村景观规划设计
太原首开国风琅樾售楼处室内设计

获奖情况

第八届花卉博览会宁夏展园年度优秀设计奖
宁夏科技进步三等奖
第四届艾景奖国际景观设计大奖年度杰出景观规划师
神华宁夏煤业集团工程勘察设计三等奖

资深景观规划师

付卫礼
Fu Weili

现任职务
华艺生态园林股份有限公司
创意设计院院长、设计总工

所在单位
华艺生态园林股份有限公司

付卫礼，华艺生态园林股份有限公司创意设计院院长、设计总工，2001 年毕业于北京林业大学园林专业，2001 年至 2004 年在杭州彼岸景观园林设计有限公司担任设计工作；2004 年至 2008 年在浙江城建园林设计院有限公司担任所长；2008 年至 2016 年担任杭州绿风园林景观设计研究院担任副院长工作，2016 年至今任职于华艺生态园林股份有限公司。

付卫礼有着敏锐的设计视角，善于将文化内涵融入项目，尊重项目本土文化，同时感性细腻的处理手法，把人文、自然融合一起。多年丰富的设计经验，能够负责项目组织、策划、理念、技术指导等工作。

历年来参加多起社会组织的园林景观活动，担任评委、导师，为园林景观规划事业贡献自己力量。现为浙江大学国际设计研究院专业导师，2016“园冶杯”大学生国际竞赛担任评委委员。

主要设计项目

居住区：

上海艺泰安邦居住区景观设计
银川湖畔嘉苑景观设计
诸暨高尔夫居住小区景观设计
千岛湖阳光水岸景观设计
湖州日月城景观设计
嘉兴罗马都市景观设计
申城金域豪庭景观环境设计
临安玲珑天成别墅区环境设计
合肥左能泰和街售楼处园林景观工程设计
域泰·城南·泰和苑住宅小区园林景观工程设计

公园、游园类（河道整治）：

兰溪黄大仙赤松园规划设计
湖北京山河景观规划设计
舟山临城海洋文化公园景观设计
蒋村水景公园景观设计
青岛李村河规划设计
衢州月亮湾公园方案设计
银川海宝公园规划设计
冀州黄河古道湿地公园景观设计
定远包青天廉政文化公园设计
合肥市瑶海区轨道 1 号线明光路站点景观提升设计
七星池景观设计

学校、办公区、创业园：

江南大学景观设计
无锡商业职业技术学院景观设计
中国矿业大学景观设计
无锡太湖创业产业中心规划设计
宁夏回族自治区党委办公区景观设计

广场：

舟山临城海洋文化广场（概念设计）
衢州市行政中心市民广场景观设计
大龙京都城市花园广场景观设计
淮北世纪广场设计
下沙文化广场

获奖情况

合肥市瑶海区轨道 1 号线明光路站点景观提升设计荣获第七届艾景奖国际景观设计大奖年度十佳景观设计奖

资深景观规划师

杨茅矛

Marcus Yang

现任职务

成都普禾国景景观设计有限公司
设计总监

所在单位

成都普禾国景景观设计有限公司

2010 年获得四川农业大学园林风景园林专业硕士学位，2011 年于比利时根特大学游学一年，高级工程师、中国林学会园林分会常务理事；2009 年在校期间创立成都普禾国景景观设计有限公司。截至目前近十年的工作经历里主持担任上百个项目的项目总监，完成大量城市与景观项目，类型涵盖建筑、滨水景观、道路及景区规划楼盘等。除却众多实地项目，也发表众多理论著作论文等，主要包括：《雅安市市政中心绿地概念性设计》《基于乡村景观的聚居地规划设计研究——以达州市大竹县乌木镇分水村为例》《小叶榕叶幕结构与其降温增湿作用研究》《乡村防灾空间系统规划研究 ——以汶川县雁门乡规划为例》等。

作为一名对中国传统文化有着深刻理解的景观设计师，他总是在传统与现代之间凝聚灵感，再用自身独特的视角接入到当代快速变化的城市环境之中，完成一系列设计作品，在现实与自然、历史、社会的关联中寻找最佳的平衡点，创造全新而经得起时间考验的空间，并交予使用者实现、塑造其未来。

主要设计项目

四川安岳滴水岩森林湿地公园景观规划
四川资阳九曲河综合整治规划
四川南充南部县八尔湖度假酒店规划
四川郫县 4A 级风景区友爱镇农科村海棠花基地景观设计
四川自贡南岸科技新区孵化园景观设计方案
四川晏家坝现代农业产业园规划
四川资阳娇子大道景观设计
四川资阳幸福大道景观设计
四川资阳 s106 道路改造工程设计
四川豪庭景观设计
四川建发金沙里景观设计
四川安岳五星温泉度假酒店景观设计
四川成都军安卫士花园酒店景观设计
四川资阳市国道 321 南延线道路建设工程设计
四川成都天府新区引水入城方案设计
四川人居・锦城世家
四川江油明月岛都汇水街
四川宜宾正和・滨江国际
四川温江置信・鹭湖宫别墅样板区
四川双流堃喆高层电梯公寓景观设计
四川安岳大道景观方案设计
江苏常州溧阳燕山国际教育文化休闲综合体规划
江苏苏州旭辉花园洋房景观设计
河南鹤壁故县湿地及陈家湾景观设计
福建泉州市中心城区内沟河综合治理整体方案
山西临汾五洲国际广场景观设计

获奖情况

2017 年第七届艾景奖国际景观设计大奖年度杰出景观规划师

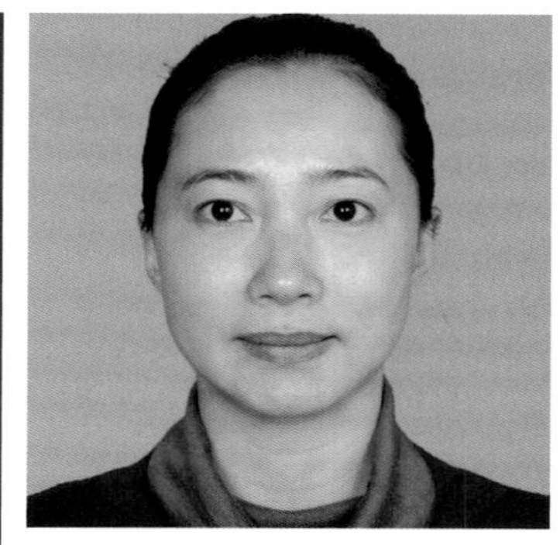

资深景观规划师

王银英

Wang Yinying

现任职务

广东中绿园林集团有限公司 副院长

所在单位

广东中绿园林集团有限公司

王银英，广东中绿园林集团有限公司副院长，2008 年毕业于华南农业大学园林专业，2008 年至 2009 年在中国城市建设研究院深圳水环境中心任职于景观部负责人；2009 年至 2017 在中国市政工程西北设计研究院有限公司深圳分院 任职于园林所副所长；2017 年 3 月至今在广东中绿园林集团有限公司任职于副院长。

1. 良好的沟通能力和亲和力

曾经带领惠州市委书记及四套班子的成员视察我院规划的深圳湾红树林湿地公园，并多次带领深圳市多套领导班子视察相关项目，并得到各位领导的肯定。多次给深圳市各区领导汇报工作方案。

2017 年带领光明新区城管局局长及五套班子的成员考察学习上海、长沙、无锡、苏州等地的相关项目。

2. 良好团队精神以及管理能力

作为集团的副院长，主要负责与客户沟通以及协助院内管理日常工作。

3. 业余爱好广泛，学习能力强

通过两年的书法学习，从没有书法基础到加入深圳市南山书法家协会及深圳市女子书法家协会。

主要设计项目

红树林生态公园
凤塘河口红树林生态修复工程
深圳湾红树林修复工程
海上田园红树林修复工程
大鹏海岸带及海岛修复工程
范和湾红树林湿地公园
考洲洋红树林种植工程
福永立新湖生态景观规划设计
深圳坝光银叶树湿地园概念方案设计
深圳市机场南路绿化景观提升工程设计工程
深圳市坪山河滩湿地公园一期设计工程
妈湾片区道路环境综合提升工程设计施工总承包
唐山南湖项目
荔湖公园项目（设计）（二期）
立新湖东南片区景观提升工程（一期）

获奖情况

第七届艾景奖国际景观设计大奖年度杰出景观规划师
国际园林景观规划设计行业协会 2017 年度“杰出中青年景观规划师”称号

资深景观规划师

关键
GUAN JIAN

现任职务
北京清尚环艺建筑设计院有限公司　第五设计所副所长

所在单位
北京清尚环艺建筑设计院有限公司

关键，2002 年就职于艺清源环境艺术设计公司，担任设计师。2004 年就职于北京大地桢洲规划设计机构，担任设计师。2005 年就职于北京华通设计顾问工程有限公司，担任景观部项目负责人。2007 年至今就职于北京清尚环艺建筑设计院有限公司（原清华工美），担任清尚公司第五设计所副所长。

2004 年参加中国室内设计协会举办的“为中国而设计”大赛，作品“茶室”获三等奖。

2004 年参加首届中国国际建筑艺术双年展，作品“戏盒子”获得优秀奖。

2008 年参加上海青浦新城西区概念性城市设计国际竞赛，作品入围。

2009 年参加第六届中国人居典范建筑规划设计方案竞赛，作品“桃花苑社区景观设计”荣获景观设计金奖。

2012 年获年度清华工美优秀设计师称号。

2013 年获年度清华工美优秀设计师称号。

2013 年获中国百名优秀设计师称号。

主要设计项目

住宅小区

浙江宁波常青藤小区规划景观
中国石油勘探开发研究院住宅区景观
北京市国美明天第一城景观规划
山西永济市公园天下住宅区景观
四川成都新山新居住宅区景观（含湿地公园）
河南濮阳龙之湾社区景观
内蒙古鄂尔多斯市鼎裕佳园景观
中关村生命医疗园 A-05 地块景观
石家庄河心岛别墅区景观
河北廊坊郦湖北岸社区景观
山东文登半岛蓝亭小区景观
黑龙江哈尔滨悦城小区景观

街道环境

北京市 2008 年二环路宣武段街道环境
北京市 2008 年二环路丰台段街道环境
北京高碑店艺术新街街道景观
山西垣曲县重点街道环境整治
广西钦州永福西大街街道环境
北京前门大街街道景观

公园旅游

山西运城空港开发区东花园文化产业园
运城清尚创意城规划及建筑
山西运城垣曲中心广场景观
湖北襄樊古隆中风景区景观
江苏江阴顾山镇红豆文化公园
内蒙古鄂托克前旗上海庙概念景观规划
江西南昌新四军纪念馆景观
江西南昌八大山人纪念馆景观
陕西西安清凉山森林公园
吉林通化市通天酒业葡萄园景观规划
广西南宁上林县龙母湖旅游度假区
内蒙古鄂尔多斯羊绒产业园
山西临汾五洲国际广场景观设计
北京首开广场商业写字楼改造室内设计
北京大兴新城北区 13 号地公园景观设计
北京美中宜和万柳妇儿医院景观设计
北京首开福茂潮馨阁餐厅精装修设计
浙江新昌大佛寺禅修院建筑及景观设计
浙江新昌大佛寺禅修院室内精装修设计
吉林长春莲花山风景区景观设计
吉林梅河口江城建国酒店景观设计
吉林梅河口众诚万家景观设计
扬州首开星河汇水街改造工程景观设计
北京首开福茂室内精装修设计
北京回龙观首开广场景观设计
北京回龙观首开广场室内精装修设计
太原首开国风琅樾售楼处室内设计

获奖情况

北京清尚环艺建筑设计院有限公司 2014 年度优秀设计师

2015 意大利米兰世博会中国馆设计奖第五届（2015）中国环境艺术金奖

云南普洱华夏盖娅部落规划及建筑设计奖中国建设文化艺术协会环境艺术委员会 2015 年优秀创作奖

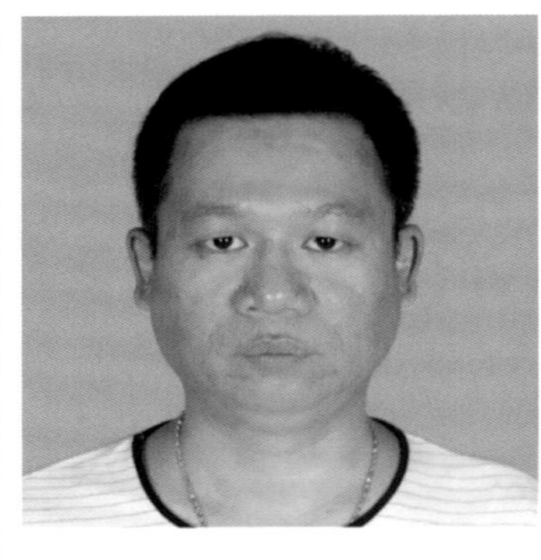

资深景观规划师

林晓东
Lin Xiaodong

现任职务
广东中绿园林集团有限公司　高级设计师

所在单位
广东中绿园林集团有限公司

林晓东，2001 年 7 月毕业于广东省林业学校园林专业，2004 年 10 月于仲恺农业技术学院观赏园艺专业函授毕业。2001 年 7 月 - 2004 年 10 月工作于深圳市森斯环境艺术有限公司，2004 年 11 月 - 2007 年 10 月于深圳市科曼德环境艺术有限公司担任助理工程师，2010 年 1 月 - 2011 年 9 月于陆河泰安水建工程有限公司担任助理工程师，2011 年 10 月至今于广东中绿园林集团有限公司任职工程师。

1. 具备专业的土建项目技术知识和能力，了解国内外土建项目技术发展状况。

2. 熟悉土建项目的运作流程。

3. 良好的沟通组织协调能力，能够与多方人员进行有效的交流沟通，保证工程各方人员能充分配合；能够与其他专业进行密切的配合，进行团队的合作，保证工程项目有序进行。

4. 具有量化的分析问题和解决问题的能力，能对项目进行过程中出现的问题进行准确分析、判断和妥善处理，保证工程施工的顺利进行。

5. 具有优秀的控制能力，能够在项目过程中需要控制工程的质量、进度、安全，保证各方配合实现目标。

主要设计项目

北滘镇杨氏水产侧堤外用地景观提升工程设计
海油工程珠海基地景观绿化设计
广西南宁市西乡塘区人民法院审判法庭环境景观设计
珠海市香洲区荣泰小学“生态园”改造设计
黄阁坑社区中海康城公园建设工程设计（小型工程）
龙岗区 2015 年“一片一路一街一景”高容环境提升工程——李郎产业园片区环境综合提升项目设计
高桥社区公园设计（小型工程）
龙岗区横岗街道 2016 年度建设用地清退图斑复绿工程设计
粤东（五华）农产品电商批发城 A 地块商业部分园林景观工程
中山崖口省级湿地公园（勘察设计）
道路绿化改造整治工程（深南大道）

获奖情况

道路绿化改造整治设计（深南大道）项目获 2014—2015 年度深圳风景园林优秀规划奖（方案类）三等奖
观澜河，一河两岸，AB 段绿化管养项目 获 2014—2015 年度深圳风景园林优良样板项目金奖会
第七届艾景奖国际景观设计大奖年度杰出景观规划师

资深景观规划师

董莉莉

Dong Lili

现任职务

重庆交通大学建筑与城市规划学院副院长 教授 高级工程师

所在单位

重庆交通大学建筑与城市规划学院

董莉莉，硕士生导师、国家一级注册建筑师、全国风景园林网专家库专家、筑龙网园林顾问专家、重庆综合评标专家、重庆绿色建筑咨询专家、重庆建设工程勘察设计专家咨询委员会专家、重庆市海绵城市建设专家委员会专家、重庆市绿色生态小区专家委员会专家、中国建筑规划设计区域新锐人物、中国建筑学会会员、中国风景园林学会女风景园林师委会委员、重庆市土木建筑学会BIM分会常务理事、重庆市科技青年联合会发展与规划专业委员会委员。

从事建筑类专业设计20年，主持风景园林规划与设计、建筑设计、城乡规划设计项目百余项，获得奖励20余项；主持、主研科学研究课题20余项，教学研究项目20余项，获得奖励20余项；发表论文40余篇，出版专著12部；获得专利5项。2007年获中国建筑规划设计区域新锐人物、2008年获中国西部国际博览会景观建筑规划金牌设计大师、2016年获重庆市巾帼建功标兵、2017年获重庆市优秀青年建筑师。

主要设计项目

重庆永川神女湖公园景观设计
重庆永川望闲公园景观设计
陕西西安未央宫前殿遗址公园景观设计
甘肃庆阳北湖公园景观设计
西藏昌都云南坝吉祥公园景观设计
四川德阳绵远湿地公园景观设计
重庆永川高铁站前广场景观设计
重庆涪陵李渡新区中央商务区景观设计
贵州威宁行政广场景观设计
四川达州人民广场景观设计
内蒙古乌兰察布行政广场景观设计
重庆永川灵猴广场景观设计
重庆第八中学景观设计
重庆永川中学景观设计
贵州遵义湄潭求是中学建筑及景观设计
重庆力帆中心景观设计
重庆永川博物馆景观设计
陕西西安楼观大观园酒店景观设计
云南昆明成都军区昆明总医院景观设计
贵州贵阳万科大都会景观设计
重庆金科阳光小镇景观设计
重庆金科十年城景观设计
天津融创奥城景观设计
四川宜宾鲁能山水绿城建筑及景观设计
重庆丰都八一广场规划及建筑设计
重庆永川和畅园规划设计
四川南充高坪城乡统筹试验区规划设计
陕西合阳森林公园片区规划设计
陕西西安九华仙都规划设计
贵州遵义金象枫林温泉城规划设计

获奖情况

鲁能山水绿城规划建筑设计获第九届中国西部国际博览会中国西部生态环境与节能减排规划设计金奖

园林高级工程师

徐小龙

Xu Xiaolong

现任职务

东亚国际（香港）有限公司 执行董事

东亚国际（香港）有限公司成都公司 总经理

东亚国际（香港）有限公司成都公司 首席设计师

所在单位

华艺生态园林股份有限公司

美国景观设计师协会会员，资深景观设计师，四川大学环艺专业和城市规划专业硕士，清华大学美术学院公共环境系统设计进修，从事环境设计与景观规划的学习与实践超过15年，积极致力于景观的生态性和文化性实践，设计上遵循规范、细节、品质、自然、人文、人性的原则，尊重场地特征，赋予场地灵魂，擅长各类风格景观设计，重视实景效果的表现和以最低成本打造最好效果，具有丰富的项目实践操作经验，先后在香港及深圳工作，曾工作于贝尔高林、易道、美国EDSA、加拿大奥雅、美国易境、美国宾士奈、瑞典新西林设计等知名公司，曾服务万科、中信、保利、华润、世贸、华侨城、正荣、长城、阳光、五矿、水电、蓝光、金科、荣和、通用等国内知名地产集团。

从业时间：2000年至今。

执业多年，支持参与景观设计项目一百多项，以诚实务实和丰富实践专业水平获业界和社会优秀口碑，2006年成立四川东亚景观设计有限公司，组建先锋专业设计团队。工作之余，徐小龙先生喜欢四处游走寻找设计灵感，先后游历考察美国、澳大利亚、日本及欧洲多个国家，并在长期的工作中与境外知名景观设计公司形成战略伙伴，在市场化运作的景观项目中坚持人性化景观设计，真诚服务于景观事业。

主要设计项目

万科广州“北部万科城”超大型社区

万科深圳大梅沙“天琴湾”首席南中国半岛豪华别墅项目

万科福州“金域蓝湾”项目、招商上海“海湾假日花园”别墅区

上海华润“新江湾九里”项目

上海金地“宝山艺境”

华侨城深圳“东部华侨城茶溪谷”（概念）

深圳“云深处”项目

深圳“华润中心”二期项目

北京金融街“融城华府”项目

正荣莆田“御品世家”项目

杭州“万科西溪蝶园”二期

杭州“绿城·新绿园”

正荣南昌“大湖之都”E3 H3 H4地块项目

融汇福州“桂湖温泉小镇”项目

保利广西南宁“保利城”高档社区

世贸厦门“湖滨首府”项目

保利广西柳州“大江郡”滨江高居住区

广州“汇景新城”

九寨沟“悦榕庄”度假酒店项目

九寨沟“喜来登大酒店”项目

都江堰“明宇豪雅饭店”项目

成都蓝光“米兰香洲”项目

成都仁和“春天大道”

成都“棕榈长滩”水岸

成都置信“紫云园”

成都中海地产“中海名城城邦”

成都合景泰富“万景峰”

德阳“豪丽度假酒店”项目

成都华新国际“锦绣尚郡”

成都量力集团“健康城”项目

成都泰然集团“环球时代中心”项目

资深景观规划师

刘晓波

Liu Xiaobo

现任职务

天津市大易环境景观设计有限公司　设计总监

所在单位

天津市大易环境景观设计有限公司

刘晓波，毕业于河北农业大学园林专业，2011 年至 2013 年在北京工作，之后任职于天津市大易环境景观设计有限公司。2013 年获得河北农业大学风景园林专业硕士。

2011 年起任职于北京腾远建筑设计有限公司，获得“唐山杯”设计竞赛二等奖。

2013 年任职于天津市大易环境景观设计有限公司。

主要设计项目

保定市关汉卿大剧院与博物馆景观设计

雄安新区新安北堤“水天栈桥”观光长廊

东丽区华新街中央公园设计

易水名苑一期、二期景观设计

安新县农业局关于连片美丽乡村建设、廊道、大淀 观光游主航道绿化项目设计

白洋淀旅游码头步行街景观设计

白洋淀大道景观设计

安新县旅游东路绿化景观设计

天津市北辰区集贤里提升改造项目设计

天津市津南区葛沽湖心苑别墅庭院景观工程

保静公路安新北张庄至雄县县城新建项目安新段绿化工程设计

安新县新安北堤景观亭工程设计

外环线外侧 500 米（京山铁路至津滨大道）绿化带提升工程设计

胡卜村文化保护项目乡土景观设计

外环线外侧海河至新开河段绿化带提升工程

天津市静海区储备林项目二期设计

获奖情况

“唐山杯”设计竞赛二等奖